第三版

# 組織文化與領導

## Organizational culture and leadership, 5e

**Edgar H. Schein**
**Peter A. Schein** 著

張慶勳 總審定

王宏彰、田子奇、伍嘉琪、林玲吟、張慶勳、許嘉政、陳學賢、熊治剛、蘇傳桔 譯

五南圖書出版公司 印行

# 中文翻譯（英文第五版）
# 審定者序

## 關於英文第五版的中文翻譯

繼2008年出版《組織文化與領導》（*Organizational culture and leadership, 3e*）（2004年出版）原文的中文翻譯後，我們再次為2017年英文第五版進行中文翻譯的工作。在第五版中，共有四個部分，合計十七章，雖然比第三版的十九章少，但內容已改變了許多，作者也提出了一些實際案例，供讀者參考。

作者將組織文化的層次分成：1.可見到的人工製品；2.信奉的信念、價值觀、規則和行為規範；3.被視為理所當然的基本假定，可說是對組織文化的基本觀點，且視為組織文化的DNA，是探討組織文化與組織各項議題的切入點。

基於對組織文化的基本假定為切入點，進而做好組織領導與組織永續發展的經營工作，作者以其在全球各地擔任多家企業公司諮詢顧問與協助公司變革發展的經驗，建構出本書的架構與論述。作者指出，透過類似搜尋整個地圖的方式去瞭解文化的內容和價值，是我們瞭解文化內涵與變化的起始點，因此我們首先要去關注文化的基本假定與「結構」，以及有關領導組織所須關注的巨觀（如國家文化與當地社會環境的特性）文化與組織本身的微觀文化、語言，組織的草創期、中年期、成熟期等不同發展和變革階段的文化進展與特徵，以及組織的創辦人與領導人的領導風格、領導策略。此外，作者以其實務經驗提出對組織發展變革與文化的量化及質性評估方法，提供組織文化評估方法論的論述基礎與具有現場實際經驗的案例。

## 翻譯團隊

我們這次的翻譯團隊都來自國立屏東大學教育行政研究所博士班的夥伴們，他們是現職中小學校長、主任與老師。我們翻譯的章節如下（依姓氏筆畫排列）：

王宏彰：第八、十章、part3（與蘇傳桔共同翻譯）。

田子奇：第十一、十二、十六章。

伍嘉琪：作者簡介、第九、十七章。

林玲吟：第三、十三章、part4。

張慶勳：part1、第一、二章。

許嘉政：謝誌、序言、前言。

陳學賢：第四、五章。

熊治剛：第十四、十五章。

蘇傳桔：part2、part3（與王宏彰共同翻譯）、第六、七章。

## 後記與感謝

　　雖然這是一本有關企業領域組織文化與領導的專書，但作者對組織文化所界定的三個層次，以及有關整本書的架構鋪陳、組織文化的變革與發展、組織創辦人與領導人的信念和領導策略、組織文化的評估方法等，已廣泛運用於企業單位與學校教育現場的教學和研究中。因此，本書是一本跨國界、跨文化、跨領域的組織文化與領導，也是兼具文化觀、世界觀，並具有方法論論述基礎的著作。不僅是企業組織發展與領導專書，也可以提供教育現場教學、研究與領導實務之用。

　　本書可以順利出版，除了要感謝翻譯團隊的辛勞外，譯者伍嘉琪主任最後做一全書的文詞潤飾、校對與統整，使本書更具有可讀性，特此致謝。同時也要感謝五南圖書出版社再次給予機會，讓本書能再度與大家見面。

張慶勳

謹識於國立屏東大學

2019.12

# 謝誌

　　光陰荏苒，本書上一版本出版至今已有六年，時空環境各面向已有了很大的轉變。我目前定居於加州的帕洛阿爾托（Palo Alto, California），住在離小犬Peter很近的一棟退休綜合大樓裡。Peter任職於矽谷，服務過多家成熟的新創公司，擁有二十五年的職場經驗，目前也是組織文化與領導學會（OCLI.org）的一員。本書的著作，我非常感謝Peter，借重他的各種經歷，讓我透過Peter的眼，見識另一番組織文化與領導的新天地；自然地，Peter也成為本書創作的夥伴與合著者。也要感謝著述歷程中，所遇見的朋友和客戶們，以及Peter的妻子Jamie Schein；她目前任職於史丹佛大學商學院，擔任行政領導的職務，從她的角色中，我獲得相關寶貴的見解。

　　我要特別感謝Google、Human Synergistics、Genentech、史丹佛醫院、IDEO、The Institute of the Future、Intel和the Silicon Valley Organization Development Network等公司或機構，他們就如創新的萬花筒一般，引人入勝，讓我得以從這些組織身上學習和取材著述。在本書的取材上，我對醫界文化益發有興趣與關注，特別是有關職業文化的諸多重要見解。因此，我要感謝Mary Jane Kornacki、Jack Silversin、Gary Kaplan，以及一群夏季工作坊的成員們，這個我參與多年的工作坊，於Mary Jane's及Jacks' retreat on Cape Ann舉辦。我想感謝加州的詹姆斯・赫里福德（James Hereford），以及史丹佛醫院（the Stanford Hospital）的一群醫生和行政人員們，我與他們有個每月即席的午餐聚會。我還要感謝一些引領我進入醫學複雜世界的人們，包括Marjorie Godfrey、Kathy McDonald、Diane Rawlins、Lucian Leape博士、Tony Suchman博士和我的外科醫生女婿Wally Krengel博士。

　　在這兒的新生活，我感覺自己不像是位老師，反而更像是位作家和教練。於此，我要感謝Steve Piersanti和他的Berrett-Koehler出版公司，激發與協助我完成了有關協助、輔導與諮詢等應用領域的三本新書，並且也大大地提升了本書的學術基礎。在我回憶錄的撰寫上，我要感謝iUniverse的合作，從而提供一個機會，讓我得以對自己職業生涯中所見識的文化和領導變革，有更廣泛的思考。

　　在組織發展的寬闊世界裡，我從很多本地新同事的身上獲益匪淺，特別是Tim Kuppler、Kimberly Wiefling、Jeff Richardson、John Cronkite、Stu和Mary Winby及Joy Hereford。我要感謝史丹佛大學商學院領導課程培訓網的講師們，歡迎我加入

他們，使我能夠持續沉浸在「體驗式學習」的世界裡。我要特別感謝海外的朋友和同事們，包括Philip Mix、Michael和Linda Brimm、David Coghlan、Tina Doerffer、Peter和Lily Chen、Charles和Elizabeth Handy、Leopold Vansina、Joanne Martin及積極將我的文化著述帶入中國的Michael Chen。我也要非常感謝我的朋友兼同事Joichi Ogawa，一直積極支持我在日本的工作。

我的三個孩子Louisa、Liz和Peter，媳婦Ernie、Wally和Jamie，以及我的七個孫子Alexander、Peter、Sophia、Oliver、Annie、Ernesto和Stephanie，透過他們帶領我領略文化的世界。我特別珍視從他們身上所觀察到的心得，包括文化是如何的轉變、不同世代間，世界又是如何變化，以及同我所經歷的世界相較，他們是如何成長的？他們所進入的組織與我所熟悉的有所不同，現世議論的社會價值觀也迥異，且於各個面向上，更顯奧妙。上述所及就是鼓動我投入撰寫本書第五版的因素，且從中獲致關乎吾等明日及未來的文化與領導新觀點。

最後，我非得感謝的是，目前及六年來曾經與我共事過的同事，以及一直啟發我的學術圈好友們，包括與我一起編寫新版的 *Career Anchors* 的John Van Maanen、智慧依舊高超的Lotte Bailyn、引領我進入整個對話殿堂的Bill Isaacs和Gervaise Bushe、持續開創思維和學習新世界的Otto Scharmer、提供我諸多在地切題建議與刺激的David Bradford；透過其哲學見解，提供我有關文化事務重要觀點的Noam Cook，以及我要感謝Steve Barley、Warner Burke、Amy Edmondson、Jody Gittell、Charles O'Reilly III和Melissa Valentine等人，他們目前的研究，正推動著我們進入文化分析亟需的新層面。

與前幾版一樣，我要感謝Wiley、Jeanenne Ray和Heather Brosius等編輯同仁，他們收集讀者第一手的回饋意見，對本書的編輯過程與內容昇華是很有助益的。

*Edgar H. Schein*

# 序言

時空上，與2008年我在劍橋大學創作本書第四版相較，其實我無法充分傳達過往與現在的差異之處。然而本書的著述，起始於加州Palo Alto的矽谷中心；之所以我會在此地寫作，其實再自然不過了：因為小犬Peter在矽谷多家科技公司的二十五年職涯，經歷了各種領導與組織文化的變革，如今我與他共同著述本書。

本書第五版的著述，我很高興Peter能與我共事，他幫我捕捉到一些我們彼此都感受到的東西，並且帶我領略過去幾十年來生成的「組織文化」概念。因為有Peter過去幾年的見解和我們共同經驗，對於各種不同文化的解讀，方不致陷入見樹不見林的迷失。

Peter的前言隱約指出了本書的許多新內容。讀者閱讀本書前，有關本書前後版本內容之異同，我認為不管是舊瓶裝舊酒或新酒，某種程度上是「新中有舊，舊亦新」。我所提出用來定義與思考文化的三個層次模式，至今仍是分析文化的一種有效的架構與途徑。新的事物開啓了我對多元文化世界的更寬廣思維。對此，我新增了新加坡經濟發展委員會的研究案例，並以此為基礎，分兩章來分析和處理，諸如國家或全球職業文化等巨觀問題。我強調，往往每一種組織文化都嵌入在影響其特徵的更巨型文化中；而且每個次文化群體、任務編組或工作團體，則被嵌套在影響他們的更巨型文化中。於是，我將著墨於個體如何跨越國家文化鴻溝以啓動職能的探討上。

在此版本，雖然這不是一個新的重點，但我更關注於我們自己的各種社會化經驗到底如何地嵌入各個文化層面裡。我們內部的文化需要被理解，因為它們支配了我們的行為，同時也為我們提供了在不同社會情況下，誰應該參與的選擇。這些選擇只能部分歸因於「個性」或「性情」；相反地，這些選擇係取決於我們社會化經驗授予我們的情境理解。因此，我採用「關係水平」此一社會名詞作為領導選擇的一個重要元素；「關係水平」是一種我們成長歷程中所培養具備的內涵。我們的關係可以是正式的、私人的或親近的，我們亦可依據所處的情境來改變這種行為。所以說，辨識及管理我們內部的文化，就成為一種重要的領導技能。

將文化視為一種引導我們看見社會行為模式的概念，是本書一直以來所持的焦點。準此，我對最近的一些研究有所取捨，割捨一些我早了然於胸者，如：(1)僅選用一或兩種文化面向者；(2)並將這些面向與各種期望的結果連結起來，然後(3)

宣稱此文化很重要者。相對的，本版本著重於國家和組織常見的各種文化類型之回顧與分析，以及其所演繹出的各種文化範型（the patterns）。就此而言，在Peter的幫助下，本書為區別量化診斷研究與更趨質性對話探詢過程之研究，本書的思考，側重採用一些「快速」（rapid）診斷方法的新近研究。

我強調，文化是一個團體學習的過程，領導和文化是一體兩面的；並且，事實上，領導角色會隨著組織的成長和老化而有所轉變。這些概念一直是本書的核心，未曾改變。在此版本中，我刪節冗餘或不相關的內容，予以精簡，並扣緊讀者所感興趣的議題。

我仍然認為文化是種須嚴肅被看待的事務，唯有我們真正去觀察、研究和理解它，文化方得為我們所用。

*Edgar H. Schein*

# 前言

　　過去一年，為擴大讀者群及開展本書的諮詢業務，並為讀者提供更多學習的幫助與機會，埃德（Ed）與我合作無間（譯者註：Ed是本書前四版的作者，Ed與Peter為本書第五版的共同作者。請參考本書作者簡介）。本書經「組織文化與領導學會」（OCLI.org）的同意，使用其會名為書名，並在本書前言中分享一些想法，是我至高的榮幸。

　　當埃德在20世紀80年代初創作本書時，組織文化是一個非常新的概念。如今，這個概念普遍被接受、被拿來討論、診斷、形塑、變革、責難等；此等組織文化的應用，就發生在我們這代人的身上。當我在1983年完成社會人類學大學學位時，埃德完成了第一版的組織文化與領導。今年（2016年）早些時候，埃德的孫女（我的女兒）正要完成她的大學經濟學學位，並準備進入一家國際管理顧問公司工作，埃德請她描述該公司的文化。這對埃德來說可能太過冒險，因為她只有一個夏季的實習經驗值，卻得回答此一公司文化的大哉問。然而，她卻毫不猶豫地描述出這家公司的一些重要的人工製品（key artifacts），並認同其文化價值。據此，我們推論，埃德的孫女經過該公司幾個月的文化浸潤與洗禮，此等文化已深化到足以讓她能明確地陳述它，並且理想地與此文化共存與成長。

　　其實，這並不令人意外；研究指出，成熟的公司（此一案例，提供商業諮詢服務的公司）有屬於自己的公司文化，且其中存有據以描繪及教導成員的圖像、隱喻和一套詞彙。這種隱含式的文化浸潤或洗禮，將成為夏季實習計畫的一部分，令人感到驚訝嗎？倘言夏季實習期間有該做的一件事，那就是測試公司與任職者間的「契合度」（fit）。因此，企業和個人都已經發現，與產業、培訓和工作職能一樣，企業文化是評估相互「適應」的核心，並且是就業起始時的關鍵優先事項。

　　對於小女能輕鬆回答此一關於其未來雇主企業文化的開放式問題，到底我是否感到驚訝？其實，她和我一樣，成長於一個常談及文化議題的家族和大家庭裡。對她而言，就如同身上的DNA一般，這個問題似乎並非特別生疏。然而，我仍然認為她所回答的內涵實屬不易。倘若埃德問我同樣的問題，我很肯定地，無法像她闡述得這般清晰；因為，即使我得以觀察到這些企業文化，但卻沒有精準及堪用的詞彙來描述它。

　　在《組織文化和領導》的前後四個版本間，文化一詞，從被認為是每個人工

作行為導引與決策形塑之模糊意涵，轉變為是一種理解與描繪組織的共同語言、成為衡量個人與組織「契合度」的重要工具，並被吹捧成公司的最大優點（greatest virtue），且轉化成為策略性的變革。在文化對我們工作生活意識產生明確主導作用下，如今，文化已成為眾多深度分析調查本位的診斷系統（deeply analytical survey-based diagnostic systems）以及簡單「app」本位的儀表板工具（simple "app"-based dashboarding tools）（其中一些已從頂級風險投資家手中獲得了數百萬美元的資金進行開發）。「此地無銀三百兩」（There's money in them thar hills），如今，我們可以毫不猶豫地去表達對組織文化的診斷、分析和變化。此等就發生在我們這代人身上。

我對組織文化的看法，主要源自我在矽谷約二十五年的時間。無論是在20世紀90年代初期的Apple公司經歷、還是網路「1.0」的網際網路創業公司，抑或是2000年代的Sun Microsystems公司，我體認到科技公司的文化規範雖然互異，但也迥異於其他行業和地區的典型規範。就矽谷的科技公司文化而言，我的初體驗可用「這到底是企鵝文化？還是熊文化？」簡單的問題來描繪之。雖然我認為「熊文化」肯定會更好，但我仍尚未參透其間意涵。

至於，到底我們有無可能創建出一套價值中立、且不具任何規範傾向的描述性文化模型（a descriptive culture model）；但我卻認為不應著墨於此，除非所提出來的分類方法夠簡單，如單向性或其他，才越有可能具備規範傾向。以有關公司或群體面對不適任或弱勢成員議題的回應為例，熊與企鵝兩種文化類型還是有所不同的。熊文化試圖培育弱勢成員，使其恢復健康，以改善其表現。但此熊文化的意涵與我所預期的不同：與其說是強化弱者，我倒認為這是與力道（strength）、優勢地位（dominance）及智力（intelligence）有關。相形之下，企鵝文化係透過啄咬至死的方式來淘汰弱者。此種文化基礎非取決於企鵝的可愛複雜性（cute sophistication），而係全然取決於現實的殘酷決定性（brutal decisiveness）。

綜上有關企鵝與熊文化的一連串反思，我的第一個想法是，我們可以順著培育到殘酷的面向，來準確描述每家科技公司，並予以排名。但是，當我們考慮各種文化模型時，這個簡單的例子揭示了埃德在本版中所著墨的另兩個重要主題。首先，我們被簡單、引人注目的模型或分類法所吸引。例如：Cameron和Quinn的OCAI（組織文化評估工具）代表了一個基於「競值架構」的有趣文化模型（可以說是熊與企鵝代表的競值／競爭價值）。我認為OCAI最引人注目的是語言和隱喻：亦即文化被描述為「宗族」（clan）、「靈活的組織」（adhocracy）、「階級」（hierarchy）或「市場」。這些描述互為共鳴；也就是說，當我們試圖理解或描述

所經歷的事物時,一切就顯得有理且通透(make sense and stick)。

　　同樣,矽谷的技術新創者,一開始就非常依賴隱喻,藉此向門外漢及外行人推銷和介紹突破性的技術。例如:「window」和「navigator」幫助我們理解PC用戶端和網際網路瀏覽器(internet browsers)。透過正確的隱喻,我們可以用標準化的方式來參照事物,並將不同的文物加以描述,使其符應到一套模型上。近來,「運作系統」(operating system)這個詞已經遠遠超過了OS X或Linux;這些抽象和標準化的運作系統,使得企業和個人用戶能夠在高度複雜的機器中發現其實質效用。如今我們已達到可以透過個人計算隱喻(personal computing metaphors)來描述業務結構和功能的境地。「業務運作系統」(business operating system)的概念提供了隱喻和語言,將組織處事的方式予以標準化。如今,我們也可以接受公司文化是一個抽象概念,並與「運作系統」互為一體。矽谷已將各種面向、屬性和事實加以描繪歸結,透由各種深刻的隱喻(memorable metaphors)來描述,符應成為各種動人的模型(nice compelling models);且這些隱喻提供了足夠的細節,以令人難忘的符號方式,呈現出複雜人類系統的一致性模型(a consistent model)。此等就發生在我們這一代人身上。

　　就前世代的此一進展,我想要強調及提問的是:「到底我們能否或者應該去預測下一世代對於組織文化、領導和變革抱持怎樣的理解?」雖然我不是未來主義者,但對以下兩件事情影響性的預測,似乎很重要。首先,如同我之前所提,文化和氣氛的測量方法有很多,且不斷有新方案的產出。整體而言,我們的工作和個人生活經歷,越發可以被測量、標誌和量化,進而追求微調和改進。無所不在的網路、功能強大的各式低功耗測量傳感器,以及無限的雲端計算和儲存,讓我們工作生活(和家庭生活)的各方面,無時無刻地被測量。「大數據」(Big data)幾乎能夠測量任何事物,幾乎每一個方面都能從一秒到下一秒被測量。「大數據」是一種多面向的特殊產物(a many-faceted phenomenon),對大多數的領導、文化和氣氛等層面產生影響。

　　既然我們已有諸多生產力衡量與研究的自我強化概念(self-reinforcing notion),所以何不以更精細調諧的間隙(finer-tuned intervals)來進行研究?這可能會讓我們遇見不知其所以然的數據,及其間的各種模式和交互作用〔試圖理解的「未知的堂奧」(the unknown unknowns)〕。我們不應該期望能有一種系統及儀器儀表來提供我們研究個人、團隊、互動、衝突和解決方案,進而即時預測以進行文化分析(real-time predictive culture analytics)?的確,這是令人畏懼的(cringe-worthy),這也就是我之所以預期,不管任何人投入研發此系統,皆可

獲得許多贊助和融資之故。我們生活在一個存有各種基準和計分卡（benchmarks and scorecards）以「衡量一切」（measure everything）的世界裡；尤其當被標準化時，更是具有吸引力，且同時極可能具放射線性（傷害性）。

「更好」（more better），意指如今我們追求越快越好（more better faster）。我們是否應該期望文化模式和文化分析越來越普及，並催化出更快速、且積極性的變革呢？我們能否更快地改變文化，這點短時間無法得到證明或反駁，只有那些認為氣氛能夠被更快改變的人仍占上風。無論如何，標準五點量表的量化調查，組構了我們的儀器儀表，如同錄音與自然語言的編碼一般（例如：訪談紀錄），或手機各種APP應用程式上的是/否選項回應，這些都是儀器儀表。我們將越來越頻繁地使用所有新進的大數據技術，來獲取、編碼、解析、分析、儲存和重新分析文化和氣氛，直到收益遞減時。而且筆者認為，其實我們正只處於開端而已。

展望未來，Taylor-ist的「科學管理」理論（scientific management）是否被更新？以及對每個人而言，基於越快最終將獲致越好結果之假定，我們是否將會利用大數據為知識工作者進行時間與動力的分析（time-and-motion analytics）？進行此等儀器和快速分析的目的，是為了創造出積極性的變化（positive change），這通常藉由ROI指標（ROI metrics）來判斷之；企業投入文化的研究，目的在於導向積極性的變化，以獲致最終盈利的關聯。倘若我們不僅只為了增加生產力並追求獲利的績效關鍵指標之理由而「投入和保留」（engagement and retention），是否還有其他更有利的理由，驅動我們投入組織文化的研究？多年來，埃德曾多次請求協助企業「進行文化研究」（do a culture study）。但埃德認為，他必須在知悉被研究者的問題所在之前提下，方得以幫助進行文化研究。倘未能真正瞭解上位管理層級的確切顧慮（truly concerns），那麼所花費數小時的俗民誌，及其所得的診斷和分析，幾乎等同沒有意義。同樣地，未將非領導角色股東和員工之變化性動機（shifting motivations）與發展性規範（evolving norms）列入變因的文化研究，也沒多大意義。

2016年，人們對於「千禧世代」（millennials）（意指1980年至1995年出生者）將如何改變職場的一切，產生極大的關切。〔註：「Z世代」（generation Z）廣泛地被認為是個異於千禧世代的後千禧世代族群；本書的論述，更廣泛地將Z世代涵蓋在千禧世代中〕。不管嬰兒潮世代和X世代，兩者似乎有所差別之現實。許多人指出，千禧世代被冠以不同於其他世代的「頭銜」（to be "entitled"），並指出，千禧世代更受到企業及個人獲利能力以外的動機之影響。「目標導向型」的千禧世代們（purpose-driven millennials），在工作和職業選擇上的任性無常，引發

不同大小規模公司領導階層的恐慌。就當前勞動力填補的來源而言，組織設計和組織文化有無可能不再將合理經濟自利的行為視為一種假定？圍繞核心理念來塑造人工製品和慣例，以對新進員工灌輸（indoctrinated）這件事，對企業的自我保護和成長至關重要。在大多數公司（縱使非全部），經濟自利通常被視為一種特定的（given）假定，並且可以被善加利用。然而，倘言千禧世代中的經濟自我利益沒那麼重要的話，那麼環境、精神或集體共同利益、人工製品、慣例和假定等公司的文化DNA，可能會與公司年輕員工的利益相左。

員工參與特質的評估，已成為所有組織管理高層關注的焦點，特別是那些僱用年輕員工的組織。有許多軟體服務公司，便從事此等員工參與程度標示與追蹤調查的解決方案（survey solutions for benchmarking and tracking engagement）。尚且不論提高生產力和優化組織設計（例如：holacracy），這是種對員工動機與承諾的洞察和瞭解；亦即是一種保留和招聘新進員工的槓桿。譬如為適應千禧世代，感知其動機的變化，員工參與特質的評估可用非常有效率的方式來進行（快速和手機化），這便是追求「越快越好」（more better faster），以提高工作和生活品質的最佳例證。員工參與特質的評估通常是就組織主體的氣氛和態度，以一系列論述來衡量個人的回應情形。撇開方法論而言，此等快速的線上調查，仍算是種對個體進行的態度評估。正如埃德在本版中所闡述的，組織文化研究核心的論戰，在於對個人態度採時間橫斷式的調查（point-in-time surveys），存有忽略以下兩點有關組織文化和氣氛的關鍵基礎風險：(1)群體態度和對挑戰的回應，(2)造就現況的各種前導事件（the precedent events），即始終存在的歷史。

其實，不僅是對千禧世代個人參與特質的評估而已，更重要的也許是要將其視為一個群體（次文化）的不同之處，並把他們早期工作生活歷史列入考量。此種次文化的個人態度調查之所以興起，Deal、Levenson（與Gratton）在其2016年著述的《千禧世代的工作所欲》（*What Millennials Want From Work*）暢銷一書中，總結了1980年至1995年間出生世代的文化，當中指出我們欲理解千禧世代的現存動機，其所處的當代環境便是關鍵之所在。那些已經進入勞動力市場的千禧世代，早已運用網際網路多年（智慧型手機使我們可以即時連結各地所發生的事實、人員和見解）。1930年至1950年期間，千禧世代的人們歷經了比其他世代更深刻的災難性恐怖主義和經濟衰退。即時訊息和全球個人網絡的力量，造就千禧世代對工作表現、公司、國家和生活方式持有合理懷疑；這到底是種千禧世代的「權利」（entitlement）？抑或是種千禧世代的自我決定呢？如果說員工參與投入特質的評估反映了這群千禧世代勞動力的「權利感」（a sense of entitlement），那麼對此

部分的理解，必須是該群體所共享的歷史，以及它們如何回應所存在的公司文化DNA。

另一個方面而言，千禧世代掌握著數位世界的扁平化時間和時區。對於千禧世代而言，特別是如果當工作、家庭電話號碼或電子郵件地址之間沒有區別的話，此種「時刻上線」（always-on）的裝置，便意味著這是種不凡的工作日（是種大於十六小時的清醒時刻，而非朝九晚五的固定上班模式）。這可能對千禧世代產生一種非常不同的態度，即混淆工作和個人生活的界限。然而，如果這些模糊的界限被雇主利用，假使結果不是令人滿意的話，兩者間肯定會脫節。千禧世代也與「零工經濟」（gig economy）密不可分。無論是透過選擇還是偶然，2016年或2026年的三十多歲工作者，在他或她職涯中的一段時期，可能已經表現或謀劃展現出低參與度的工作特點。

過去世代，企業已經瞭解藉由合同聘僱員工得以提高生產量的吸引力：它有效的緩解風險和控制成本。潛在的缺點，也許是最大的缺點，即獲得的知識和培訓的合同員工離開公司後，一切便結束了。姑且不論新興「零工經濟」的成本和收益如何，由於千禧世代誕生於「零工經濟」年代，認知他們還沒有適應這種變化，至關重要。對於他們之中的許多人來說，偏好能有更大的自由、彈性與能見度，以觸及大量的人群、新公司和新網絡。千禧世代可能會與許多事情有深入接觸，儘管所有重點都放在創造工作的參與文化上，但目前的工作卻可能不會是從一而終的。

時區扁平化很重要，因為個人網絡的連結作用，讓精明的智慧設備用戶變得全球化，且可突破時區和地點的限制。在國家和文化多樣性的源頭，社交網絡生成的親和群體茁壯成長。這樣的全球親和群體是強大且廣泛出現，無論他們在哪裡生活和工作，都可以塑造或改變志同道合的次文化態度。由於管理者和領導者將注意力集中在他們的世界和包圍他們的工作生活上，卻不見千禧世代很可能以具有全球跨文化意識的方式開展工作，這點就需要管理者和領導者加以關注。

文化的刻板印象（規範）就如吸引飛蛾的明亮火光，具清晰的吸引力、簡要而強大，以及具影響力的破壞性。如果僅以我們所知千禧世代的屬性和預期行為，而將他們化約為硬派的一群，那就太單純了。如果「權利」和「低參與度」常與此一群體相關聯，那麼管理者和領導者將有理由不得不去研究千禧世代的行為，並尋找可以理解和概括的模式。刻板印象只是擴展訊息的另一種方式，旨在提高運營效率。如果說所有「越快越好」的調查方法造就刻板印象的迴響，此調查結果對管理層而言，可能是具煽動性的。從年齡（或年輕程度）、歷史、地理和技術來看，次文化的累積生成是微妙的，需要更多的俗民誌和審議性研究，而非從聚焦於個體員

工的機械化數據收集方法中獲得。

在處理最深層的文化時，例如：那些可能足以激發千禧世代的隱性假定，埃德的第五版組織文化和領導，開展此一核心論點：組織文化應該透過質性研究的途徑，去加以解析、分享及群體蘊含，並持續關注創始人和組織的歷史，且在這個歷史中，讓文化不斷地發展。

*Peter A. Schein*

# 作者簡介

Ed Schein是麻省理工學院（MIT）史隆（Sloan）管理學院的名譽教授。他曾在芝加哥大學、史丹佛大學和哈佛大學受教育，並獲得了社會心理學博士學位。他在Walter Reed陸軍研究所工作了四年，之後進入了麻省理工學院任教，直至2005年。

Schein發表了大量著作，包括：組織心理學第三版（1980）、歷程諮詢再探（1999）是一本關於職業發展動力學的書（*Career Anchors*第四版，John Van Maanen出版，2013）、組織文化和領導第四版（2010）、企業文化生存指南第二版（2009）、新加坡經濟奇蹟的文化分析（*Strategic Pragmatism*, 1996），以及迪吉多公司的興衰（*DEC is Dead; Long Live DEC*, 2003）。

2009年，他出版了*Helping*一書，是一本關於「施」與「受」理論與實踐的書籍，隨後在2013年，出版了*Humble Inquiry*（譯者註：中譯《最打動人心的溝通課：謙遜提問的藝術》）一書，該書探討了為什麼在西方文化中「幫助」如此地困難，此書獲得聖地牙哥大學領導系2013年度商業書籍獎。不久前，他剛出版了*Humble Consulting*（2016）一書，修正了有關如何諮詢和指導的整個模型，目前正與他的兒子Peter合作，共同致力於*Humble Leadership*（2017）的發表，這挑戰了我們當前的領導和管理理論。

他繼續就各種組織文化、職業發展議題與各區域和國際組織進行諮詢，特別強調醫療保健、核能工業和美國林務局的安全及品質。這項新諮詢的一個重點是專注於職業和組織非主流文化的互動，以及他們如何與職業定位互動，以確定組織的有效性和安全性。

他獲得了2009年管理學院傑出學者暨實務工作者獎、2012年國際領導協會終身成就獎、2015年國際組織發展網路終身成就獎，並擁有斯洛伐尼亞IEDC Bled管理學院榮譽博士學位。

Peter Schein是矽谷的策略和組織發展顧問。他為草創企業和擴展階段的技術公司提供了幫助。

Peter的專業知識借鑑了二十多年的技術先驅營銷和企業發展行業經驗。在早期的職涯中，他在Pacific Bell和Apple Computer公司（包括eWorld和Newton）開發了新產品和服務，也曾在Silicon Graphics、Concentric Network Corporation（XO

Communications）和Packeteer（BlueCoat）擔任產品行銷領導工作。亦隨著網路時代，在20世紀90年代中期開始嶄露頭角，他展現了深厚的體驗基礎和對網際網路基礎建設的熱情。

此後，Peter在Sun Microsystems的企業發展和產品策略方面工作了十一年。在這家公司，Peter領導了許多關鍵任務技術生態系統的少數股權投資，並開始了收購，最後發展成數百萬美元生產線的技術創新者。透過這些經驗，他為組織制定了新策略，將較小的組織部門合併為一家大公司，並非常關注創新脈動型企業於成長階段，所產生的潛在組織文化挑戰。

Peter曾在史丹佛大學（社會人類學榮譽學士學位）和西北大學（Kellogg MBA，市場行銷與資訊管理資管高材生）接受教育。

# Contents

# PART IV 評估文化及領導計畫性的變革

PART I

# 界定文化的結構

要瞭解文化是如何運作的，我們需要區分兩種不同的觀點。最明顯且最直接的衝動就是去尋找文化的「內容」（content）。文化是什麼？我們需瞭解文化的主要價值觀是什麼，以及行為的規則是什麼？不同的人對什麼是重要的事物有不同的偏見和假定。在當前的國家背景下，我們非常強調政府、領導人和管理階層在決定什麼對每個人有利，以及聚焦於個人自由和自治價值有關的文化內容上。然而，另一種文化的分析可能是與拯救地球和對環境負責的價值觀完全無關。例如：有人認為家庭的價值觀是很重要的，但對允許公民婚姻所謂的「我們的文化」（our culture）卻感覺受到威脅。有些家長會哀嘆或是讚美他們的孩子正在融入新的文化中，但也有的父母會因這些新的「千禧一代」（millennial generation）所表現的行為而感到困惑。因此我們必須注意到，我們對種族或性別議題所說出讓人覺得「政治上不正確」（politically incorrect）的言語而受到的傷害。

　　透過類似搜尋整個地圖的方式去瞭解文化的內容和價值，是我們的重點。為能瞭解文化的變化，我們首先要去關注文化的「結構」（structure），同時也要發展如何分析我們所遇到的文化複雜現象是採取什麼觀點。以下四章中，我將發展出文化的結構，並分析幾個組織文化，說明這些組織如何在較大的組織中建構他們的文化。第一章是對文化的動態性界定；第二章是描述文化的三個基本「結構」模式，而這三個模式也都在本書的其他章節中予以應用；第三章是描述美國一家迪吉多電腦公司（Digital Equipment Corporation），我曾經瞭解這家電腦公司早期營運的過程，因此我將觀察該公司文化成長與演化的過程予以說明；第四章是描述一家在Swiss-German較為長久的汽巴嘉基（Ciba-Geigy）化學公司，因受到成熟工業的不同技術與國家文化的影響而產生各種問題；第五章則是描述新加坡經濟發展委員會（Singapore Economic Development Board），該委員會受到西方與亞洲國家文化劇變及公共組織特性的雙重影響。此一個案強調文化是一種信念、價值、假定與行為規範的學習模式，且也展現在不同觀察層面結果上。

CHAPTER 1

# 如何界定文化

# 清晰界定文化的一些問題

人類學家與社會學家對文化的研究已有相當長的時間，除了對文化有許多模式與定義外，也在文化本質的廣度與深度上有概念性的探討。文化的分類可從基本到巨觀，例如：國家、日常生活或大型的組織等，也可與微觀的次文化相關之文化予以分類。從文化的相關文獻中可看到，許多研究者使用一些文化界定的分類，且是有相當大的重疊之處。就如同你將自己當作是一位觀察者，並將文化當作有「可觀察性」時，你將會在組織或團體中看到或感受到文化的元素。

## ◆ 團體成員互動時，可觀察到的規則性行為

在互動過程中，常聽到的語言如「謝謝」、「別提他了」、「你今天過得如何」、「我很好」等，這些互動的類型、習俗與傳統，已是所有不同組織團體中成員彼此互動的樣貌（如Goffman, 1959, 1967; Jones, Moore, & Snyder, 1988; Trice & Beyer, 1993; Van Maanen, 1979）。

## ◆ 氣氛

氣氛是對組織團體成員表達對物理環境布置現象，以及組織內外成員、顧客彼此之間互動的一種感受。氣氛有時也包含文化的一種人工製品（artifact），有時也可以對個別存在現象予以個別獨立分析（如Ashkanasy, Wilderom, & Peterson, 2000; Schneider,1990; Tagiuri & Litwin, 1968; Ehrhart, Schneider, & Macey, 2014）。

## ◆ 正式儀式與慶典

儀式和慶典反映在組織中的關鍵性事件、組織成員提倡與完成某些計畫的過程（passages），及其所彰顯的里程碑意義（Trice & Beyer, 1993; Deal & Kennedy, 1982, 1999）。

儀式和慶典是指在一個團體中，藉由成員們所反映出重要的價值或重要的「階段性過程」所呈現的關鍵事件。例如：職位升遷、重要計畫的完成、里程碑（Trice & Beyer, 1993; Deal & Kennedy, 1982, 1999）。

## ◆ 信奉的價值

信奉的價值係為組織團體宣稱，他們所要達成的具體明確原則與價值（Deal & Kennedy, 1982, 1999）。例如：在矽谷（Silicon Valley）的 Google和Netflix等許多公司，都將公司所信奉的價值呈現在他們的各種資材和簿冊上（Schmidt & Rosenberg, 2014）。

#### ◆ 正規的哲學

一些廣爲人知的政策與意識形態可以導引組織團體的股東、雇主與顧客的方向。例如：惠普（Hewlett-Packard）對利害關係人所提出的「惠普原則」（the HP way），或是Netflix和Google的文化等，都是很好的例子（Ouchi, 1981; Pascale & Athos, 1981; Packard, 1995; Schmidt & Rosenberg, 2014）。

#### ◆ 團體的規範

固有且不必經過證明的一些標準和價值會逐漸形成團體規範。例如：在古典的霍桑研究（Hawthorne studies）中，銀行接線員所抱持「每天的工作和所得到的報酬要公平」（a fair day's work for a fair day's pay）的價值觀，就是一個特別的例子（Homas, 1950; Kilmann & Saxton, 1983）。

#### ◆ 遊戲規則

組織中會有一些不必證明或不用敘寫文字，而組織成員都一致會遵守的規則。例如：組織新進成員需要知道他們要做的事，而能很快融入組織中（Schein, 1968, 1978; Van Maanen, 1976, 1979b; Ritti & Funkhouser, 1987; Deal & Kennedy, 1999）。

#### ◆ 自我身分的定位與形象

組織藉由「我們是誰」、「組織目的是什麼」，以及「我們要做什麼」等，作爲組織評論自己定位之標準（Schultz, 1995; Hatch, 1990; Hatch & Schultz, 2004）。

#### ◆ 嵌入性的技能

組織爲達成特定工作任務而有一些屬於組織成員所具有的特殊關鍵能力，這些能力會不斷傳承下去，且不必以具體明確的文字予以表示（Argyris & Schon, 1978; Cook & Yanow, 1993; Peters & Waterman, 1982; Ang & Van Dyne, 2008）。

#### ◆ 思考的習慣、心智模式或語言的典範

組織新進成員在社會化或「上車」（onbording）的過程中，會獲得一些組織的分享性認知架構，而這些架構將會引導新進成員對組織的感受，瞭解組織的思考模式和語言的運用（Douglas, 1986; Hofstede, 1991, 2001; Hofstede, Hofstede, & Minkov, 2010; Van Maanen, 1979）。

### ◆ 共享的意義

組織成員經由互動而創造出彼此互為理解的意義，而這些對事件的理解與處理方式，在不同的文化之下則會有不同的意義（Geertz, 1973; Smircich, 1983; Van Maanen & Barley, 1984; Weick, 1995; Weick & Sutcliffe, 2001; Hatch & Schultz, 2004）。

### ◆ 「以隱喻為根基」或具有組織的統整性與象徵性意義符號

組織團體的特徵是逐漸形成的，而這些特徵或許可以（有時是無法）直接察覺，但卻體現在組織團體的建築、辦公室的布置與其他有形的人工製品上。文化的層次是反映在組織團體成員的情緒和審美觀上，與認知及評鑑的回應則有所不同（Gagliardi, 1990; Hatch, 1990; Pondy, Frost, Morgan, & Dandridge, 1983; Schultz, 1995）。

我已提供許多有關界定文化的不同途徑，從這些對文化的界定可以學習到，文化的特徵與意義涵蓋組織團體的不同層面，且其特徵是逐漸發展而來的。當我們注意到巨觀的文化（如國家或大型組織）並加以描述時，我們需要對這些特定的概念有所瞭解。然而當我們要將文化的界定轉移到面對組織團體的文化並加以解釋時，我們對組織、次文化與微觀系統，以及組織團體文化的形式和特徵如何形成發展，需要更具統整性與動態性的界定。雖然上述有關文化界定的分類有助於瞭解文化內涵，但仍需要具有動態性與完整性的過程，才能真正理解文化。

這些為組織團體文化的正式界定，在此提醒一件事就是，不論組織團體的規模大小如何，它們都會有屬於自己所瞭解的特定用詞和不同共享文化的類型。你或許將會看到描述組織團體如何改變或創造新文化的文章，這當中，組織成員彼此之間會有不一致的看法，或許也會有頗具價值性的文化呈現。但當我們謹慎界定「任何文化」如何學習和發展之時，也要注意組織團體的特定文化實際情況及其與文化各種因素之間的關係。而本書將會對文化的各種因素加以詳述和解釋其間的重要性。

---

### 文化的動態性定義

組織團體的文化是團體解決外部適應與內部統整問題的一種日積月累的共享學習成果。因這些文化具有良好的價值，所以組織團體的新進成員能根據這些文化而有正確的感受、思考、感覺與行為方式去解決相關的問題。

這種信念、價值與行為規範的類型，或系統的日積月累學習成果是被視為理所當然的基本假定，到最後則會跳脫察覺的範疇。

## 日積月累的共享學習

　　從文化定義的最重要因素來說，文化是一種「共享的」學習過程與成果（Edmondson, 2012）。假如你瞭解文化是共享的學習過程與成果，你將認爲文化是具有複雜性的。想充分瞭解文化，必須知道組織學習所發生地點、花費時間的長短，以及在哪種領導之下所產生的。要對沒有文字的文化、國家與某些大型組織的歷史予以解讀，事實上是難以辦到的。然而，對當代的組織與工作團隊做歷史性的分析，較有可能性，也較容易收效。以下我將偏向以「團體」（group）分析它們的文化，但這也包含其他各種組織在內（譯者註：原著作多處以「group」作爲分析單位，本譯文爲使上下文連貫並符合原作者用意，視「group」也含有組織的意涵，故以「團體」、「組織團體」或「組織」予以呈現中文）。

　　假如學習是可分享的，那麼所有的組織團體成員對於諸如我們是誰、組織的目的是什麼，以及「爲什麼會如此的理由」（reason to be）等有關彰顯組織身分的形式和實質內涵上，學習扮演著重要的影響力。而學習的各種不同元素則會形成組織團體成員信念與價值的類型，並在每天的日常活動與工作中賦予意義。假如組織團體能有效達成既定目標且組織內部成員的互動也良好，那麼這些信念與價值將會伴隨著他們的行爲規範而被視爲理所當然，同時也會教導或傳承給新進成員，進而嵌入他們的思考、感覺和行爲中。從各方面來說，這將會是組織成員對組織認同感的一種思考方式，這種思考不僅讓組織可以將本身的關鍵元素向外界呈現，同時也是組織內部成員對組織認同感的元素。

## 理所當然的基本假定——文化的DNA

　　就某種意義而言，共享的學習提供文化的意義與穩定性，也會成爲「文化的DNA」（the cultural DNA）。這些信念、價值與所欲的行爲，將會啓動組織團體的動能並邁向成功之路。信念、價值與所欲的行爲是不必經由協商而來，是理所當然的，其後也會跳脫組織成員的知覺。此種基本假定使組織團體具有穩定性，並在組織團體成員的行事作爲和整體的文化內涵中顯現出來。我們要留意的是，學習所形成的文化DNA是構成組織團體文化穩定因素的來源，假如組織團體沒有改變，這些因素是不會更動的。因爲文化的改變和文化的DNA是同時並進的，我們一開始對這點就要瞭解。

## 解決問題的外部適應與內部統整觀點

　　大多數組織與團體的研究都一致發現，組織團體領導者與成員對於「我們將

如何使團體予以組織起來，並結合成員維持成為一個團體的性質？」（how we will organize and maintain ourselves as a group?）等問題，在達成「任務」（task）的觀點上常會有所不同。然而就像「管理方格」（managerial grid）領導理論所指出，組織團體會在達成任務取向和關懷成員取向上，分別予以不同的評估方式，以檢視組織達成目標的程度。但領導者通常是想使組織達成任務和關懷成員兩者都能兼備的「理想」（ideal）最大化境界（Blake & Mouton, 1964, 1969; Blake, Mouton, & McCanse, 1989）。多數有關組織團體如何解決問題的研究則發現，雖然任務取向和社會─情感取向二種領導對待組織成員的態度有所不同，但以組織團體的工作表現而言，此二種領導型態是必要的，且通常須經長期發展而來（Bales, 1958）。

有效能組織的研究一再顯示，成功有效的組織表現和組織成員有效能的學習，並不是區隔組織任務取向和關懷取向的主要關鍵因素，取而代之的是「社會─技術系統」（socio-technical systems）的思考。假如任務取向和關懷取向不能予以統整，至少在組織的外部適應與內部統整上是同時並進的。在一些企業組織上，這些議題已顯現在「平衡計分卡」（scorecard）與「雙重底線」（double bottom line）的概念和做法上，同時也強調關注組織經濟層面與內部層面的持續穩定健康發展（Kaplan & Norton, 1992）。

文化變遷與組織團體的發展關係密切，假如組織在策略運用與外部適應上與文化分離，只強調組織團體內統整的機制符合組織成員想要的生活方式，那是非常危險的。假如公司不瞭解組織策略也是文化的一部分，就無法依照組織需求的變化而發展組織策略。所有近來的研究皆指出，危機隨時伴隨公司創新發展的過程，危機可能會使公司邁向最佳狀態，但也會使員工失業（Friedman, 2014）。

### 能順利解決問題，將使組織更有效力

為達成組織目的，組織團體不斷地在創新發展。在這發展過程中，組織成員為完成組織目的與穩定成長而共同完成分內的工作。組織團體不能脫離環境而獨自存在，它需要嵌入各種不同且是適合的環境中去運作，並將運作結果與是否達成組織目的相呼應。假如組織的運作持續順利有效，那麼組織成員的信念、價值觀與行為類型在組織運作的方式上，將會被認為是理所當然，且是持續的進行。假以時日後，組織成員的信念與價值觀將會是形成組織團體成員認同的一部分，且對於新進的組織成員來說，他們也將會知道「我們是誰、這是我們所要做的、這些是我們的信念」。而那些價值和信念或許已在組織團體中爭辯過，但至少對新進成員來說，這不必經過協商妥協的過程，且會達成組織任務的「假定」。

## 感受、思考、感覺與行為

　　組織團體的成長、定位的認同與組織成員的學習過程，始於組織成員工作過程中的細小行為、語言、思考與感覺的方式逐漸延伸發展而來。一般的公司常聚焦在技術性的產出與服務，以及工作表現的專門能力上，而這意謂著與組織團體一開始的決策過程與組織成員工作思考和感受的方式有關。

　　通常組織團體會運用文字上的簡單用語或縮寫、幽默方式等，發展出「行話」（jargon），表達他們所要分享的成功經驗及其所代表的象徵性意義。例如：迪吉多（Digital Equipment Corporation; DEC）公司常以「做對的事」（do the right thing）代表公司在誠實的技術、開放性與解決顧客問題上的象徵性意義。蘋果電腦公司（Apple）則以員工個人人格與處事態度為主，以及認為最好的方式——「做你分內該做的事」（Do your own thing）。也就是在做事的過程中，「即使是不開心，也要修正自己能達成工作目標的方式，把事情做好」（decorate your office any way）。

　　我們大多以行為的角度去思考文化的意義（例如：「就在這附近的場所中，我們要怎麼做」），但對於如何分享我們的談話內容、我們在相關的環境中的感受是什麼、我們如何思考問題，以及什麼讓我們感受到愉快或痛苦等時間性與分享學習卻給忘了。組織越長久，組織成員的思考與情緒也會趨於相似。這種現象在一些跨國的公司中顯而易見。有些在其他國家的子公司，因為語言、思考模式和情緒表達過程方式有很大的差異，因此難以發揮公司已有的功能。而有些子公司因能融入當地文化，且與當地也有較接近的共同文化，因此就能與總公司的文化與功能相似。

　　我曾描述Swiss-German在美國紐澤西州子公司汽巴嘉基的文化，也曾研究Basel的文化，並在紐澤西州對Basel的員工演講，得到的回應是「我的天，你完全講到我們的核心」。

## 文化這個字的蘊含是什麼

　　文化蘊含文化的穩定性、深度、廣度與模式化或統整的概念，此種概念是從組織團體中學習而來。就如同個人的人格與特徵是從個人的學習而來一樣。

### 結構的穩定性

　　文化蘊含組織團體文化的某些結構性層面。當我們說某些事務是「文化的」時，就是在對組織團體做界定。且該事務不僅蘊含組織成員彼此的分享經驗，同時也蘊含文化的穩定性。我已提出「基本假定」是文化DNA的說法，這是組織團體認同的主要文化構成元素，是不容易被放棄的。即使是組織成員離開，文化的

DNA仍會保留下來。因為這是組織成員穩定的價值觀，它能賦予組織文化的意義，以及預測組織的未來發展。

　　同時，更多的文化表面元素是經由組織團體成員彼此之間的互動而予以界定的。他們藉由儀式的互動越支持文化的DNA，就越能感受到文化的穩定性。但隨著組織團體新進成員不斷增加，也會產生不同的信念、價值與規範。無可避免的，在解決組織團體內部統整與外部適應問題上將會有所強化與改變做法。文化兼具穩定性與動態性的特徵。就像我們的身體一樣，骨骼、皮膚跟我們的細胞和各種運作過程一樣是不斷的在改變中。我們的身體像骨骼部分是屬於穩定的部分，除非是斷裂（break），否則是不容易或快速的改變。而公司破產或突然更換極為不同領導風格的管理人，文化的DNA可能遭到破壞，新的組織也可能會產生。

## 深度

　　文化的基本假定通常是最深層、無意識的團體文化，因此是較不具體明確，且是看不見的。以此觀點而言，許多文化的界定大多聚焦於文化可顯現的部分，但這些並非文化的本質（essence）。我們來思考文化的DNA，文化的本質是由理所當然、不必經由協商的信念、價值與行為的基本假定所組成。當有些事物嵌入越深時，同時也更趨於穩定性。

## 廣度

　　文化的第三種特徵是，文化經由發展後涵蓋團體所有運作的功能。文化在對所有組織團體處理基本的目的、各種不同的環境，及其內部統整問題時，具有滲透力與影響力。誠如我們之前所提到的，組織團體的內部統整過程中最大的錯誤就是，我們忘了文化也涉及組織的任務、策略與基本運作的過程。所有這些事務都是組織成員分享學習的結果，但卻也限制了組織運作可能產生的改變。

## 模式化或統整

　　文化的第四個特徵是，文化在更為深層的各種因素中促使模式化或統整趨向更大的典範或「完形」（gestalt）。而文化所蘊含的儀式、價值與行為，形成一個連貫的整體，此種模式化或統整即是「文化」的本質，且最後反映在我們所處環境的需求上（Weick, 1995）。因為混亂與無知使得我們產生焦慮，因此我們將藉由運用更具有一致性與可預測的觀點，努力把事情做好，以減少焦慮。「就像其他的文化一樣，組織文化是由組織成員勤奮努力而瞭解並複製他們的世界」（Trice & Beyer, 1993, p. 4）。

　　然而，我們也發現，文化的DNA在不同的時間，以不同的方式處理不同的事情是有衝突的。此外，當組織文化發展次文化，而次文化又繼續發展他們自己的次

文化時，組織團體彼此之間將會產生更大的「共同文化」，且我們也會見到文化動態發展過程中所具有的複雜性。

## 告知組織新成員：社會化與文化適應的過程

文化發展到某一程度時，將會使組織新進成員瞭解新的文化元素有哪些（Louis, 1980; Schein, 1968; Van Maanen, 1976; Van Maanen & Schein, 1979）。研究顯示，透過行爲的學習，只會學到表象的文化元素。當組織成員獲得組織的永久地位，或進入組織核心層級時，透過彼此的互動與分享，才能眞正找到文化的核心。

然而，組織成員的學習和社會化過程，事實上受到更深層假定的影響。爲能瞭解深層假定，我們必須試著瞭解組織受到批判的情況是什麼，同時也要觀察或訪問已任職一段時間的「資深成員」（old timers），以瞭解他們彼此分享的假定。

文化是可經由預期的社會化或自我社會化的學習嗎？組織團體新進成員會爲他們自己而發現基本假定嗎？是或不是，我們確定的是，組織團體新進成員會在他們與原來組織成員彼此互動的過程中去解釋組織的規範及基本假定，但這種解釋或許會藉由新進與長期任職於組織的成員之間彼此的經驗互動，以及在組織獎賞機制中學習到。即使是這種教導的過程不具有隱密性或沒有系統性，但仍會持續進行。

有時就某個個案而言，假如組織團體沒有既定的基本假定，當組織新進成員與舊有的成員彼此互動時，就會是一種具有建構新文化的過程。但假如組織有分享性的假定存在，組織成員就會將文化的假定教給新進成員。

在此一事件上，文化是社會控制的機制，且文化能清晰地操弄新進成員，使他們以某一特定的方式，對組織的事件有所感受，能予以思考與感覺（Van Maanen & Kunda, 1989; Kunda, 1992, 2006）。不管我們是否同意社會控制是一種機制，這是個別獨立的問題，我們將在之後予以討論。

## 文化能獨立於行爲而存在嗎？

雖然有些是看得見的行爲，像正式的儀式，但文化的定義並不包含行爲模式。反之，文化的定義強調分享性的假定及處理我們對事物的感受、思考與感覺。我們不能只仰賴外顯的行爲，因爲外顯行爲是由文化的性質（如分享性的感受、思考與知覺的行爲模式），以及組織外在環境所產生的立即性情境所決定的。

行爲的規則性可能是因爲某種文化的理由而發生。例如：當我們觀察到組織團體成員在一個大嗓門的主管之下有畏縮行爲時，那可能是對聲音與組織大小、個人學習及分享性學習的一種生物—反射反應。因此，此種行爲的規則性不應是界定文

化的基礎（我們之後會討論）。事實上，畏縮的行為是分享性學習與深層分享性假定的顯現結果。或者，換個不同的方式來說，我們不知道所觀察的行為規則是我們所要處理的文化顯現結果，而當我們界定文化的本質或DNA時，才能明確說明所觀察到的「人工製品」（artifact）是什麼涵義。

## 大型組織有文化嗎？

之前所提到的文化界定並沒有特別指出社會組織規模的大小和所在地。我們知道一些國家、族群團體、宗教及其他社會單位都有他們的文化，我稱之為巨觀（macro）文化。即使是散布在全球都有子公司的IBM或Unilever，也有它們各自不同的子公司次文化。

但是醫藥界、法律、會計和工程界並非都能清晰地說出它們的文化。假如文化是由組織成員共同學習而形成的，且這個文化是它們對於如何表現與內部互動的分享性假定，我們就能清晰地看到許多大型組織有它們所發展而成的文化。假如在教育與訓練的過程中，或是組織成員的信念與價值的學習是處於穩定狀況，且形成理所當然的假定時，即使組織團體成員個人不在團體同僚的一分子中，那些大型的組織仍是有文化的。多數全球性大型組織的文化與我們有關，它們以同一的方式、技能和價值觀訓練員工。但是，我們會發現，像一個國家或宗教組織員工的實際表現會對大型組織文化的界定產生影響。雖然如此，在某一特定國家內的工程界和醫藥界的實際表現又是什麼？組織實際表現的變化會使我們更加難以解釋組織的文化。

## 領導在哪裡產生？

領導的關鍵在學習。而當組織團體成員所期待的事項不能實現，或是他們感覺到飢餓、受到傷害、失望，或對有些事情感到不確定時，組織的學習就會產生。當我們論及文化的構成時，會發現到組織創辦人或企業家運用他們個人的權力，要求組織成員以新的作為達成組織目的時，會產生學習的現象。假如組織團體遇到困境時，或許領導者會提議遠離該困境的方法。假如組織團體邁向成功之路時，它們會想瞭解組織需要什麼樣的正式領導者。假如組織團體一再遇到困境，領導者或組織成員會提議，要求以新的作為解決問題，而這種現象會逐漸發展成為組織的文化。學習的機制會隨著困境的性質而有不同的變化。假如組織團體的作為與它們的需求相違背時，領導者就會提出應有的作為讓組織成員去實現。假如組織團體的作為是成功有效的，就會被增強，並會就它們的作為予以判斷分析哪些是適合其信念與價值的。假如組織團體的作為與結果不是它們所想要的，就會受到懲罰，且類似的學

習不能再發生。然而，新的或不適合的作爲都要靠領導者行爲作爲媒介，這將在後面的章節予以探討。

## 摘要與結論

當我們以有效的方式對文化簡要定義時，要以動態性的時間演變及發展的觀點，思考組織團體爲了生存、成長，以及處理外部環境和內部組織問題等過程中的學習樣貌。假如我們能瞭解文化來自哪裡，以及如何發展進而嵌入組織時，就能捕捉文化的定義存在於組織成員的無意識中，以及他們的所作所爲內。

任何社會單位都有某些透過學習歷程與發展而成的文化，且這些文化是具有分享性的歷史意義。文化的強度取決於組織發展過程時間的長短、組織成員的穩定性，以及彼此之間實際互動過程所彰顯分享學習與情緒的強烈度。我們將在案例中見到，領導，是在文化的創新，以及組織成長的各階段逐漸發展而來的。

## 給讀者的建議

◆ 假如你是一位學者或研究者，在研究之前，你要先關注人類社會—技術系統在研究中所具有的複雜性、類型與多面向的特性，並嘗試去發現可能產生的結果。同時也要決定運用哪些研究方法，及該研究方法對研究結果產生的影響。

◆ 假如你是一位學生或潛在的雇員，你要問招聘人員有關公司發展的歷史，或詢問一些資深的員工，他們對公司未來發展的看法。

◆ 假如你是一位勇於改變的領導者，你要問你自己以下的問題：假如我要嘗試改變組織團體的學習歷史，在我開始計畫改變之前，我能學習到哪些需要改變的組織發展歷史。

◆ 假如你是一位改變組織文化的顧問或協助者，在你認同組織的任何事件之前，要確定詢問那些潛在顧客，他們對解決組織問題的想法和具體的圖像是什麼。

CHAPTER 2

# 文化的結構

　　一般而言，文化能以不同的層次予以分析。用這個「層次」意指當我們參與或觀察組織時，是可以看得見不同文化現象的程度。這些層次從可看得見的具體到深層的，以及嵌入到不必經由覺知的基本假定上（也就是文化的本質或DNA）。在這些層次之間，是組織成員所信奉的文化信念、價值、規範與行為準則。這些主要的文化層次分析顯示於表2.1。

## ▍三個層次的分析

### 人工製品——可看得見和可覺知的現象

　　當你進入新的團體而與不熟悉的文化接觸時，想想你所見到、聽到和感覺到的人工製品是什麼。人工製品包含團體中可看見的，諸如物理現象的建築、語言、技術的產物、藝術創作，還有言行舉止的類型、穿著、態度、組織故事的隱喻、一些具有價值性的出版物，以及可觀察到的儀式和慶典。

　　這些人工製品即是團體的「氣氛」（climate）。有些文化分析家視氣氛等同於文化，但將它視為基本假定的產物可能更好，是一種文化所顯現的結果。我們所觀察到的例行性行為和儀式，是組織所顯現的行為過程。組織的結構元素，例如：特徵、描述組織工作項目的說明，以及組織的圖表，都是屬於人工製品的層次。

---

**表2.1　文化的三個層次**

1. 人工製品
   - 可看得見和感覺到的結構和過程
   - 可觀察到行為——難以解釋
2. 信奉的信念和價值
   - 理念、目標、價值、抱負
   - 意識形態
   - 理由化——也許有，或許沒有與行為或其他人工製品一致性
3. 基本深層的假定
   - 不必經由覺知、理所當然的理念與價值

---

　　文化最重要的一點是，文化不容易觀察，也難以解釋。例如：古代埃及和馬雅人（Egyptians and the Mayans）所建造金字塔的類似大型建築物，在每一不同的文化就有不同的意義。例如：在某一文化的意義上，它代表著一種墓碑，但在另一個文化中，它既是廟宇，也是墓碑。換句話說，我們所觀察和感覺到的文化現象，在特定團體中會有不同的意義。假如你進入一個新的文化時，你將會觀察到許多或許

對你具有意義或沒有意義的事情。同時，你也會進一步瞭解組織成員的看法後，對所觀察的事情加以深入瞭解。

特別是你單單只觀察到人工製品，就嘗試對深層基本假定作解釋，那是很危險的。因為不可避免地，你是以你自己的個人背景予以解釋的。例如：若你的基本假定認為，不具有正式組織特徵的，就是一種遊戲而不是在工作。那麼，你可能看到組織有鬆散的現象時，你就會認為那是「沒有效率的」。假如你的基本假定是，正式組織是一種具有科層化和標準化的組織時，你所看到的組織有鬆散的現象時，你或許會認為組織「缺乏改革的能力」。

假如你在組織團體中有較久的時間，你會瞭解組織人工製品逐漸發展所形成的意義，而組織員工也會告訴你「為什麼要這樣做」的原因。然而，假如你要更快地瞭解人工製品這個層次的意義時，你必須要問員工，為什麼要這樣做的原因，然後你會進一步瞭解其所信奉的信念和價值。

## 信奉的信念與價值

所有的團體學習最後將會反映到某些人最原始的信念與價值上。例如：他們認為應該如何，以及和其他人有什麼不同的地方。團體新成立或面臨新的工作任務、議題和問題時，一開始的解決方法與團體成員個人對事情看法的正確與否，以及是否繼續執行該任務的基本假定有關。雖然有些團體成員的基本假定被採納而作為解決問題的途徑，也受到領導者或創辦人的認同，但有時因為仍未能在團體中視為一普遍接受的行動方案，因此難以受到支持與分享。不論所提出的解決方案是否受到領導者的支持，如果沒有團體成員共同參與，或能有一可看得見的工作成果出來，即使是領導者認為是有效的，仍然不能視為是一共同分享的基本假定。

例如：當銷售對象一開始界定在年輕族群時，管理者也許會說：「我們必須增加廣告量」，因為他的信念認為，廣告總是會增加販售量。「他相信廣告是販售出現問題時，一個好的解決方法」，但他所屬的團體成員以前從未有過這樣的經驗，一直到管理者提出這個信念和價值時，才有這樣的想法。因此，領導者最初的提議除了會受到質疑、爭辯、挑戰和嘗試去執行之外，不能有任何地位。假如管理者能使組織團體成員對「廣告是好的」這個價值能解決問題有所信服時，就會逐漸轉化為組織團體成員可以共享的價值或信念，最後則成為基本假定（前提是，這樣的假定或信念能解決問題或繼續往成功的方向走）。假如這樣的轉化過程真的發生時，組織團體成員經常會忘了最初他們對這件事所產生的不確定性、爭辯和遭遇的困難，以及他們對所採取行動的建議。

　　不是所有的信念和價值都是持續不斷地在轉化之中。首先，組織團體成員在執行任務期間解決問題的信念和價值也許並不是可信賴的。只有在持續性地有效解決問題，並轉化爲組織團體的基本假定時，信念和價值才具有可靠性。其次，某些特定的信念和價值，如比較沒辦法控制的環境因素，或是審美和道德的事件，或許無法適用於所有的問題解決上。在類似個案中，透過社會輿論確認仍是可行的，但這並不是慣例。第三，因爲組織的表現和策略之間難以證明策略是影響表現的因素，所以組織的策略和目標所信奉的信念，除了透過輿論之外，也許沒有其他方式能夠給予證明。

　　社會輿論意指某一特定的信念與價值只有在某一團體的共享經驗中予以論述。例如：任何一個宗教和道德不能證明是比其他文化信念和價值更具有高高在上的地位，但只要團體成員能強化他們彼此之間的信念與價值，就能被認爲是理所當然。而那些不接受信念與價值的團體成員，就是在冒著處於團體「溝通以外」的危險狀況，姑且不論他們的工作是否感到舒適或免於焦慮，對他們來說是一種嘗試且是需要容忍的。這些際遇就如同預言家、創辦人和領導者最初所發表的言論一樣，認爲處在團體批判性的氛圍中，「工作任務」（work）是在減低團體成員的不確定感。這是團體成員要學習的特定信念和價值。此外，即使這些信念和價值未能與團體的實際運作有所關聯，但那些預言家們仍持續提供團體成員，可以轉化爲不必經由討論就可成爲假定的意義和舒適的感覺。

　　因爲此種信奉的信念、道德或倫理具有規範性或道德上的功能，用以指引團體成員如何處理所發生的特定情況事件，以及可訓練新成員如何處理事情的作爲。因此，它是持續可察覺，同時也可清晰表達出來。此種信念與價值通常會嵌入組織的意識形態或哲學中，進而指引處理一些本質上就無法控制或困難的事件。

　　假如信念與價值的意義不能與組織團體的實際效能表現一致時，通常是團體成員經由反思後想要有所作爲，卻在實際觀察中見不到（Argyris & Schon, 1978, 1996）。例如：當公司意識形態的價值觀是要提高生產品質，卻在工作成果紀錄上未見到實際的表現，那也是說說而已。在美國的組織，一般信奉的工作團隊信念價值是要對個人實質上的競爭表現有所酬賞。惠普（Hewlett-Packard）所提出「惠普原則」（the HP way）的銷售方式，強調管理機制和團隊成員所信奉的價值要一致性，但電腦部門的工程師卻發現，他們彼此之間也需要有競爭和政治上的協商。所以在評析組織團體所信奉的信念和價值時，必須小心區別組織團體的意識形態和哲學的基本假定，及其所引導至實際表現的合理性和所欲作爲之間的差異。當公司宣稱他們要公平對待利害關係人、雇員與顧客，或是以最少的投資獲取最大的利潤

時，通常他們所信奉的信念和價值與所表現的行為會有所矛盾。通常我們只瞭解片面的文化現象，卻對全盤的文化無法掌握，因而所信奉的信念和價值也無所解釋。為了能更深一層地瞭解文化類型，並能正確預測組織團體成員的未來行為，我們必須瞭解更多文化假定的分類。

## 理所當然的基本假定

當重複解決問題時，經常會形成為一種理所當然的事。對某些事件的假設如果僅是當作一種直覺或價值時，就會逐漸在實際情境中做處理。同時我們也會相信那是真實的、自然的處理方式。在這種情況之下，基本假定與人類學家所說的「優勢價值取向」（dominant value orientation）有所不同。人類學家的觀點認為，在幾個可以選擇的變通方案中，選擇最適合可行的解決問題的方案，而且這些方案通常在文化中是可看得見的，是依照不同的優勢取向而選擇的（Kluckhohn & Strodtbeck, 1961）。在美國的社會中，這種選擇解決問題偏好是偏向個人主義的，但最後仍會接受團隊的運作方式。

你會發現某些少許的不同社會機構單位內，基本假定已形成一種理所當然的事。如前所述，事實上，難以想像的是，假如基本假定是組織團體成員所能共同掌握時，他們的工作成果和作為將與信念和價值趨於一致性。例如：假如組織團體的基本假定是可以將個人權利取代團體時，即使是團體受到侮辱，組織成員也會拋棄自我或以犧牲他們自己的方式來維護所屬的團體。在資本主義國家，某些商業組織或許會與財務虧損的組織合作，而是否考量業績已無關緊要。

就像工程方面的大公司，他們所設計的某些事項有時是不安全的，但仍理所當然地認為未來可能會是安全的。就某種意義來說，此一基本假定如同Argyris和 Schon（1996）所認定，運用理論（theories-in-use）的假定，無疑是會實際引導組織團體成員的行為，以及如何思考和感覺。基本假定就像運用理論一樣，是無從比較和爭辯的，因此也是非常難以改變的。學習新的事物時，我們需要去挖掘、探索一些我們平時已形成穩定的認知結構及過程，並試圖予以改變。這就是Argyris 等人所提過的「雙環學習」（double-loop learning）或「架構隔離」（frame breaking）（Argyris & Schon, 1974, 1996）。

由於這個基本假定會暫時使我們的認知和人際之間的世界被重新檢視，並釋放出大量的焦慮，所以此種學習本質上是困難的。即使是遭受曲解、否認、拒絕，或是正在進行的事項遭受扭曲，我們還是要注意周遭事件與基本假定有無一致性，而不僅僅是容忍焦慮而已。這是一種心理過程，是文化最後極限的權力。

文化視爲一種基本假定，可在以下情況中予以界定清晰的意義。例如：我們關注的事項、事件的意義、對正在發生事件的情緒反應，以及在各種情境之下的行動等。當我們已發展並統整類似的基本假定後，我們就會創造出一種「思考的世界」（thought world）或「心智地圖」（mental map）。進而對於其他組織成員分享的基本假定而感到舒適愉快，但也會因爲我們不瞭解組織實際發生事件的情況，或無法感受到其他成員的所作所爲，因而會覺得不舒適或受到傷害（Douglas, 1986; Bushe, 2009）。

文化能給予組織成員認同感，並能闡釋自尊的價值（Hatch & Schultz, 2004）。文化能告訴他們，他們是誰、如何與人相處、如何感覺舒適。文化能讓我們知道，爲什麼改變「文化」如此讓人感到焦慮。一些不自覺的假定是如何曲解所見到的資訊，看看下面的例子。我們以過去的經驗和教育背景對別人的行爲給予期望和解釋。同樣的，我們自己的行爲也被同等對待。若我們假定人性基本上是懶惰的，那麼看到有人似乎懶洋洋地趴在桌子上時，我們會認爲這個人是懶散的，而不是在考慮問題。假如同事不在工作崗位上，我們或許會認爲他是偷懶的，而不是在家裡工作。

假如這不僅是一個個人的假定，同時也是組織文化共享的一部分，那麼我們會與同事討論有關「懶惰」的現象，以及組織如何確保成員隨時都處於工作的情況。假如員工提議他們想要在家裡工作，我們可能會感覺不舒服，或認爲他們是懶惰的，才會有這樣的想法（Bailyn, 1992; Perin, 1991）。

反之，若我們假定所有的組織成員都是具有工作動機且能幹時，我們會鼓勵他們在各自的工作崗位上，依他們的處事方式工作。假如我們看到他們安靜地坐在桌子旁，我們會認爲是在思考和計畫事情。假如我們發現員工是沒有生產力時，會認爲組織的工作與他們的能力是不符合的，而不會認爲他們是懶惰或不能幹。假如員工想要在家裡處理事情時，我們會認爲他們是要爲工作而做準備。

在這二個例子中，持不同基本假定的管理者可能會將事實予以扭曲。例如：悲觀的管理者不會認爲部屬是具有工作的動機，而抱持理想主義的管理者不會認爲部屬是懶惰且會把事情搞砸。誠如McGregor（1960）多年前所提出的，如此對「人性」的假定成爲管理者在處理事情時的基本假定，也形成組織穩定的管理系統，最後則會成爲管理者維持組織穩定與預測未來的行爲依據。

一些無意識的假定有時會導致荒謬悲劇性的結果，以下是來自美國的一位主管在亞洲國家的例子。這位主管認爲解決問題理所當然地是以務實性爲最優先的考量，而他的部屬是來自傳統文化的背景，認爲解決問題時要顧到是否能維持良好的

人際關係，以及保護主管的「面子」，因此就會有以下的結果產生。

這位主管給予部屬一個假定的問題。但部屬認為這個問題是無法執行的，所以他保持沉默，並告訴主管這個問題是錯誤的，同時也要保護主管的面子。但假如部屬要去執行這個任務時，他會告訴主管他的看法，並再次確定主管是否要繼續執行這個任務，而不是去挑戰主管。

事情發生了。這位主管有點驚奇且疑惑地問部屬做了什麼，或將有什麼不一樣的做法。這個問題使得部屬覺得更加尷尬，因為要回答這個問題，對主管的面子是一種威脅。對主管給他人的第一印象（如把姓名說出來或是阻礙主管的作為）有罪惡感，所以部屬不可能解釋他的所作所為，他甚至可能說，主管所做的是正確的，只是運氣不好，或是事先無法掌控情境。

從部屬觀點來說，因為主管問部屬做了什麼事，這樣會使部屬覺得不可思議，同時會覺得自尊受損，而失去對主管的尊重。主管對部屬的行為也同樣感到不可思議。他的假定歪曲了部屬對績效的表現，而認為是漠不關心與放棄的行為，因此無法理解並解釋部屬的所作所為。而主管心裡一直也有另一個假定，就是「你從來沒有阻礙上級」，甚至比對部屬「你必須完成分內工作」的假定還要更強烈，因此才會有這樣的結果。

如果假定是個人獨有的特殊經驗所形成時，那麼這種假定是容易修改的。文化的力量來自於個人彼此之間的分享，且能相互強化彼此的力道。在這些例子中，也許可藉由第三者或其他超越文化的經驗，協助隱含的假定浮出檯面。即使是在使假定表面化後，這些假定也仍然可以繼續存在，並促使主管和部屬創造出溝通的機制，且都各自保有他們原來與文化相關的假定。例如：主管在決定對部屬施予苛責之前，就先聽部屬的建議，以及提出面對主管可能威脅的事實資料。但要注意的是，這樣解決問題的前提是，要彼此之間保有原來的文化假定。我們不能單純地宣稱，他們彼此之間任何一方的假定是「錯誤的」，我們必須尋求第三種假定，以保有原來雙方的假定都是完整性的。

我們已詳述了隱含與無意識的假定，及在實際生活中處理日常事務基本假定的一些例子。這些例子隱含在以下的日常生活中。例如：時間與空間、人性與日常活動、如何發現真實性、真實性是什麼、個人與團體之間相處的正確方式、工作、家庭與個人之間的關聯性、男女性別之間的適當角色，以及家庭的性質等。

有關探討人性的更寬廣假定，通常源自於更大的組織文化層面，但卻與組織文化不符合。在美國，即使是組織團體有更複雜的任務要去完成，並需要召開更多的會議，雖然不認同組織團體或工作團隊的工作，但基於務實性與各自不同觀點的個

人主義想法，依然認為會議是在浪費時間。

## 蓮花池的隱喻

在此，我們歸納上述的例子，以蓮花池作為文化的三個層次隱喻。在水池上的花果和樹葉是可看得見和可評估的「人工製品」（artifacts），農夫建造了水池（可比喻為領導）並宣稱，希望藉由樹葉和花果提供大眾作為判斷結果的信念和價值。農夫潛意識中知道如何在水池中將種子、樹根、水質和肥料予以混合後，生長出花果和樹葉。但這缺少在種植出樹葉和花果的過程中所蘊含的信念和價值。

然而，假如觀察者關注到農夫所宣稱的信念和價值與所種植的花果之間的差異，他們就要去探討水中生長出的花果和樹根之間的關係是什麼。假如他們希望所生長的花果呈現出不同的顏色，他們就要研究如何改換種子、水質和肥料 —— 也就是水池的DNA。領導者必須要改變文化，而不是只有塗上花果的顏色或是修剪樹

圖2.1　以蓮花池作為種植花果的文化隱喻

資料來源：Artwork by Jason Bowes - Human Synergistics

枝。他們必須找出文化的DNA，並去改變一些現況。

就此而言，可以從文化的結構性模式，或是組織中個體對文化的認同予以分析。以下章節，我們就來分析個人或巨觀文化在組織及較大型文化單位的應用。

## 文化觀點中的個體

個人的所作所為可以視為文化中的實體從人工製品、信奉的信念和價值、以及基本假定予以分析。我們就以這些基本假定處理人際關係。這些基本假定是我們過去所學習的基本原則，且這些基本假定和原則是在社會的巨觀文化中依循歷史脈絡與開放性的溝通過程之下，已視為理所當然，並在不同的真實情境中發展而成。

所有社會（也就是巨觀文化）中，不論是適宜與否的禮儀習俗、良好得體的態度，都是逐漸發展而成的。因此，我們大多數是在年輕的時候就接受這些原則的教導，而這些原則也是教導者他們較早之前文化社會化的代表。我們會將所學習的文化適應過程帶進家庭中並影響家人。然而，我們需要克制我們的感受和情感，以避免傷到彼此。假如我們傷到其他人，反過來也會傷到自己，這在社會的實際生活中太危險了。我們所學習的這些事情，有的是朋友告訴我們的，也有的是別人私下告知的。然而，這些無法說出「為什麼」的基本假定，仍然繼續存在於我們的意識之下，甚至也可能已全部忘記。

當我們進入一個具有療效與有益個人發展的計畫時，這時候，領導人通常會設定一個「文化島」（cultural island），在這個島內某些社會原則可能會被捨棄，也可能會以更開放的方式鼓勵參與者抱持保留的態度。當我們與團隊夥伴共同合作學習時，這種學習過程或是「團隊的糾合力」（Edmondson, 2012）會營造出我們基本假定所浮現的條件。最好的例子就是請團隊成員對一些團隊的所作所為給予回饋，並提出他們對完成任務時的疑問和感覺。我稱這是「此時此地的謙卑」（here-and-now humility），因此，團隊的正式階層已比不上大家完成工作任務那麼重要了（Schein, 2016）。

總結來說，可看得見的人工製品、信奉的信念和價值，也許跟我們的行為，以及為什麼要如此作為的基本假定有時相互一致，也有的時候是不一致。我們的行為與文化的三個層次是否與我們的「誠意」（sincerity）或「完整性」（integrity）有一致性，是由別人予以判斷的。

### 文化觀點的團體或微觀系統

團體也可運用許多不同的方式，像「在公開的活動過程中卻隱藏著背後的動機」（hidden agendas），或「遇到棘手的問題而故意不去理它」（have elephants in the room）的方式，逐漸發展出它們所信奉的理念與原則，進而判斷它們的行為。假如我們應用文化的三個層次分析所觀察到的行為，我們會發現所信奉的信念和價值，與基本假定會有不一致的地方（Bion, 1959; Marshak, 2006; Kantor, 2012）。

一個簡單的例子：在一個具有良好團隊與所有成員都可參加會議的製造業公司中，我觀察到其中有一位員工雖然參加了幾次的會議，但他的發言一直未受到重視，也沒有被邀請發言，似乎是一位邊緣人。我稱這是個無情的、沉默的、猶豫的，且似乎看起來沒有發生任何事情的會議。

會議結束之後，會議主席告訴我，這位員工曾是對幾個公司產出的創作有貢獻的重要成員，因為太年輕就退休，所以除了像這樣的特別團體外，沒有其他可以「擺設」的適合位置給他。在之前的會議中，我們都歡迎他來參加，而他也樂意來參與會議。但他也瞭解自己的一些想法已不符合現在的發展趨勢。

我的介入，使每個人感到不安，且有關「我們接納你成為我們的一分子，但你實際上對我們的團體已不能有所貢獻」的基本假定已浮上檯面。任何有關這個基本假定的討論，都會使所有關心這件事的人感到困惑，這已成為團體文化的一部分。嚴格來說，卻未對這位夥伴的想法給予重視。可以見到的是，這團體已逐漸發展成的行為原則是：「你必須對他有禮貌且關心，但你不能採納他的想法」。

是否所有的團體都有文化？這就要看這個團體過去以來，是否能有共同學習分享的程度而定。因為團體的成員是持續不斷地在改變之中，假如沒有共同學習是不會有文化的。但是任何一個團體都有它所要分享的工作，且團體的成員或多或少都會持續地改變，不論是小型的組織團體或像國家一般的大型組織，組織成員共同學習分享的歷史過程，將會使組織形成適合他們的次級文化或微觀文化。

## 摘要與結論

本章以文化的三個層次描述與分析組織內的個人、微觀系統、次級文化與微觀文化的現象。從「信奉的價值」與「基本假定」為切入點，進而區分我們所觀察到與過去經驗的「人工製品」，以引導我們的行為是非常重要的。

## 給讀者的建議

◆ 假如你是一位學者或研究者，你要試著對組織團體成員所觀察及知道的人工製品、信奉的價值與基本假定作分類。此外，也需要問你的同事如何辨認這些基本假定。

◆ 假如你是一位學生或潛在的雇員，並對某一組織團體有興趣，你要進一步收集瞭解組織員工對他們的所作所為的觀感和感覺，同時也要知道他們的觀感和感覺跟你所觀察到的是否有一致性。假如有差異性，那就要進一步去瞭解基本假定的問題在哪裡。

◆ 假如你是一位勇於改變的領導者，試著就組織中團體成員的行為（人工製品）之間的異同予以瞭解，並將它畫在可以轉動的圖表上。然後問組織團體的成員，他們對組織所信奉的主要價值，以及這些價值和圖表中的組織人工製品是否有一致性？假如有差異，就要問他們有關更深層的基本假定是如何解釋行為（人工製品）的，特別是那些例行性的行為。

◆ 假如你是一位改變組織文化的顧問或協助者，一定要瞭解領導者在改變的過程中，他們的想法是如何改變的。因此，你要去邀請這些領導者，並將組織團體予以結合後，瞭解他們對組織信念、價值與基本假定，及其對所提出的改變方案所蘊含的背後意義進一步瞭解分析。

# CHAPTER 3
# 一個年輕成長的工程組織

要理解文化如何作用、如何分析與評估文化現象最好的方式，即是透過代表組織進化不同階段的案例描述。此章我將檢視一個組織案例，從它創立的初期，我便很幸運能有機會遇見該組織並持續追蹤其完整生命週期。在某個層面，這算是從1960年代就開始的「舊」案例，然而我看到的文化動力現象，在近幾年來我觀察的公司也都見得到，且似乎能說明以技術為本的開始。

## 個案1：麻州梅納省的迪吉多

迪吉多（Digital Equipment Corporation; DEC），是第一家在1950年代中期引進互動式電腦計算的大公司，因此也成為後來所謂小型電腦的成功製造業者。這家公司主要位於美國東北部，總部是在麻州梅納省的一家舊工廠，然而其分部卻遍布全世界。在其全盛時期，聘僱員工超過十萬人，營業額有140億美元。在1980年代中期，這家公司是世界上僅次於IBM的第二大電腦製造業者，在1990年代，公司面臨重大財政困境，導致最後於1998年轉售給康柏股份有限公司，而康柏也在2001年被惠普（HP）併購。

關於DEC為何及如何失敗的故事有無數，但是很少是從文化層面來探討其興起與衰落。我從1966年至1992年被DEC聘僱為顧問，因此私下瞭解有關此公司的成長、達到巔峰及衰退的內部故事（Schein, 2003）。我是公司創辦人Ken Olsen以及在整個過程中各時期的業務主管顧問，因此在此公司的大半生命週期裡，有機會讓我看到其內部文化的團體動力現象。DEC的故事剛好是個基本範例，來看何以較深層的文化及基本假定能用來解釋公司的興起與衰落，本書從頭到尾會一直應用這個主要的案例來闡述巨觀與微觀的文化互動。

本章一開始我們就應用第二章提供的架構對公司文化進行結構性分析。在後續幾章，我將論及DEC崛起、成長到衰退整個生命週期中的文化力量。企業崛起及老舊公司在組織研究的文獻裡獲得許多關注，但少有能在其創辦人之下針對某一公司完整生命週期進行研究。由於組織理論逐漸認為「靈活度」與「敏捷性」是組織存活長久的兩種關鍵特性，因而組織完整生命週期的研究變得尤為重要（O'Reilly & Tushman, 2016）。

應用這個概念發現，企業要長期生存似乎取決於處理現行商務的能力，這也是企業至今成功的原因，同時可以發展一個可以應對變遷環境的新興商務。假設組織自己無法做到這點，則無可避免將引來競爭者創造新的且更具調適性的商務以「擊垮」現行企業，終究會讓老舊企業走入衰退（Christensen, 1997）。以這樣的理論

背景，我們先來看看DEC。

## 人工製品：與公司的相遇

要進入DEC眾多大樓的任一棟，你必須先在一個櫃檯簽名，櫃檯後面坐著一個警衛，在那裡常有幾個人閒聊、出出入入、檢查進入大樓的員工徽章、收郵件以及接聽電話。簽完名後，你在一個隨意裝置家具的小廳等候，直到你要拜訪的人親自或派祕書引導你進入工作區。

我第一次來到這個組織最讓我感到鮮明的印象是，四處都有開放性辦公室的建築，極端不拘禮節的服裝與態度，有著敏捷步調而充滿生氣的環境，以及員工間高頻率的互動。這讓人感覺到反映出熱忱、緊湊、活力及急切。我即將通過的小隔間或會議室都給人開放的印象。幾乎很少看到門，後來我得知是創辦人Ken Olsen禁止在工程師的辦公室裝設門窗。公司的自助餐廳延伸至一個很大的開放區域，人們坐在大桌，從桌子到桌子間得大步跨越，即使在用餐時間，仍然全心投入工作之中。我也觀察到許多小隔間都有咖啡機和冰箱，大部分會議都有食物，早上的會議總有人帶來一盒盒新鮮甜甜圈和大家分享。

從物理環境的規劃以及人員間互動的模式，很難讓人辨認出人員的階級。我也得知在這裡沒有地位特權，例如：私人飯廳、特別停車空間或者擁有特殊景觀辦公室等等，在大廳以及辦公室的家具都很便宜且功能化，這家公司大部分駐點設在老舊工業大樓，而多數經理人與員工穿著輕便服裝，加強節約與平等主義的感覺。

Ken Olsen邀請我至這家公司來協助高層管理團隊改進溝通以及團體效能。當我開始參加定期的主管會議，我對高度的人際對抗、激烈爭辯以及衝突感到震撼。團體成員沒有理由地就變得很情緒性，經常打斷他人的話語，且像是在生對方的氣，但我也注意到這種氣憤並不會帶出會場之外。

除了總裁兼創辦人Ken Olsen外，很少人有明顯的地位職稱，而Olsen自己不拘禮節的行為，顯示他並不那麼在意他的法職權。團體成員也和其他人一樣與他爭辯，且不時打斷他。然而，當他偶爾對團體演講時，感到有人不明白或對某事認知有誤，他的架子還是會出現。

在這種時候，Olsen會顯得異於他人的情緒激動。我在後續觀察中瞭解這種開會的形式非常典型，會議經常舉行，頻繁到以至於有些人抱怨花太多時間開會，然而他們也知道若沒有這些會議，工作無法順利執行。

我自己對於公司以及這些會議的反應必須視為人工製品並做成紀錄。能參與高層主管會議很令人感到興奮，而觀察到如此多對我而言像是功能異常的行為，實在

令人感到驚訝。我看到他們之間對抗的程度讓我覺得很緊張，常常不知這種對抗所為何來。不過這也讓我想到我的顧問工作事項：如何從我對有效團體特徵的認知，著手改善這個功能異常的團體。

這公司的組織就像個矩陣，也是這類型公司就運作組織及產品線而言，最早的一種組織版本。但也感到公司不斷在重組尋求運作較佳的結構，結構直至完美無缺之前是可以不斷調整的。在技術及管理制度上有許多層級，但這些層級只是為了方便起見，並沒被視為很重要。

然而，溝通的結構就很被看重。已經有許多委員會，也常常形成新的會議組織，這公司有個大規模的email網路可以全球運作，工程師和經理們經常旅行且彼此常以電話連繫。Olsen一旦發現有溝通不力或溝通不良的情況，就會感到生氣。為了讓溝通和接觸更容易，DEC有自己的空中部隊，包括數架飛機及直升機。Ken Olsen是個有執照的空中駕駛，也會自己開飛機前往緬因州度假休閒。

### 分析評論

這組織還有許多人工製品待後續描述，不過目前，這個應該夠讓讀者體會我在DEC所碰到的事。問題是，這些意味著什麼？我知道我對於不拘禮節的反應是正面的，而對於不守規矩的團體行為是負面的，不過我還不是很瞭解為何這些事情會發生以及事件對於公司成員的意義何在。為了對此有些瞭解，我必須先到下一個層面：關於支持的信念、價值和行為規範的層面。

就此我想我看到的是次文化（各種不同的工作區域）以及微觀文化（各個不同團體的會議）。這些文化反映出來的主要是促使這個企業的科技──例如：發明能夠互動的電腦、可以坐在書桌前、可以創造一個新行業。我也看到了創辦人的個人風格，似乎是美國人的巨觀文化。如果我問問題的話，我還可以學到什麼？

### 信奉的信念、價值以及行為規範

當我把我觀察到的點跟DEC的成員分享時，特別是有關那些讓我感到困惑或害怕的事，我開始引出這個公司所信奉的信念與價值。這些信念大多體現於Olsen偶爾寫出來傳播於公司的口號或寓言之中。例如：個人的責任感被高度重視，如果某人有個提議且被認可，那人就有明確的責任去執行，假若這個提案不可能執行，也必須回過頭來再行溝通。「由提議的人做」（he who proposes, does），這句話常在這個組織中聽到。

各級員工必須思考他們所做的事，並且總是被命令要做對的事。從許多事件來看，意思是不要服從。如果上司叫你做的事，你覺得是錯的或愚蠢的，你必須頂回

去並嘗試改變上司的想法。假使上司堅持,而你仍然覺得那是不對的,你可以不要做且冒險地依據自己的判斷去做。如果結果你是錯的,你可能會挨罵,但會因堅持自己的信念而獲得尊敬。因為上司們知道這些原則,所以他們不會下專制的命令。如果你有頂回去,他們會比較傾向聽你的,也比較願意重新協調決定。因此真正的不服從很少發生,但是自己思考以及做對的事這個原則會被強烈重視。

另有一條規則是,若沒有從該執行決策的人、會受影響的人或提供所需服務的人獲得「同意」(buy-in),便不可從事那個工作。員工須能個別獨立工作,同時也要願意成為團隊成員。因此,即使感到委員會是個很大的時間負擔,卻也感覺那是不可或缺的。要達成一項決策且能獲得團隊成員接受,個人必須說服他人其想法的有效性,並能針對每個想得到的爭論點辯護,這也因此導致我所觀察到的高度對抗與爭論。

然而,一旦想法被提出來辯論且被保留,接著就會被往前推進並執行,因為所有人都認同這是對的事情。這需要更久時間來達成,卻也能有更多一致且迅速的行動。如果某個決定到了某個地位階層沒被堅持,只因為某人不認同那是件對的事,那個人就得頂回去,讓他自己的論點被聽見,最後不是他要被說服,就是整個決策必須到高層再行協調。

當人們被問及有關他們的工作,我發現另一個強而有力的價值:每個人都得理解自我工作的本質且必須非常清楚。如果你自己對於工作的定義與團體或部門的要求不一致,你會很快就聽到。上司的角色是訂定大方向目標,而下屬需要採取行動思考找出如何達成目標的最佳策略。這個價值需要許多的討論與協調,因此導致有人抱怨浪費時間,但同時每個人也都為這樣做事的價值辯護,雖然後來對於DEC生命製造了一些困境,員工們還是持續為之辯護。

我也發現人們在團體會議時激烈爭辯,朋友之間卻還是非常要好。這感覺就像是一個緊密結合的團體,像是一種在Ken Olsen這個強力父親角色下的延伸家庭,大家有一個規範就是:爭吵並非人們不喜歡或不尊敬對方。這個規範似乎延伸至彼此說壞話,人們會在背後說對方愚蠢,或直接罵對方「不中用的傢伙」或「混蛋」之類的話,可是在工作場合,他們仍然彼此尊重。

Olsen常在公眾場合批評人,讓人感到困窘。有人解釋給我聽,這僅是意味著你必須努力改善你的工作範圍,而不是你不被喜愛。事實上,人們調侃地說,與其被Ken忽略,還不如讓他批評來得好。即使某人不被喜愛,他也只是暫時進入「罰球區」。這公司不乏有經理或工程師曾這麼被冰凍許久,後來又在某一領域成為英雄人物的故事。

經理在談論他們的產品時會強調品質與雅緻，這個公司是由工程師創立的，因此某個價值有工程師的思維，新產品好不好不是由市場調查或市場測試結果而定，而是看工程師自己喜不喜歡或有沒有使用這項產品。DEC工程師喜歡老練的顧客，例如：科學家或實驗室經理。因為他們可以講得出複雜的產品，給予好的回饋，而能激發產品的改善。一般顧客較易用詆毀式語言，尤其是那些對科技不是很熟悉以致無法欣賞工程師設計出來的優雅產品的人。

Olsen強調設計、生產與銷售的絕對完善。他認為公司是高道德的，因此他堅持強調跟新教徒的工作倫理相似的工作價值——誠實、勤奮、高標準的個人道德、專業、個人的責任感以及正直。特別重要的是在與同事間、與客戶間的關係中都能誠實與忠實。在公司成長與成熟之際，公司仍把這些價值形成正式信條並傳遞給新員工。他們視其文化是很好的資產，且覺得這樣的文化必須教給所有新員工（Kunda, 1992, 2006）。

## 分析評論

這時候我們很想說，我們已經瞭解DEC文化，現在我已經知道他們所信奉的價值與原則，但仍未完全理解為何這些價值會如此被堅信。我也訝異那些價值同時代表學術界的大文化，一般學術界裡想法總是得被攻擊與檢視，在大的職業工程文化中，高雅是項崇高的價值，而一開始的小文化、創辦人的價值以及操作的方法往往是組織進化的主要影響力。Ken Olsen是個很虔誠的新英格蘭人清教徒，他也把個人價值觀注入組織中，例如：在工作場合以外的會議中是不准喝酒的。Olsen堅持強調節儉，開著超便宜的車，不允許類似私人專屬停車位或長官專屬餐廳的特權。

在瞭解這些固有的價值中，哪個才是決定組織進化主要價值的同時，重要的是，須注意到其他如惠普、蘋果、微軟及Google等科技業的創始，在發展早期也有類似的文化。

## 基本假定：DEC的基本典範

要瞭解這些價值的意涵以及表示它們如何跟外顯行為的關聯，我們得探求組織根據的基本假定與前提（見表3.1和表3.2）。

表3.1 DEC的文化典範：第一部分

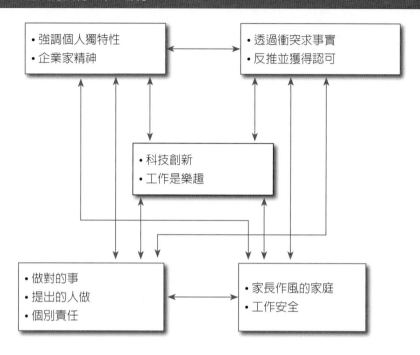

表3.2 DEC的文化典範：第二部分

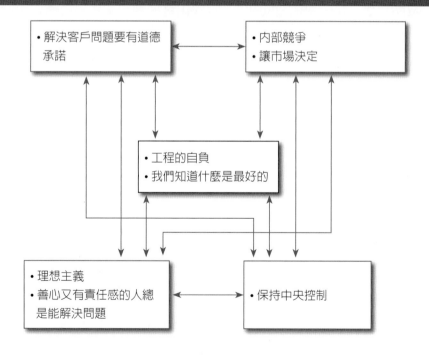

## 分析評論

只有獲取前五個假定（表3.1）時就能讓我們理解，為何我一開始在溝通過程

中想要讓這個團體中彼此對對方好一些的調停被禮貌性地忽略了。我是用我自己的價值以及認為一個「好」的團體該如何行動的假定來看待這個團體的「效能」。DEC的高層管理群是用他們所知道的唯一方式以及他們信奉的過程來達到真理而能做出有效的決定。團體只是達到目標的工具，在這團體實際發生的過程是基本、深層地追求一種問題解決方法的方式，這是他們經過激辯過，還能脫穎而出的方法，也因此他們是具有信心的。

在我把焦點轉移至幫助他們尋求有效方法之後，我發現適當且被這團體更能接受的介入方式。例如：我開始強調議程擬訂、使用活動掛圖讓各種想法被團體成員看得見且被關注、時間管理、澄清某些爭論點、做總結、在爭論到沒話題時試試是否已達共識，以及更結構化的問題解決過程。原先我觀察到的打斷他人、情緒衝突以及其他行為仍然持續，但此團體變得在處理訊息以及達成共識方面更有效率。這是從這個情境中讓我逐漸發展出擔任「流程顧問」的原理，不是作為教團體該如何工作的專家（Schein, 1969, 1988, 1999a, 2003, 2016）。

### 附加的基本假定

對DEC瞭解越多之後，我也認識了文化層面的DNA，包含其他五個關鍵假定，呈現在表3.2。這五個附加的假定，反映出這個團體某些關於顧客與行銷的信念與價值：

1. 販賣產品唯一有效的方式是，發現顧客的問題是什麼並解決他們的問題，就算意思是賣得較少或得推薦其他公司的產品。
2. 人們能夠且願意負責任，並無論如何都會持續負責的行為。
3. 如有產品的競爭者，市場是最佳決定者，這意味產品研發的內部競爭是需要的。
4. 即使公司變得很大且具有不同部門，還是需要保持中央控制而非權力下授部門。我認為這是Ken Olsen作為創辦人因個人需求所強加的要求，而非是一種策略性決策。
5. DEC的工程師們最知道什麼是好的產品，不管他們是否喜歡做那樣的產品。

### 分析評論

這十個假定可以被視為DEC的文化典範。展現在其間相互的關聯性。重要的是，這典範中的每個單獨元素都無法說明這個組織何以運作的事實。只有透過這些假定的組合，包含個人的創意、團體衝突是真理的來源、個人責任感、彼此如家人般的承諾、對創新以及解決顧客問題的承諾、以及在內部競爭和中央控制的信念等，才能解釋每天觀察到的行為。這正是這個層級的基本假定以及其間相互的關聯

定義，這文化的本質──在DEC發展的這個階段的文化DNA之關鍵基因。

這個典範混合了如個人主義、競爭及獨斷等美國大文化價值，以及忠誠、簡樸、真實和對顧客的承諾等家庭價值，這些都展現在Ken Olsen和其僱用的工程師身上。這也說明了一個組織創辦人如何將其強大權力施予他從自身文化背景所帶來的價值與假定上。

在DEC裡，這個典範有多普遍呢？假使我們去研究各種小系統，如工廠的工人、地處遙遠單位的銷售員、在技術飛地（指在一國境內屬於另一國的領土）裡的工程師等，我們會發現實行同樣的假定嗎？DEC的故事有一個有趣面向，就是至少在其開始的二十幾年內，這個典範都可見於大多數的高位層級、運作及各地。一大部分在所有新進人員的訓練期間就被明確教導，一大部分都已文字化並形成DEC文化。有些假定被改成職務，如銷售與服務因應實務上之需要，以能跟顧客有較好的關係，而產生新的不同的次文化元素──如科層化、身分的儀式、更快速的決策、更有紀律等。接著我們可以看見，隨著DEC的成長、老化與進化，DEC文化的某些基本元素也開始改變，而即使面對變遷的市場環境已無法運作的其他元素仍不改變的話，最後終會導致DEC的衰落。

由於我繼續與這公司接觸，我有辦法製作這組織的詳細圖，這詳細的程度對於瞭解我之前觀察到的某些令人困惑的行為以及想要對局外人描述這個組織時是需要的。須注意的是，目前大半文化研究的重點都是關注在如何改變文化以提升表現。要改變文化得要內部人員改變領導者使其詳盡地瞭解文化，特別是能辨識各種公司成功的源頭穩定元素，但對一個研究者或外部觀察者而言，如我那樣詳盡瞭解公司文化並不是那麼重要。顧問、未來的僱員、投資者、供應商或是顧客等需要知道組織文化的某些元素，卻不需要像我一樣花那麼多時間投入於臨床性的研究。

## ▌摘要與結論

從這個案例裡，我們所獲得的關鍵認知是一家年輕的公司文化提供特性、意義以及每天的動機。如果這家公司是成功的，其文化會很強固也會明顯地成為其特性。我們看到現今許多組織發表的文章和書籍明白地吹捧他們的文化，且表示是那種文化導致組織的成功。DEC的故事提醒我們不能概括文化，而不去明確區分公司的年齡、大小以及奠基的科技，因為這些都參與了DEC文化的形塑。我們也須考量公司既定文化如何存在於各種不同的職場與國家的大文化之中。

另一重要課題是創辦人或企業主的出現是一種很強的文化穩定力量。我們不

能概括文化而不夠詳細指出，我們指的是第一代還是第二代公司是否仍然由創辦人經營，還是由董事會指派、一路往上爬升的總經理經營的。DEC即使在面對需要較簡單又立即可用的產品市場，仍然擁有對創新承諾的堅定，原因在於其創辦人的存在，而他擁有根深柢固的假定與信念是不容被動搖的。

下一章我們會看到在不同階段的發展，以及不同行業的截然不同類型的組織。

## 給讀者的建議

讀者這時主要要做的是回想這個組織文化的複雜性，以及其微型文化和次級文化如何依存於美國文化以及工程界文化之中。

你能想到其他像DEC的組織嗎？它們之間有何相似或相異之處呢？為什麼？

CHAPTER 4

# 成熟的跨國（瑞士／德國）
# 化學用品公司

　　一個成熟的組織在文化上的差異受到許多方面的影響，而主要差異源自於組織規模的大小、創立時間的長短，以及經營管理者的因素所造成（而非組織的創立者或他們的後代）。當我們在討論文化議題時，必須要先自我提醒去詳細條列出組織的類型、以及存在於其中的巨觀文化有多巨大和多久遠。這個特別的案例源自於1980年代，正如同迪吉多電腦公司（DEC）的案例、這是一個非常成熟、龐大且多樣的組織，呈現著相當不同的文化議題、文化動態以及這個公司如何成為同時期大型成熟組織的典型代表。

## 個案2：位於瑞士巴塞爾市的汽巴嘉基公司

　　汽巴嘉基（Ciba-Geigy）公司在1970年末到1980年初這段期間，曾經是瑞士跨國且部門分布各地的化學用品公司，生產項目包括：醫藥製品、農藥、工業化學用品、染料、影像化學藥劑，以及一些以科技為基礎的消費性產品。但是後來汽巴嘉基公司被競爭對手山德士（Sandoz）所合併，成為現在的諾華（Novartis）公司。我所進行的諮詢檢視，最初聚焦在組織職涯發展的歷程上，持續到1980年代中期之後，則較著重於其他諮詢檢視的行動上，聚焦在組織文化的變遷上。

### 人工製品——遇見汽巴嘉基公司

　　我和這間公司第一次合作，是接到經營發展處的協理Dr. Jürg Leupold打來的電話，詢問是否能為他們公司在瑞士召開的年會中進行演說。汽巴嘉基公司每年都會邀請分布在全球各分公司排名前五十名的頂尖經營管理階層幹部，在瑞士度假勝地進行為期三天的會議，並安排一至二位外聘專家來演講，目的希望藉由外聘演講者所講述的有趣議題，重新檢視公司的策略、經營，並激勵團體的成長。1979年協理Dr. Leupold要求我在年會演講的內容能結合我在職業生涯的研究領域，做一些有關結構性的練習活動（Schein, 1978; Schein & Van Maanen, 2013）。汽巴嘉基的執行長Dr. Samuel Koechlin喜歡這個研究所顯示的結果，是有關員工對他們工作所賦予的不同意義（職業錨），它可能在每一個不同工作項目中被引發出來[1]。

---

[1]　職業錨是美國職業指導專家Edgar H. Schein教授1978年提出的研究，主張個人在進行職業規劃和定位時，可以運用職業錨審視自己的工作能力、發展方向與價值觀是否與當前工作一致。唯有個人定位和所要從事的職務相契合時，才能在工作中發揮自己的長處、實現自己的價值；而對企業而言，讓員工在不同職務間相互輪換，也可以瞭解員工的職業喜好、技能和價值觀，以便將他們安排到最合適的工作職務上，實現企業和個人發展並行的雙贏理想。

　　汽巴嘉基的執行長Dr. Samuel Koechlin雖然是瑞士人，但在他的職業生涯中，曾有部分時間待在美國分公司，而他最感興趣的主要是在觀察美國文化中的創造力與創新。我在年會之前先安排了一個特別的行程，飛往瑞士的Basel拜訪他（Basel市是瑞士的第三大城，位於瑞士、德國、法國三國交界），並與他的家人相處一整晚，他和我討論並要求我運用「職業錨」的檢驗方式來「測試化學公司的每一個員工」。我們決定將「職業錨小手冊」和工作或角色規劃練習的方式引入，讓所有出席會議的成員都能在年會中練習和討論他們的職業錨。我也擬定和講述了以下有關影響創造力和創新練習的內容。

　　我進一步透過電話與經營發展處協理Dr. Jürg Leupold做簡要的介紹，他的名字是Jürg，但我認為這樣稱呼他並不適當。我是從董事會和九位依法負責公司決策的執行委員口中瞭解公司的營運狀況，雖然Dr. Koechlin擔任執行長，但最後的決策還須經過執行委員會協商，取得共識後才做決定。委員會的每一個成員各自都有監督與負責的部門、職責和地理區域，並且每幾年會進行負責區域的職務輪調。這間公司曾在1970年進行Ciba和Geigy兩家公司的合併，當時被認為是成功的合作案例，他們原來都各有長久的發展歷史，許多管理者現在對原公司仍然具有強烈的認同感。記得2006年當我詢問Novartis公司執行長有關汽巴嘉基和Sandoz兩家公司的合併情況時，他說：「合併之後發展良好，但覺得公司內部仍然有Ciba和Geigy兩家公司的員工存在」。

　　記得我第一次拜訪汽巴嘉基總部時，一進入大廳映入眼簾的是一座巨大灰色的象徵性石雕藝術作品，還有厚重且關閉的大門和穿著整齊制服的警衛，這和我曾經拜訪過的DEC有著極強烈的對比。這個寬闊而華麗的大廳，是所有員工進出公司內部辦公室和廠房的主要通道，不但有挑高的天花板和大而厚重的大門，大廳角落還布置一些長沙發作為來賓或訪客等候及會客的區域。

　　當我一進入汽巴嘉基大廳後，就立刻被穿著制服的警衛要求先到玻璃隔間的辦公室向另一位警衛辦理登記手續，我必須先提供我的姓名和身分證明，並告訴他，我來自何處和想要拜訪誰。接著警衛要我稍做等候，直到引導人員過來帶我到約定的地點。當我在等待的時候，我注意到警衛似乎能認識大部分進出大廳、搭乘電梯和上下樓梯的公司員工，同時也感覺到其中若有任何陌生人，將會立刻被認出來，並像我一樣，須先被要求接受會客登記與詢問等手續。

　　等到Dr. Leupold的祕書出現後，才帶我搭乘電梯上樓、接著走過一條長廊，我發現沿途兩側的辦公室房門都是關上的，每間辦公室也都標示著一個小名牌，如果裡面的使用者想要隱匿自己的姓名，就可以用裝了鉸鍊的金屬板將名牌遮蓋起來。

每間辦公室的門口上方也都裝了標示燈泡，有些亮著紅燈、有些亮著綠燈，我隨即詢問祕書不同顏色燈泡有什麼涵義，他回答我，如果燈泡不亮表示裡面沒有人，如果亮綠燈表示可以敲門，若是亮紅燈則表示裡面的人目前不想要被打擾。

我們繼續轉過角落走進另一個長廊，過程中並沒有遇見其他員工進出。當我們到達Dr. Leupold的辦公室，祕書謹慎地敲了門，等聽到喚我們進去的回應時，祕書才打開門引導我進入，並關上門回到他自己的辦公室。過一會兒，祕書端了一個大托盤進來，上面放著瓷杯茶水外，同時還有一小盤高級精緻的餅乾甜點。我之所以會用「高級精緻」來形容，是因為以汽巴嘉基目前的公司業務來說，製作美味的食品占了非常大的部分。而在後來的幾年中，不論我是拜訪巴黎或倫敦的辦公室，我也總是被招待至三星級的餐廳用餐。

會議結束後，Dr. Leupold帶領我再次經過大廳警衛，來到另一棟大樓的部門主管餐廳，這裡的布置就和外面的高級餐廳一樣，裡面的女接待員不但清楚知道每一位來用餐者的預訂桌次，也對當天的特別菜色提供了詳細的介紹。午餐提供了餐前和餐間兩樣酒類，用餐過程共花了大約二小時。Dr. Leupold也告訴我，在公司的另一棟大樓，還有一間提供員工用餐的小自助餐廳。很明顯的，這裡的高級餐點與優質環境，主要是提供給公司高階主管洽談商務和接待訪客時所使用的場所。

與汽巴嘉基主管接觸後，給我的印象是他們非常認真、心思縝密、深思熟慮，並且隨時都做好準備、親切有禮貌，後來也發現汽巴嘉基和DEC兩家公司在職務分派和薪資等級方面有些不同。在DEC公司的職務階級和薪資層級完全依照員工個人的績效表現而定；相反的，在汽巴嘉基公司則是有一套管理階級的系統，考量的基礎主要在於員工的服務年資、整體表現和個人背景，他們認為這些因素遠比工作績效表現還重要。因此，階級和地位在汽巴嘉基公司中擁有較大的優勢；而在DEC公司中，個人的升遷卻有可能會突然無預警地被拔擢或調降。

在汽巴嘉基，我觀察到會議之中很少會發生直接的言語衝突，大家對於每個人的意見和觀點都表現得較為尊重。主管在他們專業領域上所提出的建議事項，一般來說都受到相當程度的尊重和付諸執行，在我的印象中，不曾看到下屬對上司有不服從的情形發生，因為這在公司中是不被允許和原諒的行為。相較之下，很明顯的，汽巴嘉基的階級地位比DEC公司擁有更高的價值，而在混沌不明的DEC內部社會環境中，個人完成工作所需具備的協商技巧和工作能力，顯然是有較高的價值性。

### 分析評論

從我第一次接觸汽巴嘉基開始，就讓我注意到這個組織與DEC公司的不同，而

若要去探究造成這些因素的原因其實並不容易，可能包括：是否是瑞士／德國跨國巨觀文化的反射、生產化學技術的影響（基於它們的產品），抑或是這間公司的歷史（當然也包括與Ciba及Geigy公司的合併），還是因為目前領導人曾經在美國分公司的經歷因素，讓公司逐漸趨向「美國化」。

而讓我留下了深刻印象的是，汽巴嘉基這個組織非常嚴密，凡事都要經過縝密規劃，以及曾拜訪Dr. Koechlin執行長的家並和他的家人相處一整晚時光。這和我曾在DEC公司的經驗是截然不同的，在我擔任DEC公司的顧問期間，從未見過創辦人兼總裁Ken Olsen的家人，抑或是其他任何管理階層的家人，它突顯出了一個事實樣貌，就是兩間公司在組織的巨觀文化中對於「正式」與「非正式」所賦予的意義不盡相同。

在DEC公司中，廚房和食物就像車子一般，是扮演人際間相互交流的工具；而在汽巴嘉基公司中，食物、飲料以及恩惠都變得非常正式，並且進一步賦予了如同地位和階級有關的附加象徵性意義。我也注意到在公司高階人員間的互動上有一個現象，就是他們在彼此相互問候時，常會以「這位博士」或「博士」等正式頭銜來稱呼。也因此可以從相互尊重和互動之間的差異，很容易觀察和看出彼此之間在組織內的地位高低。同樣的，餐廳餐桌的位置也是依照主管的身分職務來分配，女接待員明確清楚地知道所有來用餐客人的相對地位。多年來我認識了一些主管，也學會在餐廳中不主動和他們打招呼，因為假如他們表現出與我熟識，那可能會被懷疑有問題，而同事們也會認為這樣的行為需要接受諮詢和調查。

我對汽巴嘉基和DEC兩家公司的工作環境有了不同的感受，而我個人比較喜歡DEC的環境，但這並不是因為我個人的美國籍身分。我在DEC的經歷中，較重視非正式的型態以及在創業環境中的激勵，去幫助公司發展茁壯，而不是試圖去影響原有的舊文化，使其變得更具創新性。在進行文化分析時，我必須承認並予以考量，其實成員個人的反應本身就是文化的人工製品，而且一個人的情緒反應和偏見的資料數據也是主要必須去分析和理解。因此，若是以完全客觀的角度去呈現任何文化分析，不但不適合、也是不應該的。

回憶當時，我並沒有意識到我所身處的這兩家公司也都面臨著典型的組織問題。首先，如何將外顯的創造力和創新轉化為穩定的生產體系。其次，在確立穩定之後，一個成熟的公司面對其技術、經濟和市場環境發生變化時，如何重新獲得所需的一些創新能力。這些問題已成為研究人員在研究有關組織結構和流程的中心焦

點，並且對於「雙元組織」²這個概念有所瞭解。這既能保持原有的「舊」業務，又能創造和開發一個新的創新業務，直到它變得成熟並使公司能夠在新的環境中生存下去（O'Reilly & Tushman, 2016）。

### 信奉的信念和價值觀

　　當一個人對觀察到的行為及其他有關的人工製品感到困惑時，或是與以往的個人經驗不相同、不一致而有所質疑時，信念和價值觀往往就會被引發出來。如果去詢問汽巴嘉基的主管們，為何他們總愛關上辦公室的門，他們一定會耐心而客氣地解釋這是把事情做好的唯一方法。此外，他們也很重視被賦予的工作任務，而開會則是一種必要之惡，主要是用來宣布重要決定以及收集資訊。「真正的工作」則是需要安靜和集中精神去仔細的思考事情；相反的，在DEC公司中，「真正的工作」則是透過在會議中去進行爭辯和討論。

　　此外，我也發現公司的員工間很少會去討論價值觀的議題，而重要的資訊和消息主要都來自於上司以及某些高階專業人員。在汽巴嘉基公司，學術專業是非常受到重視的，特別是建立在教育程度與經驗的基礎上。這些人員常會被冠上「博士」或「專家」等稱呼來表示尊敬，而對他們來說，這也是對那些致力於產品研發與科學實驗研究者的最高尊重。不論是汽巴嘉基或DEC公司，最高的價值都被定位在個人的努力和對公司的貢獻，而在汽巴嘉基沒有人會去違抗領導階層的意見和做出與上司想法相違背的不服從行為。

　　在汽巴嘉基非常重視產品的優雅、美觀與品質，後來我發現這就是他們所謂的產品意義，而汽巴嘉基的管理階層則對於他們公司所製造的化學製品和藥品能在農作物保護、疾病治療及其他方面，都能有效地幫助與改善整個世界的現況而感到非常驕傲。這家公司所做的每一件事，都明確顯示著對於全世界責任的認同感。

### 基本假定：汽巴嘉基公司的文化典範

　　透過許多的價值觀可以更清楚描繪出這個公司的樣貌，但是若不能更深層的去探索基本的假定，就無法完全瞭解組織中事情是如何執行與運作。例如：我曾嘗試在備忘錄中寫下公司如何去成功管理與進行縮小規模的困難歷程，當我被要求去幫助它們變得更具創新能力時，這個組織架構中最讓我驚訝的人工製品就是所謂破例

---

² 雙元組織（ambidextrous organization）：1996年由哈佛商學院的麥克・塔辛曼（Michael Tushman）與史丹佛的查爾斯・歐萊禮（Charles O'Reilly）提出的領導雙重性概念，主張組織既必須探索新契機，也要把握現有機會、兼顧演進與變革以及擁有改善與創新能力的「雙元組織」，才是組織經營能永續成功的模式。

的行為。我要求當時接洽及委託我的Dr. Jürg Leupold協理將這些備忘錄交給那些他認為可以對其工作上有幫助的主管們。因為他可以直接向Sam Koechlin 報告，所以需要我收集這些資訊作為瞭解各部門運作和各地區主管們的一種溝通管道。但是，後來當我再回去拜訪這家公司並和某個單位的主管會談後，才發現這位主管並沒有收到我的備忘錄，但是如果他主動跟Dr. Jürg Leupold先生要求看這些備忘錄，Dr. Jürg Leupold 應該會很願意將資訊提供給他。

　　這個情況令我不解且感到很疑惑，但這也清楚顯示出組織中有一些強烈的潛在假定運作著。後來我請教了一位在法人公司幕僚單位中負責為組織進行訓練和其他發展計畫的同事，為何這種資訊不能自由流通時，他告訴我自己也面臨同樣的問題。當他要在組織的一個單位發展協助方案時，在找到最佳的解決方案之前，其他單位會想辦法尋求組織外部的協助。這個共同特點似乎說明了自發性的想法通常是不會被接受的。

　　第三條訊息是企業行銷一直在為所有部門提議出整合綜合計畫，只可惜被內部評論否決，並認為怎麼可能會有共同的訓練是同時針對農業銷售和行銷人員，因為兩者分別是如同在泥濘的田地裡與農人們交談，以及穿著考究的工商管理碩士在醫院辦公室拜訪醫生一般，是不同的業務對象和領域。

　　我的同事和我對於這些觀察到的行為進行了長時間的探索性對話，並共同想通了解釋的內容。就如同之前提過的，在汽巴嘉基公司當一位主管被交付一項任務後，這個工作就變成他的私領域，主管們對於各自的勢力範圍或所有權都有強烈的感受，並且形成了一個假定：就是每個組織的各個小部分的負責人，必須完全掌控這個部分並全權負責。他必須全盤掌握資訊，並且要使自己在這個任務領域中成為一個專家。因此如果有人在未經請求或許可的情況下就主動提供一些關於這個工作的相關建議或訊息，就是侵犯潛在的私人領域。而這樣的越權行為也可能變成一種侮辱，因為這意味著原來負責此項工作的主管沒有掌握好訊息或概念。「未經請求就提供某人資訊，就像是未被邀請就走進別人家一樣」，這種組織中的潛規則在之後我與一些主管的面談過程中，也有發現和感覺到。

　　我差點就因為不瞭解這個假定，而無意間讓Dr. Leupold陷入侮辱他所有的同事與同僚，以及造成不可收拾的危險之中。如果他當時真的依照我的要求，把我寫的備忘錄流通出去，可能會造成嚴重的後果。有趣的是，這種假定是如此的隱密而深藏，即使Dr. Leupold也不能清楚解釋為何沒有按照我的要求做，因為這件事讓他非常的為難和無奈，但當時他卻沒有告訴我，直到我瞭解關於組織的範圍以及其他假定所代表的象徵意義。

　　我意識到組織間幾乎沒有橫向的溝通，因此新的創意發展都是出自於單位內部而非來自於外在。例如：如果我詢問有關跨部門會議的事，我可能會得到忽視和疑惑的眼神，質疑我為什麼這麼做，因為這些部門面臨著類似的問題，顯然有助於宣導我在訪談中所提出的一些更好想法，以及我對其他組織曾經歷事情的瞭解和加入了我自己的想法。這是一個很好的例子，顯示組織中的一個做法也許在美國文化中起了作用，但在另一個巨觀的文化之下卻不見得適用。當然，在這個例子中有趣的是，如果我瞭解這樣的文化特徵，我仍會將我的備忘錄直接寄給從Dr. Leupold得到的組織管理階層名單，那他們將接收到來自外聘付費顧問，甚至可能會將其視為從外部專家所獲得的有用資訊。

　　透過我的訪談和直接的觀察，進一步地支持我去建構了汽巴嘉基的文化結構模式，然而實際上我並沒有像在DEC公司一樣，擁有多樣的訊息。因為這些假定與DEC的假定沒有那麼深的緊密關聯，因此我只將它們條列出來。

1. 科學研究是真理和好創意的泉源。

2. 我們的使命是透過科學和「重要」產品，讓世界變得更好。

3. 知識和智慧存在於那些有更多教育和經驗的人身上。

4. 組織的優勢在於每個角色都具有專業性，每個職務都有自己的位置。

5. 我們是一家人互相照顧，但還是要有長幼尊卑制度，下屬必須服從。

6. 時間是充裕的，品質、準確和真相都要遠比速度重要。

7. 個人和組織兩者成功的關鍵，就像個人和父母之間的密切關係。

## 分析評論

　　經過在汽巴嘉基研究中心實驗室研究人員的初步探索，公司已有成功的發展。其中大部分的基礎文化可以歸因於化學的巨觀文化，這是一種正式的階級課題，就像研究室在進行實驗時必須小心謹慎，才能避免爆炸、火災和汙染一樣。DEC致力於電器工程，也許組織中有少數人無所事事，但大部分都是積極努力和可取的。

　　在DEC是透過衝突和辯論來發現真理，而在汽巴嘉基公司中，真理的形成則是藉由科學家或研究人員的智慧累積而來。兩家公司都相信組織個人的信念，但在實現真理的假定、對權力的態度與角色的衝突方面，卻有所不同。在汽巴嘉基期望應由權力來主導，而這也讓衝突避免和減少了許多。而上司所賦予的個人自由空間領域，也完全受到尊重。如果每個人負責的工作沒有足夠的高學歷或熟練的技能去做決策，他們就會進行自我學習和成長。如果他們預先做好準備，那麼在被做出更換職位的決策之前，是可以被容忍一段時間的。

　　在DEC公司中如果個人在工作上失敗了，那麼就會假定是那個工作不適合

他，而不是他個人的失敗，並且允許個人提出更換任務的申請。而汽巴嘉基公司每個人則被視為是最優秀的士兵，會盡力完成工作並做到最好，只要員工能夠全力付出，他們就會保有目前的工作。在DEC中，個人應該去爭取他或她自己的自由領域，並承擔全部的責任報告。假如工作無法達成，便可以爭取新的工作，讓職務的結構能更加流動，同時也讓工作與工作之間有更多縱向與橫向的溝通。這兩家公司都有一個「任期」的假定，就是一旦個人進入公司就會被留任下來，除非自己造成了重大的失敗、犯法或做了其他不可原諒的錯誤。

兩家公司也都主張組織是個大家庭，彼此應該互助互愛、不會丟下彼此。在汽巴嘉基公司假定父母（上司）的權威應該得到尊敬，而孩子們（雇員和下屬）也會受到尊重，並遵從父母的意思按規定行事。如果他們能這樣，就會受到好的照顧、對待和支持，彼此不會再有爭執。他們會遵守規則，永遠不會違背命令。

在DEC公司中，縱向和橫向的關係則更為個人化，而在汽巴嘉基公司則顯得較為正式。這裡出現了一個有趣的問題，就是這些差異是否反映出組織的文化和歷史，亦或者他們反映的只是美國和瑞士／德國的巨觀文化。如果語言是國家民族文化的主要文物和特徵之一，人們會注意到英語是一種比德語更不正式的語言，甚至反映在德語中用代詞「du」和「sie」來區分個人關係的用法。

在DEC公司並沒有終身僱用的假定，而在汽巴嘉基公司終身僱用則被視為理所當然的默契。在每個案例中，公司的家庭模式都受到公司所在國家更廣泛巨觀的文化假定影響。

在我瞭解了汽巴嘉基這個典範之後，我弄清楚了身為顧問要如何做更有效率的運作。基於我是一位「專家」，假如我希望資訊流通，我會主動發送給各個有關單位，抑或如果我認為需要傳送到組織中，我就會交給上司並嘗試說服他。然而，當我訪談了更多經理人並收集與他們負責事情的相關資訊後，我發現我應該直接提供資訊給Dr. Leupold，而不是在未經允許的情況下，擅自將備忘錄傳送到汽巴嘉基組織的各個分公司。

如果我真的想要透過管理者做一些與眾不同的事情，而管理者也接受這個想法時，他就會「命令部屬去做」。因為他喜歡「職業錨」的想法，所以命令每個員工都要參加暑期課程。同時他也要求在接下來的一年裡，所有中高階管理人員都要接受職業錨的練習和工作角色的分析，並要求他們下屬也要去參加，然後再和他們討論，作為執行職業發展過程的一部分。關於汽巴嘉基，在本書之後還會有更多的論述，接下來我們必須再去探索和釐清概念，並提出一個有關巨觀文化的大問題。

## 組織文化是否能勝過國家文化？

對於文化如何存在於更廣泛的文化之中，這個問題對於DEC和汽巴嘉基公司來說，它們在其他國家的分公司會怎麼做。當然它們可能會因為組織類型和所在的國家與地區而異。我也對這兩家公司進行了一些觀察，因為它們都各自擁有很強大的組織文化。

我曾經有機會去訪問幾個DEC公司的歐洲和亞洲分公司，發現在人工製品層面上，DEC分公司的辦公室反映了Maynard總部的樣貌，外觀看起來不論是可見的行政程序或非正式的氣氛，感覺都一樣。顯然DEC試圖在其他國家複製自己的文化。然而由於各分公司的行政和管理人員大多是當地人並說當地語言，卻也讓這些分公司的文化有了一些改變。

這樣的改變最明顯的就是在產品設計部分，例如：德國客戶希望對產品進行某些修改，但這首先要克服的問題就是去說服美國的產品經理，最後得到允許後，才同意讓當地工程人員依照客戶需求進行修改。由於各國分公司的經理人大多是當地人，所以他們都會說當地的語言，不過他們也必須要定期輪調回總公司，以便能夠接受DEC公司的文化薰陶。

有關這樣的公司所面臨的特殊情況，是我在新加坡看到惠普公司（HP）工廠經理的故事。他曾經受僱於澳洲，然而在接管新加坡工廠之前，他先飛往美國加州參加為期兩週的「CEO影子計畫」，去親身體驗、觀察及學習身為CEO的工作方式和思維，同時也和HP公司的的執行長學習惠普的經營管理之道。

前面提到過的汽巴嘉基例子，其實就是文化優勢的最好證明。記得有一年，美國紐澤西州分公司的經理邀請我到巴塞爾市總部，向管理階層發表有關公司文化的演說。演說後，我感受到他們的訝異反應：「我的天啊！你剛才描述的正是我們公司的現有情況」。而為了實現讓所有管理人都能夠更國際化的努力，汽巴嘉基將原有高階人員的輪調制度，修正成為派任至海外分公司的任務。

Samuel Koechlin 是受到這個過程影響的最好例子，他在任職美國分公司期間，就讓瑞士巴塞爾市總部的文化發揮了影響作用，讓巴塞爾文化和美國文化間產生了交互作用。

## 摘要與結論

綜合以上兩個案例研究，接下來我嘗試將組織文化分成三個層面來進行分析，包括：(1)可見的人工製品；(2)信奉的信念、價值觀、規則和行為規範；(3)被視為

理所當然的基本潛在假定。我的主旨是：除非往下探究到一個基本假定的層次，否則不能眞正瞭解人工製品、價值觀和規範。而另一方面，當一個人發現一些基本假定並去探究他們之間的關係，才能眞正清楚文化的本質及解釋大部分發生的事。這種本質有時候也被稱爲是一種典範，因爲組織的功能是透過一種環環相扣、相互合作的假定所建立而成的。每個單一的假定有時不一定有意義，因此必須將假定視爲一個整體的模式（pattern），才能去解釋組織中的行爲，以及組織是如何能夠成功去克服內部的挑戰與外部的威脅。

如果只描述關於組織在達成目標時的眞實文化元素，那麼就不應假定這些典範能描述整個文化，也不應假定我們會在組織的每個運作中發現相同典範。假定的通則是自己去調查某些事情、並把它當作經驗的依據。作爲一位嘗試描述整個文化的研究者來說，對於完整性的要求是不同於在當地進行討論協商的員工或客戶。如果你是一位試圖改變文化或正在考慮合併、收購工作的經理，那麼你最要關心的應該是文化的本質，也就是一般所稱的文化DNA。我發現這些假定主要是透過內部資訊提供者，來探索經驗和觀察到組織內可見的人工製品、信奉信念和價值觀之間的差異現象。當我們不瞭解某事時，我們通常會去研究和努力尋求爲何不瞭解，進而找出最好的答案。

從這些案例，我們可以學習到那些經驗的教育課題，以及它們對領導力有何影響。對我來說，最重要的課題就是認識到文化是深刻的、普遍的、複雜的、有模式的和道德中立的。這兩個案例中，我都必須克服自己對正確和錯誤做事方式的文化偏見，並瞭解文化是否存在。這兩家公司長期以來在各自的技術、政治、經濟和更廣泛的文化環境中，都有很長的一段時期是非常成功的。但是這兩家公司也經歷了環境變化，以及文化造成了組織經濟的沒落。

在這兩個案例中，可以明顯地看到早期領導人及公司歷史對組織的影響，文化的假定在早期的團體經驗中有其根源，也是公司成功和失敗經驗的形塑。現在的領導人很重視組織的文化並引以爲傲，並認爲組織員工接受這些基本假定是很重要的事。在這兩個組織中，都談到不適合的人必須離開，這些人不喜歡公司運作的方式，也許他們一開始就不應該被聘用，因爲他們如果不是和公司的意見分歧，就是根本不喜歡公司。

這兩家公司的領導人都在努力應對不斷變化的環境，並面臨是否以及該如何發展與改變組織運作方式的問題。這些最初被定義爲現有文化的某部分，而不是文化的變化。儘管這些公司都處於不同的發展階段，但他們都將自己的文化視爲重要的資產，並積極保存和加強這些文化。

最後，顯而易見的是，這兩家公司都反映了它們所處的國家文化，以及支撐公司業務的知識。DEC公司是一家美國創意電器工程公司，不斷發展全新技術。而汽巴嘉基則是一家瑞士／德國合資公司，員工大多數都是受過高等教育的化學工程師。他們同時運用了非常古老的技術（染料）和非常先進的生物化學工藝（製藥），DEC的電路和汽巴嘉基的化學製程，都各自需要非常不同的產品開發方法及時間表。我也多次發現一個重要的意義，那就是：如果不考慮核心技術、成員職業以及組織所處的巨觀文化背景，就無法真正瞭解文化。

另外，關於規模、年齡和領導行為所產生的主要差異，將在本書第十一章中再做更具體的說明。

## 給讀者的問題

請所有讀者試試看，回答以下的問題：

1. 這兩個案例，你覺得最大的不同在哪裡？
2. 你認為這些不同是什麼原因造成的？
3. 請問這些不同，有哪些是技術因素造成的？
4. 請問這些不同，有哪些是國家位置的因素造成的？
5. 請問這些不同，有哪些是歷史、規模和年齡等因素造成的？
6. 你覺得自己比較適合在DEC或汽巴嘉基公司工作？

CHAPTER 5

# 新加坡的政府發展組織

　　文化模式能否有效應用於不同類型的組織？為了探討這個問題，我決定在書中再納入一個短篇章節，內容是有關我在20世紀90年代初期於新加坡擔任研究員時所進行關於文化的研究（Schein, 1996b）。

## 個案3：新加坡經濟發展局

> 　　三十年來，新加坡國內平均每人年生產總值，從500美元升至1萬5,000美元，在第三世界國家中，已晉升至富裕工業國家之列。環顧世界上沒有一個國家能夠有如此快速的發展。
>
> （摘錄自Lester Thurow給Schein的前言，1996b）

　　這是文化結構分析上非常好的一個案例，新加坡早在20世紀60年代初期的發展中，領導人已經發現高壓專制的政權若沒有納入在地的文化，就無法擁有基本的假定。新加坡的故事始於一個共享的願景，由政治領袖李光耀及其他一些曾在英國受教育的同事們，他們的共同願景與理想願望是將這個前英國殖民地建構成為「全球最具商業競爭力的城市」。

　　這種共同願景可以被視為一種「信奉的信念和價值觀」的文化模式，這個案例有趣之處，在於它是我所遇過有關文化的罕見案例，其所支持的價值觀和基本假定相互吻合，可以很容易讓人瞭解並相互驗證。

　　為了實現這個願景，1961年李光耀和他的同事們決定創建「經濟發展局」（以下簡稱EDB），作為政府推動吸引外商投資計畫的機構。在傳統華人文化觀念裡不喜歡失敗，因此EDB建立了一個「失敗者免受懲罰」的測試系統，來瞭解失敗的歷程並能從中記取教訓，而不去懲罰造成失敗的人，並創造一個學習環境，檢討失敗的原因及修正無法成功的因素。簡單來說，除非去發展支持的組織文化，否則很難做到創造願景、建立團隊、吸收最優秀的團隊成員，並要求每個人對任務有120％的忠誠度承諾，為客戶提供執行、連繫和服務的單一窗口，建構一個致力於團隊合作、開放式溝通的專業組織，以及一個無國界的組織。規則很明確，就是「沒有腐敗、只有誠信」（Thurow, 1996b）。

　　由於EDB的運作非常成功，因此在1990年決定把這個組織的故事記錄下來。EDB領導人最初聘請了一名記者來寫這篇文章故事，但他們的文化是決定他們成功的關鍵，所以他們決定去尋找一位真正瞭解文化的人。他們首先諮詢了Lester Thurow先生，當時他正擔任我在麻省理工學院任教於史隆管理學院的院長職務，

在透過院長的推薦與連繫之後，我同意接下這份工作，並決定從三個層面來認識EDB的成功故事。內容包括：(1)EDB它們對自己的看法；(2)各個企業執行長的觀點：那些決定在新加坡投資設廠及設立研究機構的組織，以及(3)我自己的分析：透過研究數據來推論和基本假定的關係。

EDB自己的想法是希望透過密集訪談，去瞭解有關過去三十年間吸引外商投資計畫創建和支持EDB的所有領導人。在1994年至1995年間我訪問新加坡兩個星期，並採訪了許多CEO和其他高級主管，確定當時決定投資新加坡的原因，以及他們是如何成功的。我的研究得到一同工作者的支持，去直接觀察EDB如何運作，並在各種小組會議上為我提供更多訊息。EDB領導人對他們的成就感到非常自豪，並希望這個研究能記錄他們曾經所做過的積極表現。而他們也明確表示，他們想要從我的分析中，去學習和發現他們的弱點及未來將會面臨的可能挑戰。換句話說，我既要評斷過去、也要去指引未來。

有關新加坡三十年發展的完整故事，都記錄於我1996年發表的書《實用主義策略：新加坡經濟發展的文化》之中，同時摘錄於本章進行探討。

## 融入EDB內的文化典範

當時我對花費一年多時間所收集到的訪談和觀察資料，覺得有必要對其在人工製品、信奉價值和基本假定底層的模型結構做有意義的整理。文化的概念存在於其他文化的情形是經常看到的，尤其是EDB設置之初反映了華人領導人、英國教育和殖民經歷的影響。此外，新加坡最初是歸屬於馬來西亞聯邦，發生了國家層級間跨文化的緊張局勢。1965年當新加坡脫離馬來西亞獨立之後，由於本身並沒有能自給自足的水源，因此經濟上仍處於和馬來西亞相互依存的時期。

可以推斷「局內人」的基本假定深度反映了存在的「背景」與「組織」，以及EDB作為一個獨立組織和管理其外部和內在關係的方式。背景典範主要包括新加坡領導人關注經濟發展的一系列假定，這些假定是EDB共享的，但他們也提供了更廣泛的EDB經營背景。組織典範包括關於EDB如何構建和自我管理的一系列假定。

### 背景典範：政府在經濟發展中角色的假定

背景典範包括六個互相關聯與緊扣的基本共享假定，反映早期新加坡領導人心理模型的基本假定，現今基本上在新加坡已被視為理所當然。這些共享的假定來自於新加坡政府的文化背景，並融入於EDB的運作之中。同時它們是假定由EDB領導人和組織成員自己直接去影響組織的運作模式。這些假定也影響了EDB的創建，同

時也提供了組織如何定義其組織的價值。接下來這個案例是有關於透過觀察EDB的工作，所發現的信仰和價值。

## 國家資本主義

新加坡領導人理所當然承擔了政府應在經濟發展上發揮領導作用，並透過政府法定設立的EDB機構來發揮積極的創新作用。

## 確保政治的長期穩定

關於新加坡第二個緊密相連的思想和行動主導的核心假定，實際上是可以分成三個相互關聯的假定，說明如下：新加坡的政治領導人認為：(1)經濟發展必須優先於政治發展之上；(2)只有在政治穩定的情況下，才能有長期的經濟發展；(3)政治穩定來自於堅定且健全的政府，才能維持和實現社會的穩定及各階層的控制。

當然，要瞭解這最重要的假定，要從觀察政權政治和人民行為而來。例如：為了讓西方企業能有一個乾淨美好的城市，並對於公司的業務工作更有信心，有必要對亂丟垃圾及在電梯裡便溺者給予嚴格處罰。然而透過訂定規則和嚴厲處罰後，讓新加坡的經濟有了成功的發展，顯現透過社會控制的基本文化假定並沒有受到人民的質疑，並獲得了認同和支持。

## 各部門之間的合作

新加坡的政治領導人認為，經濟成功發展的假定需透過商業、勞工和政府的彼此合作，才能取得良好的經濟發展，進而實現讓國家成為「新加坡企業化」的共同目標。

對於組織間合作至關重要發展的是，能夠提供組織與製造業所需的激勵機制和公共基礎設施的服務。包括：道路、通訊設施、土地、金融、投資等支持，以及培訓積極進取的勞動力，並提供游泳池和住房等。而最值得注意的方面是思考後決定給予工會和經營者一些責任，讓他們在新加坡能擁有及經營計程車公司和保險公司。從一些社會觀察家的分析來看，認為這樣的做法可能會破壞勞工的工作權，但從新加坡主政者的角度來看，擁有勞動力是目前最重要的發展任務，特別是考慮到位於鄰近北方來自中國的競爭。

## 廉潔有能力的公務員

新加坡的政治領導人假定，只有政府和公務員有能力且不貪腐，並能嚴格執行一致的規則運作時，對投資者有利的經濟條件才能得到保障。在這裡，我們再次看到這個假定反映了華人文化的存在，執政者認為必須建立如同英國傳統典範的「廉潔公務員制度」，因此只有政治穩定和有能力的政府，國家才能夠建立一套明確的規則、杜絕貪腐，才能真正吸引海外企業的投資。

## 人民和精英政治的首要地位

新加坡領導人認為,他們擁有的唯一資源是人民和他們的潛力,因此必須挑選出最優秀的人才並培養他們。在這些假定中,新的政策決定新增為每個人提供工作和住房,並以英語作為官方語言,以及設立一個豐厚的政府資助獎學金計畫,希望將最優秀的學生送到最好的大學進行交流,提供能與私營企業相當金額的薪水,才能留住人才。

## 策略實用主義

綜合以上這五個假定描述,什麼才是最好的「策略實用主義」,來反映出華人文化偏見並訂定一個明確的長期策略,落實在每天務實的基礎上,進而思考並表達出關於如何生活的詳細規則。為了吸引西方企業的進駐,注意這些務實的細節才能符合西方企業的需求。

新加坡領導人認為,國家的生存需要非常完備的長期計畫,但計畫的實施必須立即創建EDB,並開始著重在實際層面上。這些長期發展的利多,包括:穩定新加坡的政策,吸引企業進行重大資本投資,並努力將他們留下來。領導人非常清楚脆弱的國家必須依賴於它們的港口和航運。

# 經濟發展局(EDB)的困境與文化典範

在西方的觀點雖然EDB是一個獨立組織,但是文化存在的背景典範卻有許多似是而非和差異現象,而基本假定相互一致能讓組織有效運作。這個典範最適合描述及主導EDB組織的六個基本假定。

## 團隊合作:個人主義與團體主義

EDB認為最好的領導力是建立一個團隊,而團隊的最終責任是為了能讓成員發揮他們最大的能力。

EDB員工在彼此競爭的同時,也致力於達成團隊、EDB和國家的目標。從這裡可同時看到儒家關注家庭的原則及西方結合個人成就概念的文化內涵。事實上,這個假定的基礎是EDB必須發揮團隊作用,因為它很小,所以組織成員必須互相幫助,而團隊合作的這種務實原因也得到文化的支持,讓組織成員在團隊環境中感到舒適,而這在許多西方的團隊中是較少發現的。同時,EDB所有的長官在高度重視個人成就的環境中接受教育,而他們經常接觸到以個人主義競爭為生的跨國公司經理,也會鼓勵他們在EDB內發展個人的職業生涯。

實際上,這個組織吸引了非常強烈的個人主義者,他們彼此之間相互競爭與關注,尤其是當其中有人晉升時。而競爭的環境其實也讓他們在忙碌之餘,沒時間

去太在意別人的成就，如果你太個人主義或政治化，可能很快就會失去同事的信任並發現很多事情是無法獨立完成的。所以在溝通的系統中，可能發生兩種扭曲，包括：接收訊息或是極端誇大你所知道的訊息，兩者都是爲了維持彼此信賴。在組織中要完成任何事情，就必須先建立支持，而要獲得支持的前提是要有良好的個人信譽，在EDB中不論做什麼，都非常重視協調。

在這樣高壓的大家庭團隊中，每個人都如同一位成功的表演者般，既要能夠展現個人才能，同時也要讓工作順利完成，以達成職業發展的目標。這種平衡行爲是爲了能夠清晰地思考、清楚地表達和擁有良好的文筆，才能夠說服別人支持這份工作並「加入團隊」。換句話說，個人要能表現出多思考和溝通，才能將個人能力應用於團隊創建和工作中。如此個人的成就才能得到認可、獎賞或其他形式的鼓勵。

EDB將自己視爲一個團隊和大家庭，期望在大家庭中的每個人都能彼此瞭解並常常透過許多非正式活動來維持。例如：每週五的下午茶時間，而公司也會鼓勵員工的家屬一起參加如野餐、體育、郊遊等活動。此外，每個月也會有以「網路」爲標題的通訊，將公司中的各種個人新聞，特別是宣傳員工的優良表現和個人成就，並鼓勵員工之間有浪漫的相戀，EDB也爲員工之間因戀愛而結爲夫妻的數量增加而感到自豪，並讓他們繼續留任在公司工作。

除了這種團隊精神外，EDB也有非常靈活的員工政策，允許兼職工作型態及同意因爲負擔家計而平時無法出遊的員工安排旅行。EDB的工作本質是激勵，不會有任何讓員工失去工作動機的問題。此外，EDB也試圖去採納每個員工的需求，因爲公司將每個員工都視爲具有重要的存在價值。

### 國際化的技術專家

如果新加坡的命運取決於能否吸引海外更多投資者，那麼EDB就必須能夠與其他許多文化的國家及官員接觸，因此它們的角色就必須成爲如同社會學家一般，朝向所謂的「國際化」的方向而努力。同時，一旦它們引進合適的投資者來到新加坡，就必須爲外資企業提供良好的服務，因此EDB的員工也必須具備有能夠勝任營銷人員、推銷人員和企業家的人才。

因此EDB領導人和管理人員必須擁有全球多元文化領域的豐富知識，同時在跨國公司與當地商業活動間的接觸時，還必須扮演及發揮連繫協調的功能。他們將自我比擬成卡通漫畫中的超人及女超人。因此，所有這些工作所需的特定人員，最好都能具備以下幾個基本的假定。EDB也認爲如果招募人員時能夠以下列項目爲標準，那麼業務推動就能夠更成功。包括：

1. 在學術表現上要是「最好和最頂尖」的人才。

2. 具有「國際觀」，曾受過國外教育並對於與外商企業合作感興趣者。

3. 受過專業技術訓練者，通常這類業務人才大多是具備基本專業技能。

4. 具有高自主性者，能面對不可預知的未來及企業國際領域的競爭。

5. 具備團隊導向者，有高人際互動能力去處理多元文化及跨組織範疇問題。

以上所列出的期望招聘「官員」標準，都可以在EDB的領導人身上看到，因為他們自己的成長歷程就是在一個多元文化的環境之中，包括：英國人、馬來人、印度泰米爾人和華人。他們許多都具有技術背景，並從小受教育就朝向工程和科學的方向努力。這也提醒我們EDB的文化融入了新加坡文化，同時早期的領導人也帶來許多其他文化的影響。

## 無國界組織：開放性調控

EDB常將自己描述為「無國界」組織，強調即時、準確、廣泛分布的資訊能對作決策有非常重要的影響，這兩個基本假定背後的行事原則，一個指的是內部的操作，另一個則是連結回到部門合作的文本假定。

EDB認為有效率執行其職務的唯一方法，就是所有的經理人、官員、相關員工都能隨時瞭解組織的所有業務。EDB認為這也是唯一可以實現讓政府、勞動部門、私人企業之間，在開發和合作上有助益的開放管道。以EDB來說，對投資案和投資者作出有效率的決策是非常重要且必要的事，所有組織中相關的資訊，除了提供高階管理人員使用外，也包含其他所有成員，以便幫助他們能作出正確的決策。這樣的假定讓EDB設立了全球通訊系統，公司願意花費經費在通訊、旅行、會議和標準化的報告上，讓資訊能夠更有效率地集中。一切都必須記錄下來，並透過書面提供員工溝通和在職訓練的管道。而最重要的是，明確規範「資訊應該忠實被傳遞，而不是將資訊當作對個人控制或權力的來源」。

「開放性調控」是指同時與許多投資客戶合作，解決存在的潛在問題。而這些公司許多都是彼此競爭、並考慮到新加坡投資設廠。例如：Hewlett-Packard和Digital Equipment。如果高度機密的計畫洩漏了消息，EDB卻不能及時清楚地掌握和處理，那麼企業的利益可能會因此而受到損失，所以EDB人員對於支持最大開放性這個原則必須非常謹慎。

## 去階級化：老闆同時也是贊助人、教練和同事

EDB文化的假定是管理者的成功在於他們執行任務時有強烈的自主性，願意透過層級的流程來正式提案和進行決策，願意開放層級權限公開分享資訊，在分派任務時透過層級制度，以及運用更高級別的能力來管理客戶。

同時，他們也認為管理者必須在適當的時機表現出尊重上級的表現（特別是在

公共場合尊重上級），在修改提案和作出決定時尋求和接受上級的指導，在階級結構上表現良好，保證上級能充分瞭解所有情況，並在高層管理人員指導如何和客戶進行討論協商時，表現出謙遜的態度。

表徵這組關係的最佳方式，是注意到在整體執行時淡化組織的層級制度，預期EDB將在無國界的西方世界中有出色的表現，並在一個尊重層級的亞洲（華人）組織中占有主導的地位。年輕的高階官員在進入組織時，必須先學習如何在組織中根據兩套規範去判斷和發展人際互動的技巧。

人際互動的技巧非常重要，因為一方面組織成員可以隨時進入高階主管的辦公室，對他們開誠布公地說話，這表示在某種意義上邊界是不存在的。而另一方面，若EDB的部門主管知道下屬跳過他們時，可能會感到不受尊重。因此，在人際關係技巧中，很重要的一個部分就是如果下屬或上級跳過他們時，如何能讓部門主管感覺到有足夠的安全感，讓他們不會覺得受到威脅。而這也是EDB在社會化過程中需要去學習的重要規則，以及培養開放和去階級化的制度。

### 擴展信任關係：將客戶當作合作夥伴和朋友

在EDB組織中最重要的一個概念特徵，就是體認到對於新加坡和EDB來說，海外投資企業除了是朋友關係之外，更是長期互惠互利的夥伴。這個概念所代表的不僅是公司的長期策略目標，也是華人對於人際哲學精神的延伸，去建構將來可以永續經營的信任關係。而在傳統華人體制中，這種連繫受到從家庭延伸出來的相互義務模式和個人定位的限制，而EDB的概念更像是一種西方的思想概念系統，和投資企業之間也是建立在策略聯盟和合作夥伴關係上。

EDB會撥出大量預算來投資與籌集資金，以便讓自己擁有企業股份並成為股東，來實現真正相互合作的夥伴關係。目的不是為了投資賺錢，而是為了確保企業的成功發展。一旦這間企業穩健持續經營發展後，EDB就會出售其股份，並再為下一個合作企業來努力。這種做法主要基於以下兩個基本假定。

首先，EDB認為只有完全瞭解客戶的需要（潛在和現在的投資者），並當他們有困難和發現問題需要協助時，在不影響本身的基本目標、計畫和規則（策略實用主義）的前提下給予幫助，才能創造彼此成功的雙贏。其次，EDB認為，唯有新進投資企業繼續投資並成功獲利，才能實現真正將技術和訓練轉移到新加坡。也只有在EDB和合作夥伴成為朋友的情況下，才能實現企業永續投資的目標。

若只將投資者引進新加坡是不夠的，一旦進入後，他們不可避免會產生新需求和遭遇新問題，而當他們需要幫助時，會打電話給EDB。經過EDB的幫助，往往能使企業願意繼續投資並拉近與新加坡的關係。在這方面，EDB和新加坡文化對時間

的態度可能是最重要的。一方面，非常重視長期規劃並制定一系列激勵措施和鼓勵投資者的長期規劃；另一方面，EDB也為自己身為在地主人的角色而感到自豪，能夠在外國投資者需要幫助時採取必要行動，讓投資者在短期內能獲得成功。

在人為層面上，從長遠來看，人們很願意花費大量資金在培訓和教育上，該教育機構負責提供各種課程，以符合該國的長期需求。若從實用主義近期的證據顯示，當一項政策沒有實現，主要多是因為社會政策的頻繁多變，這部分政府應該要負責與承擔。新加坡身為一個國家、而EDB作為一個組織，如果它們在分析上顯示有必要時，就會立即快速地調整方向與做法。

其實新加坡不像日本那樣是個長期設計規劃者，也不是如同香港或許多西方國家以每月或季作為商業經營模式的短期實用主義者，而是兩者折衷。整個國家以某種方式管理，並透過明確的長期目標和遠大的願景將兩者結合起來，同時針對那些目標和願景無法實現的企業給予立即協助。這種組合就是新加坡與投資者建立的良好關係，也是與它們長遠利益相吻合的關鍵。經過這樣日復一日協助解決問題，也更確保政府與企業間的長期夥伴關係和穩固友誼。

### 對學習和創新的承諾

正如「策略實用主義」作為背景典範的一種綜合假定，組織假定學習和創新的承諾有助於將學習和創新連繫在一起。從某種意義來說，承諾創新也是一種矛盾，因為在許多針對亞洲人所進行的文化分析，都發現華人社會很強調宿命論，主張應與自然和平相處並致力於社會結構內的穩定與和諧。顯然新加坡已將所擁有的亞洲文化與西方積極主動的文化相結合。在新加坡經常可以聽到「勇敢追夢」這樣的標語，象徵任何事都可能發生。這樣的假定說明如下：

EDB（及新加坡政府）認為，處理任何可能會阻礙組織創新和願景實現的問題，是學習他人長處、累積自我經驗以及實現願景的唯一方式。

這種態度可以追溯到早期的領導人，他們從其他國家和非新加坡籍的顧問學習而來，這個不斷變化和修正而來的社會政策非常的清楚。而實際上，這些政策被許多人視為過度控制及對個人自由的限制，可能會錯過政策應該依據新的資訊數據做適時修正的敏感度。而EDB的重要角色就是與世界各國保持連繫，並透過遍布在世界主要工業國所設置的廣大辦事處據點，將所獲得的知識和資訊反饋給政府，並提供資料分析的數據作為政府在政策修正與方向調整的參考。

為了保持開放與持續的成長，EDB舉辦了各種關於市場行銷和策略規劃的企業研討會。此外，EDB也公開接受「學習型組織」的概念，並引用彼得聖吉的第五項修練主張和系統思考的概念（Senge, 1990）。

## 摘要與結論：三個案例的多重啟示

讀者可能很想知道我們為什麼要去深究案例，難道我們不該去尋求和瞭解關於組織和國家的廣泛性文化內涵？詳細去研究這些案例，主要基於以下的幾個原因。

首先，魔鬼藏在細節裡。人類是一種個性複雜的群體，而組織和國家的文化層面上亦是如此；讓我們來回顧一些簡單能運用於對文化進行排序和初步分類的模型，例如：一個受歡迎的模型，將組織視為「市場」、「等級制度」或「群體」（Ouchi,1981；Williamson, 1975）。若從分類的觀點來看，DEC、汽巴嘉基和新加坡的EDB都被稱為群體，顯而易見可以看到三者的差別，造就每個組織中的大家庭有了完全不同的感覺。這三個組織在不同的發展階段各自強烈地影響了文化的進化方式，而它們也存在於完全不同的國家民族文化中。

其次必須瞭解文化的細節，才能確定細節在組織中是如何發展。DEC的經濟實體組織雖然衰敗，但組織的文化DNA卻保存了下來；汽巴嘉基雖然放棄一些化學業務，轉而加強製藥工業的發展，改變了部分外在的DNA，但仍堅持為走出自己的路而做出改變；EDB繼續幫助新加坡成功發展成為一個經濟和政治穩定的國家，並促進了亞洲和西方在複雜價值觀和文化典範的相互融合。

第三，有關文化組成的相互關係，每天可能只能透過認知來推斷管理者和員工如何進行組織內部的文化運作。我所說關於每個組織的文化「典範」，正如同每個案例所顯示的，要理解典範必須先確定文化的成分以及組織與文化之間如何交互作用。DEC對降低成本的漠不關心以及個人主義的價值觀，顯現在公司不願意解僱「好人」的假定有很大的關聯；而汽巴嘉基精心策劃整併成為瑞士／德國及巴塞爾市的公司，很明顯反映了組織的價值觀。EDB學會如何結合華人儒家傳統和西方現代的價值觀而創造了計畫的成功。

第四，當我們在研究與管理文化演變的動態變化時，我們看到了成功的策略需要與文化元素、知識、方法進行互動。我們需要的不是在這些複雜程度上進行分析，而是需要一個能快速識別哪些文化元素將幫助我們管理所需的變化，以及哪些變化將會阻礙我們完成變革。

我們現在回顧了文化的結構定義，並進行和說明了幾個詳細的研究案例，這些案例涵蓋了某種程度的文化動態，以及組織文化是如何存在巨觀文化中。而接下來我們需要繼續去瞭解更多的，則是關於如何去思考和評估那些國家、民族和組織的巨觀文化。

# 給讀者的問題

請自我練習，回答以下幾個問題：

1. 請問「政府」機構和企業有什麼不同？

2. 請問國家文化是如何影響EDB的組織運作？

3. 請問組織的任務對文化有什麼影響？

**PART II**

# 什麼是領導者需要瞭解的巨觀文化

巨觀文化長期存在於國家、族群和各種職業中，因此需要基本語言、概念和價值觀有一些非常穩定的元素或「骨架」。同時，它們主要是與其他文化接觸而逐漸發展，且將會持續下去。儘管有歷史經驗，爲了比較巨觀文化，我們仍需要超越它們且相對穩定的一般維度。要讓多元文化群體運作良好的問題在於，那些穩定的因素可能會發生非預料的歧見，導致預期和非預期的變化。爲了提供一些歷史脈絡，讓我們從人類學一些有趣的故事開始。

## 在夏威夷謀殺庫克船長

歷史上理解巨觀文化相互作用的最佳例子，是Sahlins（1985）對夏威夷人和紐西蘭毛利人與英國人交流的分析。夏威夷的「謎」是庫克船長爲什麼在1778年第一次成功造訪夏威夷，卻在回到夏威夷後遭到殘酷殺害。庫克船長首次登陸夏威夷群島時，被視爲他們神話中所預言的神，所以受到高度尊崇。

夏威夷女性認爲與水手同睡，在文化上是適切的，因爲水手就像神一般。庫克起初禁止這個，因爲這不符合英國海軍的適當行爲原則，但是女人們的魅力使他不再反對，因此在他逗留期間開放了與當地人的大量性行爲。從水手的角度來看這很棒，但是他們覺得女人們應該得到一些回報，即使看起來與虔誠的水手們睡覺，對她們來說已經足夠了。水手最初提供了小飾品和珠子，但是當女人和她們的男人在船上發現各種金屬物品時，他們開始要求更多，因爲金屬物品在夏威夷非常稀少。當她們和她們的男人們將那些帶回家鄉社區時，他們獲得了地位，所以他們要求的越來越多，這最終導致水手甚至卸下船上的一些金屬釘子。由於夏威夷男女透過此過程獲得地位，酋長們受到了更大的威脅，他們發現在船上一起和男子們用餐的婦女違反了許多禁忌，這在當地文化是被嚴格禁止的。

在庫克補給完畢離開一週左右的時間後，他發現船不太能航行，因爲一部分的金屬航海儀器被盜走了。他返航的目的是面對酋長並重新取得他的裝備。他不知道的是，夏威夷傳說其一是會歸返的神是假的神。正如Sahlins所總結的那樣：「對於夏威夷牧師來說，庫克一直是古代的Lono神，即便他意外地回來了；而對於國王來說，出現在季節之外的神變成了危險的敵人」（Sahlins, 1985, p. xvii）。庫克的回歸如此深具威脅並激怒了夏威夷酋長，以至於在庫克與他們討論取回裝備的路上，他們襲擊並謀殺了他，他成了祭祀的祭品。上面有數以千計的首領和百姓給他的刀傷。與此同時，婦女因獲得金屬，地位日益攀升，夏威夷文化因而改變了。

## 在紐西蘭減少旗桿

　　紐西蘭殖民的「神祕面紗」是毛利人爲什麼不斷砍伐英國旗桿，儘管他們似乎接受了他們在軍事和政治上的統治。有一次，毛利人襲擊了一個英國社區並砍掉了總部的旗桿。

　　這被解釋爲更大起義的徵兆，但沒有其他類似的情況發生，表明這只是一個減少旗幟的轉移。這場搖擺不定的衝突持續了很多年，直到其中一位州長終於弄清了發生了什麼事。

　　英國人將旗桿的削減視爲對國旗的侮辱，這是他們無法容忍的侮辱，所以他們只是立起另一個旗桿，並適時減少。他們無法理解的是，在毛利文化中，轉向天空的立桿，在傳說中對於人們是如何建立的以及立桿在空中的作用，象徵意涵有其重要性。毛利人並不關心國旗，他們接受了英國的殖民統治，但他們無法讓桿子立在英國總部的土地上。一旦新的州長瞭解狀況，很容易找到一個保留英國驕傲和旗幟的去處，同時尊重毛利人需要掌管桿子的榮耀！

　　當來自不同國家的組織文化接觸時，我們經常看到類似提供難題的非預期結果，直到我們理解第六章中提及的基本類別的文化變異。然後第七章提出了一些領導者可以爲多元文化群體建立條件，以探索可能對其自身功能至關重要的維度。

# CHAPTER 6

# 巨觀文化背景的維度

文化評估可以說不是一個巨大的無底洞，就是一種解決特定議題的聚焦行動。因為我們有需要解決特定的問題或做必要的改變，所以我們有時需要評估諸如國家和大型組織的巨觀文化，並鑑別文化的DNA構成元素。為此，我們需要選擇跨越巨觀文化的維度。本章將複習評估巨觀文化的方式，以及介紹一些有助於用來比較巨觀文化的方法。

## 旅行和文學

當我們反思在自己的國家或民族文化中觀察到的事物，以及至其他國家旅行時的體驗，文化分析的三級模型（參見第二章）可以幫助我們瞭解諸如國家和大型組織等的巨觀文化。人工製品層面，是我們作為遊客旅行時所遇到的情況，或者像是我們看醫生或去醫院時，遇到與醫藥相關職業的經驗一樣。信奉價值觀層面，則可以建立在國家意識形態或大型組織官方公布的使命宣言上。而基本假定與組織一樣，須透過與人民的對話、一段時間密集的個人觀察，還有像是在俗民誌中有系統的觀察，以及從訪談「資料提供者」所收集的資料推斷出來。

如果我們不去旅行而想瞭解另一種文化，我們會閱讀其他人觀察和推斷的文學記載，或者對文化進行更深入分析的俗民誌。這提供了部分分析作為輔助，例如：指導手冊的文化部分、電影、小說和其他藝術媒體。維基百科提供了大量的文化訊息，但對於有多少內容和我們需要知道的組織議題有所相關並不明確。如果組織團體嵌入在巨觀文化中，哪些維度可能與理解組織的信仰、價值觀和規範最為相關？為此，我們需要更聚焦在俗民誌學家和那些系統化調查國家文化的研究員身上。

## 調查研究

### Hofstede的IBM研究

研究人員已經幫助我們在基本假定層面下對國家層級進行分類的方法。與此相關的最早和最完整的研究之一是Hofstede分析IBM員工，以及IBM所在國家所有員工群體的調查問卷回覆（Hofstede, 2001; Hofstede et al., 2010）。這項工作和隨後的後續研究，已經衍生了統計學上各國可互相比較的方法。我認為這些是基本假定的維度，因為它們反映了信念、價值觀和出自於這些國家成員的自覺意識並被視為理所當然的思維方式。所有Hofstede的維度如表6.1所示，但其中兩個與組織文化分析尤為相關。

| 表6.1　Hofstede的文化基本維度 |
| --- |
| ◆ **個人主義—集體主義**：社會的建立是圍繞在個人的權利義務，或是群體作爲社會基本組成單位，個人應該從屬於社會層次之下的程度<br>◆ **權力距離**：社會中最高和最低權力者之間的社交、心理狀態及權威距離<br>◆ **男性氣質—女性氣質**：性別角色的差異對工作和家庭與親職關係的連結程度<br>◆ **對歧義和不確定性的容忍度**：社會成員在不確定和含糊的情況下感到舒適的程度，或需要清晰的結構、流程及規則的程度<br>◆ **短期導向—長期導向**：社會成員對長遠未來的規劃與想像，相對於只對近期未來的關切 |

## 個人主義與集體主義

根據Hofstede的原始資料庫和各種後續研究，國家間可以相互比較，也可對總體概況相似的國家之間予以辨識比較。例如：Hofstede的比較研究指出，美國、加拿大、澳大利亞和英國等國家較具個人主義色彩。而巴基斯坦、印尼、哥倫比亞、委內瑞拉、厄瓜多爾和日本則表現爲更集體主義。

實際上，每個社會和組織都必須尊重團體和個人，因爲失去其一就沒有意義。然而，在文化差異顯著的情況下，信奉的行爲準則、價值觀的程度無法反映這種更深層的假定。表面上看，美國和澳大利亞似乎都是個人主義文化，但在澳大利亞（和紐西蘭），你會聽到有人提到「高大罌粟的併發症[1]」（tall poppy syndrome），也就是說，高大的罌粟會被砍倒。例如：一位隨父母遷居到澳大利亞的美國青少年報告說，在他乘坐衝浪板經歷一段精彩的旅程之後，不得不對他的朋友們說：「唉呀！那眞是幸運的歷程。」一個人不會在信奉集體主義價值觀的個人主義文化中獲得個人榮譽。相比之下，儘管美國支持團隊合作，但在體育運動中顯而易見的是，超級巨星被人欽佩，團隊建立被視爲必要的實效，而非本質上可欲的。

個人主義社會透過個人成就來定義角色，透過個人競爭賦予侵略許可，以及高度重視雄心抱負，並以非常個人化的方式定義親密和愛。集體主義的社會比較傾向以團隊成員的身分，針對其他團體的侵略許可，較不顯著的個人企圖心，以及對團體內部的感情來界定身分與角色。

## 權力距離

所有的團體和文化都有如何處理侵犯行爲的議題，因此，像是Hofstede對於「權力距離」文化層面的廣泛調查就不足爲奇了——各個國家人們在控制他人行爲的層級上，有不同大小的感受程度。有較高權力距離的國家，像是菲律賓、墨西哥和委內瑞拉等，比起低權力距離的國家如丹麥、以色列和紐西蘭，更能感知到上下

---

[1]　近似於臺灣諺語「槍打出頭鳥」之意。

層級間更多的不平等。如果我們按照相同的指標來看職業，如同預期的──我們發現非技術和半技術員工之間的權力距離超過了專業和管理人員。

我不會評論其他三個方面，因爲它們在文化上非常複雜，且一次只能研究一個國家。性別議題也與宗教和種族以非常複雜的方式連繫在一起；在美國，這導致了關於男性和女性角色的規範和假定的複雜結合。隨後要討論的是對歧義和時間導向的容忍度。

### GLOBE研究

House和研究團隊利用來自二十五個國家、數個企業的一萬七千五百名中階管理人員的調查，進行了類似的大規模研究（House et al., 2004）。他們得出了九個維度，如表6.2所示。讀者會注意到House發現許多與Hofstede發現的維度非常相似，但是全球研究增加了一些對於組織分析的維度，尤爲重要的是績效導向、自信和人性化導向。

---

**表6.2 全球研究文化的基本維度**

◆ **權力距離**：集體成員期望權力平等分配的程度
◆ **避免不確定性**：社會、組織或團體依賴的社會規範、規則和程序，來減輕未來事件不可預測性的程度
◆ **性別平等主義**：集體將性別不平等予以最小化的程度
◆ **未來取向**：個人參與未來導向的行爲的程度，如延後滿足、規劃和對未來的投資
◆ **集體主義I（機構）**：組織和社會制度實踐鼓勵和獎勵集體資源分配和集體行動的程度
◆ **集體主義II（團體內）**：個人在組織或家庭中表達自豪、忠誠和凝聚力的程度
◆ **績效導向**：集體鼓勵和獎勵團隊成員改進績效和卓越的程度
◆ **自信**：個人在與他人的關係中自信、對抗和侵犯的程度
◆ **人性化取向**：集體鼓勵和獎勵個人的公正、無私、慷慨、關懷和與人爲善的程度

---

### 調查能夠識別巨觀文化維度嗎？

從研究方法論的角度來看，調查研究的問題在於它們反映了研究人員最初所提出的問題，因此受限於研究者要求回答的模式。個人對調查的反應是否可以揭示集體信念、價值觀和規範也是不清楚的，因爲個人可能不瞭解觀察者會擷取或能夠在小組訪談過程中迅速引誘提出的共同問題點是什麼。

另一個不明確的問題是，維度能否可以藉由因素分析統計予以推導出來，而視爲建構文化理論的基本結構。這些維度在統計上是有效的，並允許各國間進行實用的比較。但它們並不完整，且缺乏深度──來自總合參與者的觀察、俗民誌和團體訪談裡直接顯示的共享信念、價值觀和規範。在本章的其餘部分，我回顧了人類學

研究中出現的一些重要層面，如Edward Hall（1959, 1966, 1977）所做的研究。

## 俗民誌，觀察和基於訪談的研究

### 語言和脈絡背景

　　當然，最明顯的文化維度就是語言。我們最初學習本國文化的方式是透過看到什麼、想到什麼，還有我們對於物理與人類環境的辨識。我們不是藉由查字典來認識新事物，而是透過父母指出並告訴我們名稱。語言不僅將我們所看到的、聽到的和感覺到的予以分類和定義，而且還決定了我們如何思考事物並且賦予意義的詮釋，如圖6.1中的漫畫詳細說明的那樣。

**圖6.1**

"Little Jack Horner sat in a corner, eating . . . What's a corner?"

Note: Reprinted with the permission of J. Whiting

註：經J. Whiting許可轉載

　　更糟糕的是，語言本身在Edward Hall所謂的「高脈絡背景」方面有所不同──因為難度在於對話的片語或字詞，且其涵義取決於語境的差異；或「低脈絡背景」，這些字詞本身比較精確，清晰地表達了它們的涵義。例如：我有一個朋友在英國母公司NatWest旗下的瑞士子公司工作，他要求我幫忙弄清楚英國老闆（高脈絡背景）對瑞士子公司的要求（低脈絡背景），因為他們永遠無法獲得一套「清楚」的指令。當我問英國人時，他們向我保證，他們的要求非常清楚準確！但最終我幫不上什麼忙，因為我也沒有清楚理解英國人想要什麼！

## 現實與眞理的本質

　　每種文化的基礎是一套有關什麼是眞相，以及一個人如何決定，或是探索什麼是眞實的假定。這樣的假定告訴團體成員如何確定什麼是相關訊息、如何詮釋訊息、當他們有足夠的訊息來決定是否採取行動時該如何決定，以及該採取何種行動。而我們是否依靠「外部物理現實」或「社會實體」，是一個有用的區別方式。

　　外部物理現實（external physical reality）是指那些可以透過客觀經驗確定的事物，或者就是西方傳統「科學上的」試驗。例如：如果有兩個人爲了一片玻璃是否會破裂而爭論不已，他們可以拿一支鐵鎚擊破玻璃便能知道答案（Festinger, 1957）。如果兩個經理對於引進哪種商品而爭論不已，他們可以進行試銷並建立解決這個問題的標準。但是，如果兩位經理對於該支持哪個政治活動而爭論不已，則兩位經理都必須承認沒有任何實際的標準能解決他們的爭執。他們必須透過進一步的溝通與設計過的社會測驗來達成共識。正如社會學家所指出的那樣，高度一致性就構成了「社會實體」，如果某件事物被定義爲眞實的話，它的結果就爲眞。

　　當我們處理關於人性本質的假定時，例如：人性的本質、人類看待本質和彼此之間的正確方式、權力分配的方式與整個政治歷程、對生活的意義、意識形態、宗教、團體界限和文化本身的假定，社會實體（social reality）就會發揮作用。這些明顯都關乎共識，而無關實徵性。顯然地，群體如何定義自身以及其選擇依存的價值，不能用傳統的科學試驗觀點來試驗它。但它們依然能夠讓人類共有與分享。如果人們相信某些事物並將其定義爲眞實的事物，那麼它就成爲眞實的事物。調查中確定的維度主要涉及社會實體，但仍無法完全測試出哪些是可以容忍模糊的地帶、哪些是具有個人主義色彩、誰對領土衝突與信仰體系具有權力的正當性。正如同有則冷笑話：一位沒經驗的外交家告訴阿拉伯和以色列，可採取基督徒作風來化解雙方的歧見。

**道德主義與實用主義**

　　以道德主義和實用主義的觀點比較國與國之間的文化真相，是一有用的維度（England, 1975）。在England對主管價值觀的研究中，他發現不同國家的主管，不是傾向在個人經驗中尋求認可的實用主義，就是傾向在普遍哲學、道德體系或傳統中尋求認可的道德主義。例如：他發現歐洲人通常比較傾向道德主義，而美國人則比較傾向實用主義。若我們以此維度為基礎來看一個團體的根本假定，在定義何謂「真實」上，我們可以具體明訂出幾個不同的基礎，如表6.3所示。

| 表6.3　決定真實（truth）的標準 | |
|---|---|
| 基於傳統／或宗教的純粹教條 | • 總是要這麼做<br>• 這是上天的旨意<br>• 《聖經》上寫的 |
| 揭示的教條，即智慧是本於信賴智者，正統領導者、先知或是國王的權威 | • 總裁想要這樣做<br>• 顧問建議我們這樣做<br>• 她經驗最豐富，所以我們應該照她說的做 |
| 真實來自於「理性─合法」的過程 | • 當我們藉由合法程序確定某人有罪與否時，也說明了沒有絕對的真相，只有社會決定真相<br>• 我們必須採取行銷委員會的決策，做其想要的<br>• 上司將要做決定，因為這是他的職責<br>• 我們將投票決定，並服從多數<br>• 我們同意這個決定由生產部門帶頭<br>• 禁得起衝突和辯論的就是真相<br>• 我們把它給予不同的委員會研究，並由銷售力量測試，若這個主意依舊完備，我們將會執行<br>• 有人對於這麼做有發現任何問題嗎？如果沒有，那我們就這麼進行 |
| 能發揮作用的就是真實，純實用主意的標準 | • 讓我們以這種方式試試看，評估我們進行得如何 |
| 科學方法的教條所確立的真理 | • 我們的研究顯示，這麼做是對的<br>• 我們已經做了三次調查，顯示結果都相同，就開始採取行動 |

例如：美國文化和電器工程的職業文化是極度務實的，透過反覆試驗、談判、衝突和辯論後發現真相。傳統和道德權威很容易被排除，物理現況和科學證據被讚揚為是正確的決策基礎。在一些亞洲社會，事情如何完成的社會或美學傳統可能會超越實用主義，例如：因為家庭成員是可以被信任，所以接受裙帶關係作為一種好的慣例；而在美國，裙帶關係是被拒絕的，決策偏愛的是務實的基礎。

### 什麼是「資訊」？

　　一個群體檢視真相與做決策，同樣包括資料由什麼構成、什麼是資訊，什麼是知識的共識。隨著資訊科技的發展，這個問題變得更為突顯。因電腦提供「資訊」作用的角色，且是獲取資料非常良好的設備，正如這句諺語「垃圾進，垃圾出」（garbage in, garbage out）。我們現在擁有「大數據」作為推測的來源，但這些數據的收集者卻發現自己不得不僱用接受過科學邏輯方面培訓的博士分析師，才可以教導收集者如何從原始數據中，獲取一些近似於真相的數值來作為決策的基礎。關於統計推算關係和概念有效性的問題仍然非常模糊，因為即使統計公布的「重要性」程度，其本身也是統計學家建立的社會規範。我們推測的大部分「知識」是基於統計顯著的相關性，而不是予以完全複製，或是涉及兩個事件之間的關聯而意指其他事件也會有相同的結果。

## 基本時間的取向

　　人類學家們已經注意到關於每一個文化時間本質的假定，以及對過去、現在或未來都有一個基本的取向（Kluckhohn & Strodtbeck, 1961; Redding & Martyn-Johns, 1979; Hampden-Turner & Trompenaars, 1993）。例如：Kluckhohn和Strodtbeck在研究美國西南部的各種文化時指出，一些印第安部落大多生活在過去的生活裡，西班牙裔的美國人主要是能面對現在，而英裔美國人主要是面向不久的將來。Hampden-Turner與Trompenaars（1993, 2000）根據他們自己的調查中發現，亞洲國家中，日本是高度趨向長期的計畫，而香港則是高度趨向短期的計畫。

　　組織的未來如何定位，常常是一個受到爭議的課題。美國許多公司在經濟財政中備受爭論的一個問題在於，在他們的財政營運上（股票市場），因為短期思考的取向，在長期規劃中出現消耗殆盡的問題。當然，這其中的因果關係並不清楚。從文化的角度來看，是美國短期導向的實用主義社會創建了經濟制度以反映快速與立即的需求與回饋，還是因為經濟制度創造了短期實用主義的取向？

　　另外一個案例則著重於這些關於時間支配的想法和活動的文化假定。這樣的觀點對於美國經理人來說，在一些日本典型產業的長期計畫過程，可能是難以想像的。我有一位日本同事正在計畫將我的一些作品翻譯並介紹給日本市場，同時也計畫在2017年和2018年為我進行訪問，或以動態影像的方式呈現我的著作！

### 單一性和多樣性的時間

　　Hall（1959, 1966）指出，在美國，大多數的經理人認為時間是單一性的，就像是一條可無限制劃分的直線帶，可以被區分為委派工作和其他間隔，然而在這一

條時間帶中，同一時間只能夠做一件事。如果在這段時間內有許多事必須完成，比如說一小時，我們會將一小時切割成數個單位，然後一段時間只做一件事。當我們的規律遭到破壞或感覺工作超過負荷時，我們會被建議一段時間只做一件事的原則。時間被認定為有價值的物品，可以被使用、花費與消耗，或是善用，然而當一個單位的時間結束，便永遠消失不再復返了。Hassard（1999）指出，這個「線性時間」（linear time）的概念是工業革命的核心，它轉變為以產出的產品須耗費多少時間來衡量生產力，用時間單位來衡量所完成的工作量，以工時付費給從事生產的人們，並強調「時間就是金錢」這個比喻。

相對地，在南歐、非洲和中東的文化上，時間被認為是多樣的，且界定同一時間內有多少事件可成，而不只是可做多少事。甚至在一些亞洲社會中，有更極端的認定，就如同季節變換，以及從一種生活進入另一種生活的階段一樣，時間被當作類似圓形循環週期的概念（Sithi-Amnuai, 1968）。

經理人在運作多樣時間的方式都是以「掌握主控權」的感覺，他或她會同時處理一些部屬、同事，甚至是老闆的事情，直到事情被完成為止。雖然在美國強調所謂的單一性，但多樣性的時間概念仍存在於美國組織內。例如：一位醫生或牙醫可能同時看幾個在鄰近診療室的病人，或者一個汽車推銷員遇到有幾個顧客正同時關注汽車時，也會周旋於顧客之間。現代資訊和社會交流技術透過發短訊的方式，或是在開車時可以打電話，也說明了多樣性時間的一些潛在問題。

時間的概念也以微妙的方式顯示身分地位，舉例來說，美國和北歐國家都有過在拉丁文化中受挫的經驗，因為在那裡較少有排隊和一段時間只做一件事的情形。我曾經在法國南部的一個小郵局排隊，發現有些人插隊排到隊伍的最前頭，而且竟然得到了辦事員的服務。我的朋友們也曾經告訴我，在這種情況下，不僅辦事員有在同一時間做多樣事情的想法，會去回應那些插隊且大聲叫喊的人，而且也有一些身分地位較高的人認為插隊和得到第一個服務是合法的，因為這樣可以顯示出他的身分地位。但同時也有其他生活在同樣身分地位的人，他們不會因為等待而感到不快。事實上，這件事也給我一些啟示，我會站在隊伍中並大聲譴責，以表現出我的身分與感受，否則我可能和他們一樣是在隊伍的前面要求服務。

## 規劃性時間和發展性時間

在一項關於生物技術公司的研究中，Dubinskas（1988）發現當生物學家和經理人一起在生技公司工作時，會產生職業文化上的重要差異。經理們會以線性的、單一功能性的觀點來看待時間，帶著目標和里程碑與外界客觀真實性緊密連結，像是市場機會和股票市場。Dubinskas將這種形式的時間稱為「計畫性時間」。

相對地，生物學家似乎是從Dubinskas所謂的「發展性時間」去運作，最佳的寫照就是「船到橋頭自然直」（things will take as long as they will take.），這就是自然生物屬於它們自己內在時間循環週期的過程。以反諷的方式來區別，一位經理人可能會說以商業的目標，提議在五個月內我們必須生產出一個嬰兒，而生物學家可能會說，抱歉，一個嬰兒從受精到出生至少需要九個月的時間。計畫性的時間尋求封閉，發展性的時間則是開放的，並能夠永無止境地擴大延伸到未來。

### 空間的意義：距離與相對位置

空間的意義和使用是巨觀文化中最微妙的部分，因為關於空間的假定就像時間的假定一般，採取外在的認知與假定。同時，當違反這些假定時，會有非常強烈的情緒反應產生，因為空間代表強烈的象徵意義。就像常聽到的一句話：「不要侵犯我的空間」，尤其辦公室的位置和大小，在組織中更是身分與地位最明顯的象徵。

Hall（1966）指出，在某些文化中，如果一個人正朝一個確定的方向行進，則這個人前面的空間會被認為是他自己的，如果有一個人從他的前面穿越過去，則這個人已經違反了空間的意義。在其他文化中，特別是在亞洲，空間最初被定義為共有及共享的，主要是基於在中國人的街道上可以看見人、腳踏車、汽車和動物複雜地流動穿梭著，每一樣都以某種方式向前移動，且不會被撞而被致命踐踏。空間就像時間一樣，能從成員的不同觀點去分析。

我們如何定位自己相對於他人的關係，反映出我們表達對何種關係的看法。正式的關係通常在間隔我們幾英尺遠的地方進行，而親密的關係允許我們之間僅有幾英寸的說話距離和身體接觸。地位差距越大，主管與下屬將維持的距離也越大，而有的上級擁有執照並允許與部屬接近，特別是如果作為醫生或牙醫，工作的一部分是允許與患者接近的。

關於距離的感覺有生物學的基礎。動物對於躲避的距離有一個清楚的定義（當有動物闖入這個距離以內，將使之躲避）和臨界距離（假如動物侵入這個範圍內，將引起攻擊行為或陷入困境）。擁擠的情況在非人類的世界中不僅引起病態行為，在人類的世界也引起攻擊行為。因此大多數文化對於如何定義個人和親密的空間，都有相當明確的規則，透過多樣化暗示的使用以成為Hall（1959, 1966）所提到的「感官庇護」。我們運用分隔、牆面、隔音屏障和其他物理設備，我們也使用眼神的接觸、身體的姿勢和其他個人的裝置去發送信號通知，以尊重其他人的隱私權（Goffman, 1959; Hatch, 1990; Steele, 1973, 1981）。

我們也學習如何去管理Hall（1959, 1966）所稱的入侵距離——在個人談話

中，需要和其他人保持多遠的距離，才不會打擾到他們的對話，卻又能夠讓他們知道和引起注意。在一些文化中包括美國，所謂的「入侵」只發生在演講被打斷（一個人即使站得很近也不算是中斷），然而在其他文化中，甚至只要進入視線的範圍而引起他人的注意，就被認定爲一種中斷的行爲。在這文化背景中使用物理的界限，像是把辦公室的門關上就代表著重要的象徵——是讓人感覺到獲得隱私權的唯一方法（Hall, 1966）。

## 空間的象徵

　　每個社會都會發展出以分配空間的方式來象徵重要價值。在組織裡，人們應該擁有多少空間以及該在何處設置都會被明確規範。這些規範反映了空間在工作中的角色以及地位象徵的基本假設。最好的景觀和位置通常是爲最高階的人所保留。資深的行政主管通常會在建築物的最高樓層，也經常會配置特別的空間，像是私人會議室和私人浴室。

　　社會學家指出，私人浴室最重要的功能之一，是保留領導者的象徵意義，就像是「超級人物」一般。而這些對於較低階級的員工並沒有如此需要（Goffman, 1967）。在一些國家或組織中，如果員工發現他自己在上廁所時，旁邊站著的正是公司的總裁，那種感覺一定不太舒服。

　　有些組織會以非常嚴謹的空間分配，當作員工階級地位的象徵指標。Gerenal Foods總部大樓設計了一些可移動的牆面，當產品經理人升職時，辦公室的大小也會被調整，以反映他們的新地位。而公司有一部門爲特定級別分配地毯、家具和牆面裝飾品。如同從不同國家的大教堂和教堂的位置及風格，可以看出建築物位置、建築方式和建築類型在不同國家都會有所不同，及其所反映出更深層次的價值。

　　因爲建築物和周圍的環境是非常明顯可見且長期不變的，國家或組織嘗試透過設計去象徵重要的價值和假定。物理性的設計不僅有象徵性的功能，而且時常被運用在引導和改變組織中成員的行爲，因而成爲強而有力的規範創建者和強化者的功能（Berg & Kreiner, 1990; Gagliardi, 1990; Steele, 1973, 1981）。矽谷的公司（例如：Google、Apple、Facebook、Genentech等）使用他們的集中式空間，這不像堡壘而是磁鐵，因而使這些設施非常具有吸引力，員工們都希望花大部分時間在稱爲「園區」的這些區域工作。

## 身體語言

　　空間的使用較微妙的一項，就是我們使用手勢、身體的位置和其他物理的暗示以傳達我們的感受，在特定情況下正在做什麼，以及在公司中如何和他人互動。整體來說，坐在我們旁邊的是誰、我們的身體會避開誰、我們和誰接觸、我們向誰鞠

躬，這些都是表達我們對地位和親密的知覺關係。前面關於「距離」的討論是我們從其他人那裡得到的一個主要例子。無論如何，就像社會學家所觀察到的，有許多微妙的暗示表達出我們深層的感受、什麼事正在發生以及關於我們在任何特定的情況下正確且適當的行為舉止的（Goffman, 1967; Van Maanen, 1979）。

尊敬順從的儀式和行為舉止，強化了階級制度關係，且表現在物理和時間的安排上，就像部屬知道當會議進行時，他應站在何處面對老闆，當他的意見與老闆不同時，應如何去表達和評論。而老闆的部分，他知道自己必須坐在會議室中會議桌的最前面，及何時對團體適當地表達意見。然而只有內部的成員知道所有時間、空間的暗示所代表的意涵，有助於提醒我們對於周圍空間安排和時間的使用行為都只是文化的人工製品，如果我們沒有透過內部的訪談、觀察和評論去獲得額外資料，便難以解釋。

以我們自己的文化觀點去解釋我們觀察到的事物是非常危險的。在南非的煤礦，白人監督員對當地雇員不信任，因為他們「眼眸低沉，永遠不會看著你」，沒有意識到在他們的部落，這是一種嚴重不敬的直視上級的眼神（Silberbauer,1968）。為了教他們如何解釋員工行為，必須為督導人員設立專門的培訓計畫。但是在美國，眼睛接觸被認為是「良好」的關注指標，因此正如以下章節所解釋的，很難像在營火晚會一樣，大家都面對著營火對話（talk to the campfire），而不是直接互相連繫。

## 時間、空間和行動的相互作用

在任何一個新的職務上，最基本的事是對於時間和空間兩者的自我定位，這樣我們可以在單獨的範圍來分析時間和空間，然而實際上在複雜的行動中，基本上是假定時間和空間總會相互影響。在時間的基本模式上，最容易看出這樣的關係，單一性的時間假定對於空間如何發展，已經有具體的暗示。如果一個人必須有私人的會面與隱私，就必須擁有一個區域，這樣的需求或許是桌子間必須保持一定距離的小隔間或是有門的辦公室。因為單一性的時間和效率是互相連接的，一個人也需要有節省時間的空間設計，這樣他才能更方便地和其他人相互連繫。重要部門之間的距離必須是最小，而像廁所和用餐區的區域又該是以節省時間的方式予以設置，這樣的設置也是節省時間的方法。事實上，在迪吉多電腦公司（DEC），冰涼的飲水是自由取用的，咖啡機和小型廚房也在公司內清楚明顯的地方，這對於工作的持續相當重要，甚至能滿足個人身體的需求。Google的設施裝置讓員工在使用上不會因感到不便而需要離開工作區域，始終保持舒適的工作環境。

多樣性的時間需要空間的安排，讓事情能夠輕易地同時發生，像是擁有隱私是

要能夠近距離地對談和說悄悄話，而不是躲在門後面。因此，大型場所建造起來比較像是圓形劇場，讓資深年長的人能夠掌控，或者是環繞著中央的核心設置辦公室或小隔間，每個人都能輕鬆使用。我們可以預期會有一個開放式的環境，管理者可以視察全部的部門，容易看到誰可能需要幫助或誰沒在工作。

當建築物和辦公室以實際計畫的工作方式設計，通常距離和時間兩者是考慮的物理性安排（Allen, 1977; Steele, 1973, 1981, 1986）。然而，這些設計的議題變得非常複雜，因為資訊和通信科技日新月異，能夠縮小時間和空間，這方面可能是以前所想像不到的。例如：團體中的成員在私人的辦公室中，以電話、電子郵件、傳真機和影像電話來互相連繫，甚至實際上，團隊還可以使用各種電腦軟體來進行視訊會議（Grenier & Metes, 1992; Johansen et al., 1991）。

## 人的本質和基本動機

每種文化都有共同假定來說明人的意義，什麼是我們的基本直覺，以及什麼樣的行為被認為是不人道的，而在群體中被排斥。正如我們在整個歷史中看到的那樣，人類既是有形的資產又是文化的建構。奴隸制會很合理地把奴隸定義為「非人」。在種族和宗教衝突中，「其他」這一類往往被定義為非人。在那些被定義為人類的範疇內，我們還有更多的變異存在。Kluckhohn和Strodtbeck（1961）在他們的比較研究中指出，在一些社會中，人類基本上被認為是邪惡的，有些基本上認為是善良的，另一些社會則認為是混合或是中性的，也可以是好的或壞的。

與此密切相關的是關於完美人性的假定。我們本質上是優或劣？我們就簡單接受我們自己，或是透過努力工作、慷慨或者信心，讓我們能夠克服劣勢，而獲得救贖或者涅槃？一個特定的巨觀文化在這些範疇的最終結果，往往與主導該文化單位的宗教有關。但正如我們看到的那樣，這個問題很大程度上是在於領導力的核心。

領導者對員工的基本動機做出了什麼假定？在美國，我們看到了一系列這樣的假定變革：
1. 員工是理性的經濟行為者。
2. 員工是主要社會需求的社會動物。
3. 員工是問題解決者和自我實現者，他們的主要需求是挑戰並發揮他們的才能。
4. 員工是複雜具可塑性的（Schein, 1980）。

早期在美國有關員工激勵的理論幾乎完全被這種假定所主宰，意即管理者可用的唯一獎勵方式就是貨幣獎勵，因為它認為員工唯一的基本動機就是經濟利益。

Hawthorne研究（Roethlisberger & Dickson, 1939; Homans, 1950）推出了一系列新的「社會性」的假定，假定員工的動機是需要與同伴和會員群體保持良好關係，而這種動機通常會超越自身經濟利益。這些假定的證據主要來自對員工工作產出結果限制的研究，這清楚表明，員工們將減少他們的實際工資，而不是打破「每日工作量與他們所獲得的工資相等」的標準。此外，員工們將會向高生產者（「破壞工作量者」）施加壓力以減少工作量，少賺點錢以維持公平的一天工作量的基本規範。

隨後對於工作的研究，特別是關於生產線（assembly line）影響的研究，介紹了另一套假定：員工是自我實現者，他們需要挑戰與有趣的工作來自我肯定，以及充分發揮才能的有效途徑（Argyris, 1964）。動機理論學家Maslow（1954）提出，人類需求的階層是不同的，個體在滿足較低階層的需求之前，不會經歷和處理「更高」階層的需求。如果個人處於生存模式，經濟動機將占主導地位；如果滿足了生存需要，社會需求就會脫穎而出；如果社會需求得到滿足，自我實現需求就會變得突出。

目前對於主導獎勵制度的國家層級假定，或是管理大型組織的假定，尚未明朗。在西方資本主義體系中，金錢以及人們主要以此為動機的假定，在管理文化中似乎仍占主導地位。但是我最近與Danica Purg，他在斯洛維尼亞的布萊德市經營一家極具前瞻性的管理學院，在談話中表明，幾十年來共產主義統治的國家對充分就業相當看重且很難以「解僱」某人；這使得那些在「沒有就業保障」和「沒有具備對組織忠誠度期望」的情況下，培育出來的青年創業家生活變得艱難。

### 關於適當人類活動的假定

人類與他們的環境關係如何？在跨文化研究中基本上已經確定了幾種不同的取向，這些對我們在組織中可以看到的變化有直接影響。

#### 「實踐」取向

Kluckhohn和Strodtbeck（1961）在他們的比較研究中指出，在一極端情況裡，我們可以認定為「實踐」（doing）取向，該取向與下列幾點息息相關：(1)自然可以被控制和操縱的假定；(2)對真相的本質存在實用取向；(3)人類是完美的信念。換句話說，在人類要做的恰當事情中，理所當然地掌握並主動控制環境和命運。

「實踐」在美國是主流取向，它確實也是美國主管具有的一個重要假定，同時反映在二次世界大戰時「我們可以做到」（We can do it!）的口號上，如同永存於「Rosie the Riveter」的海報上，同時也反映在美國很多諸如「把事做好」（getting things done）和「讓我們著手進行」（let's do something about it）等片語上。「不

可能辦到的事只不過多花點時間而已」，乃美國企業意識形態的中心思想。受這種假定驅動的組織會尋求成長，而且在他們所處的市場取得主導地位。

## 「存在」取向

從實踐取向而來的另一種極端則為「存在」（being）取向，該取向與大自然具有力量且人類必須順應自然的這個假定有高度相關。此取向暗示著一種宿命論：因為人不可能影響自然，因此必須接受並樂在其中。人們必須把焦點多放在現在、個人的歡愉以及接受隨之而來的一切。許多宗教都是基於這個假定在運作。依據這個取向，組織運作會尋找一個允許他們在自身環境生存的利基，同時他們總會以適應外部真實情況來思考，而不是試著創造市場或是主導環境。

## 「相稱存在」取向

第三種取向為相稱存在取向（being-in-becoming），乃介於實踐與存在兩極端之間。指的是個人必須盡其所能與自然達成和諧，進而與環境融為理想的一體。重點在於發展而非靜態。透過超脫、冥想並控制可以掌握的事情（例如：感覺和身體功能），一個人可以達到完全的自我發展和自我實現。此時焦點在於人是什麼，而不是人可以達成什麼，以及達成某一特定發展狀態，而不是去做或是完成。簡而言之，「相稱存在取向強調於具備發展自我各個層面的自身目標，以達成統合整體的活動種類」（Kluckhohn & Strodtbeck, 1961, p.17）。

對於什麼構成增長或是否應該被鼓勵的定義差異很大。在歐洲Essochem公司，一位有才華的區域經理要晉升為歐洲區經理時被否決，原因是他處理事情「太情緒化」，這反映出總公司對優良管理的假定是不涉及情緒化的。相對地，DEC則在某程度上極度允許鼓勵各種自我發展的形式，這種形式稍後反映於目前在自己的公司，或是其他組織服務的DEC傑出人士使用「我在DEC成長」這個說法的程度。

在汽巴嘉基公司（Ciba-Geigy）裡，顯而易見地，員工必須符合組織結構並成為其中的一分子，而且在現存的模式中達成社會化，因此「自我發展」更為常見。為成功獲得高階管理層的職位，一位經理必須成功完成一項海外任務，並且必須培養由該公司要求的跨文化技能。

即使學者們主張，人的發展和成功的組織績效都應該是可能的，各國及其內部組織對於其人員可否成為一個重要管理職能的成長和發展程度，其認定仍存在差異（Chapman & Sisodia, 2015; Keegan & Lahey, 2016）。

## 有關人際關係本質的假定

在每種文化核心中，形成適當的個人關係方式的假定，是為了使團體安全、舒

適與具生產力。當這種假定沒有被廣泛認知時，我們會說是無秩序與社會混亂狀態的。這套假定創造了規範和行為規則，主要處理以下兩個核心問題：(1)高低地位群體之間的關係（以及個人與群體之間的關係）以及(2)同行和同事之間應有的關係。

這些規則在生命早期就被教導，並被標記為「適切的行為」，禮節、機智、禮貌和各種情境的適當行為——也就是說，知道你在結構中的位置，並知道什麼是合適的。這些規則改變並反映了當前的社會問題，最好的例子是知道什麼是「政治正確」的重要性。什麼是適切並且「情境上合適的」隨著關係的「親密度」而變化，在大多數文化中，該程度可以被分成四個「層次」（Schein, 2016）。

**關係層次**

這些級別之間的界限因國家、宗教和種族而異，但每個巨觀文化都有一些版本，如表6.4所示。當巨觀文化相互作用時，理解情境禮節的規則變得至關重要。例如：在一家跨國化學公司的巴西子公司，德國分公司的一位新任首席執行官以非常正式的議程召開了他的第一次會議，其中包括每個項目的時間分配和非常精確的指示。他自豪地提出了開會的議程，但卻受到嘲笑和嘲諷，導致他受到屈辱，並嚴重損害了他與當地管理高層的關係。他和慣於非正式管理的巴西人，都不瞭解他個人或他們的行為在情境上並不適切。

---

**表6.4　社會中四個層次的關係**

**-1級。利用、無關係或消極關係**

例如：囚犯、戰俘、奴隸有時候有極其不同文化的成員，或者那些我們認為未發展，有時候很老或者情感病態的人，受害者或者「標誌」為罪犯或者犯罪分子。

評論：當然，我們認識到在這些團體內部形成強烈的關係，如果我們選擇與這類別的人建立關係，我們就可以這樣做。但我們不欠他們任何事物，也沒有對他們信任度或開放度具備期望。

**等級1.認可、文明、人際溝通角色關係**

例如：街道上的陌生人、火車和飛機上的同伴、為我們提供幫助的服務人員，其中包括各種職業助手，他們的行為受到文化中定義的角色定義的支配。

評論：各方不相互「認識」，而是把對方視為我們相信在一定程度上不會傷害我們的人類，並與我們在談話中保持開放態度。職業助手屬於這一類，因為他們的角色定義要求他們保持「專業距離」。

**等級2.認可為獨特人物——工作關係**

例如：偶然的友誼、我們認識的「身為人」的對象、工作團隊的成員，我們透過共同的工作或教育經歷認識的人、客戶或下屬，他們與助人者或老闆發展個人關係但非親密關係：這種關係意味著更深層次的信任和開放度：(1)兌現彼此諾言和達成承諾；(2)同意不損害對方或損害我們協議的行為：(3)同意不扯謊或隱瞞與我們任務相關的資訊。

| 表6.4　社會中四個層次的關係（續） |
|---|
| **等級3.強烈的情感——親密的友誼、愛和親密關係** |
| 　　例如：涉及較強烈的積極情緒的關係。<br>　　評論：這種關係在工作或協助情況下，通常是被認為不受歡迎的。這裡的信任比等級2更進一步，因為參與者不僅同意不互相傷害，而且認為他們會在可能或需要時，積極支持對方，並且更加開放。 |

　　就關係層面而言，德國首席執行官把這次會議視為一級正式互動，並沒有意識到巴西集團已經發展為二級私人關係。當陌生人相遇並且對表現熱絡感到困惑時，可能會感到尷尬和不舒服，但是當這種情況發生在一個重要的分層邊界上時，還可能具有羞辱性和破壞性。務實、以行動為導向的美國高階管理人員在亞洲和拉丁美洲國家，往往不瞭解他們的一級正式「專業」風度並沒有引起當地高層想要的信任和開放性，這使得他們想在晚宴或非正式場合見面，然後再談生意。他們希望某種程度上以二級個人化建立信任，同時將可指望合同和簽名。

　　同行關係和團隊合作也會產生類似的問題。我們總能在任何新的關係中選擇將其定義為一級正式互動，或者透過敞開自己或提出個人問題，使其成為更加個人化的二級關係（Schein, 2016）。一個重要的問題是，是否可以在一級關係中建立適當的信任和開放度以允許有效的工作進行，或者良好的工作關係是否總是需要某種程度的二級個人化。隨著技術複雜性增加了相互依賴性，這個問題變得更加緊迫，不僅在團隊成員之間，而且甚至跨越層級界限。越來越多的經理和領導者發現他們真正依賴那些知道更多、操作技能比他們更高的下屬，這突顯出領導者必須變得更謙虛，並接受他們無法習以為常卻易受影響的能力。（Schein, 2013, 2016）。

　　在我們進入一個更多元文化的世界時，尋找建立共同的情境禮節規則之方式，並共同確定我們可以在何種程度上建立合作關係，這將是我們面臨的主要挑戰。

## 摘要與結論

　　本章回顧了一些為瞭解國家和種族巨觀文化中的文化差異而提出的主要層面。當我們試圖理解組織文化如何嵌入在更廣泛的巨觀文化中時，我所選擇的內容是以哪些維度最有用為前提。我們現在回顧了語言、現實、時間、空間、真相、人類活動、自然和人際關係的主要方式。

　　正是圍繞著這些問題的假定模式，創造了我們最終稱之為國家「文化」的整體，並認識到還有其他層面構成了未經審查的文化。文化是深刻的、廣泛的、複雜

的、多層面的，因此，正如同調查模式所表現出來的那樣，我們應該避免僅根據少數、顯著性研究結果的建議，而受到對國家文化產生刻板印象的誘惑。

當具有多元文化的團體組織體試圖共同努力時，管理跨層級和功能邊界關係的規則也許是最重要的領域。在此提出了一個關係層次的概念模式來分析，並提出尋求的最重要共識領域是，是否有可能在一級互動專業層面建立開放和信任關係，或者日益複雜的工作始終需要建立某種形式的個人化二級關係。我們將在下一章探討可能的做法。

## 給讀者的問題

1. 哪一個維度最讓你感到驚訝，因為你從來沒有這樣思考文化？

2. 當你與其他文化的人互動時，哪些問題最讓你感到困擾？

3. 你對時間有什麼態度？一個人可以在遲到多久之後不會冒犯你？你能允許自己遲到多久？

4. 哪些藉口對於遲到是合理的？

5. 你是否觀察到在建立信任和開放溝通的關係上需要變得「更個人化」？

## CHAPTER 7

# 聚焦巨觀文化的工作方式

　　根據前一章，以所有維度來評估巨觀文化是一項艱鉅的任務，但它只對研究特定國家有興趣，或是想要比較巨觀文化的研究者較為有用。對於組織領導者或想加入組織的人來說，則需要一個更能應用和聚焦的研究方法，最好的切入點是去觀察。多元文化工作任務編組和專案計畫不僅會在將來變得更加普遍，甚至會獲得一個新的名字──「合作」。這種新型的工作組合已出現在文化智慧手冊的篇章中（Ang & Van Dyne, 2008）：

> 　　合作的參與者可能會在某一次的基礎上聚集在一起，卻無法期待他們會有持續性的互動。一組核心成員可能會持續參與一段較長的時間，但其他參與者可能只在「必要的」零星基礎上，斷斷續續的努力。此外，合作可能會產生一段緊密且相互依存的互動關係，但也可能由獨立的行為者組成。許多人並非嵌入在單一的組織環境中，而是代表跨組織合作，或參與者也可能無任何組織從屬關係。參與者可能會覺得他們在某個專案計畫期間有著共同的目標，但不會將自己視為「團隊」的一分子。協作者可能永遠不會面對面，他們將會被分散在不同的位置上，透過通信技術為主的連繫方式。因此，協作結構將更為鬆散、更具有臨時性與流暢性，而且通常比傳統團隊更常使用電子化的功能。
>
> （Gibson & Dibble, 2008, pp. 222～223）

　　兩種原型情況被列入考慮：(1)團隊或任務編組，其中每個成員皆來自不同的國籍；(2)諸如醫學外科的團隊，每個成員來自不同階級差異的職業文化。這類群體的獨特之處涵蓋了國籍和工作性質的差異。從文化管理和變革領導力的角度來看，這些團體如何學習文化的多層次意涵，以及如何使這些團體發揮效力？

　　在每一種情況下，小組必須經歷一些試驗，使成員能夠發現其他成員與任務相關的一些重要文化特徵。為此，他們必須克服在不同等級上限制公開溝通的尊重和舉止，以發展理解與同情，並找到一些共同點。特別是他們必須發現處理權威和親密關係的規範及基本假定，因為這些領域的共同點對於發展可行的工作關係是非常重要的。這項任務特別困難，因為每一種文化的社會秩序都有「面子」的規範，這使得在公開場合談論這些領域變得困難和危險。我們會不自覺地存有對彼此有禮、冒犯和恐懼的規範，這使大家不大可能輕易透露內心深層對其他人的權威和親密的感覺，也不會想到去問他們。

　　我們並不是在談論如何管理合併或合資企業，其中只涉及兩種文化，並可能進行正式的相互教育。相反地，我們現在正在談論的是，阿拉伯人、以色列人、日

本人、奈及利亞人和美國人，如何塑造成一個運作正常的工作團隊，即便他們只共享了一些英語知識。向小組介紹每個國家在Hofstede或GLOBE的文化評估架構，對增進理解或移情沒什麼作用。或是考慮一個外科醫生、一個麻醉師、幾個護士，以及那些需要實施一種新型外科技術的技術人員，如何才能成為一個成功的團隊，他們是如何公開交談，並完全信任彼此，去跨越一個群體中所存在的主要層級邊界（Edmondson, Bohmer, & Pisano, 2001; Edmondson, 2012）。如果你加入了這個醫療團隊，可能有來自不同國家且在自己國家已接受過培訓的成員，那麼將如何找到共同點？如果成員需要建設性地合作，那麼討論關於醫生和護士的團體文化有何不同，就只能觸及表面交流而已。什麼樣的教育或經驗能使這些團體發展工作關係、信任和任務相關的開放式溝通？

　　正如前一章所解釋的那樣，為了解決這個難題，有必要利用「關係層次」的概念。當多元文化團體聚集在一起時，他們會在本國的一級交易模式中互動，並且特別謹慎，不要讓冒犯或「有損面子」的狀況發生，我看到多數多元文化的課程經歷了整整一個學期，沒有任何人會去冒著變得更加個人化的風險。因此，他們根本不瞭解對方的民族文化。如果他們是一個工作團隊，那麼停留在一級可能會導致錯誤和低生產率，因為成員不敢發言，以免冒犯更高地位的人。我們必須記住，每個社會的社會秩序都產生了禮貌、機智和面子這個級別一的規範，來作為文化的重要組成部分。

　　每一種巨觀文化都會形成一種社會秩序，但實際的規範卻因文化而異。例如：在美國，級別一面對面的批評，作為績效考核的一部分是可被接受的；但在日本，它卻不存在。在一些文化中，僱用親屬是讓員工與其建立公開信任的二級關係之唯一途徑；但在其他文化中，它被稱為裙帶關係，並被禁止。在某些文化中，信任是透過握手來建立的；在其他情況下，只能透過報酬和賄賂才能建立起來（即使是「賄賂」這個詞，也是文化上的包袱）。跨職業邊界的差異可能不是那麼極端，但當跨越層級邊界和職業團隊必須一起運作時，它們就同樣重要。

## 文化智慧

　　解決這種多元文化問題的一種方法是，教育每個成員每種文化的規範和假定。我已經表明，因為涉及不同文化的數量，這種方法不僅繁瑣，而且也必然非常抽象，以至於學習者不知道如何應用被告知的內容。

　　第二種方法是關注文化能力和學習技能，這種能力被稱為「文化智慧」

（cultural intelligence）（Thomas & Inkson, 2003; Earley& Ang, 2003; Peterson, 2004; Plum, 2008; Ang & Van Dyne, 2008）。因為世界上有很多巨觀文化，所以學習內容似乎是一種不太可行的方法，因此有必要轉而開展學習技能（learning skills），以快速獲取涉及特定情況文化所需的任何知識。多元文化背景下的基本問題是，每個巨觀文化的成員都可能對「他人」有意見和偏見，甚至可能對「他者」有一定程度的理解，但其運作前提是，他們自己的文化是「正確的」。因此，讓多元文化組織、專案計畫和團隊一起工作，比在單一巨觀文化中演變或管理文化變革具有更大的文化挑戰。

文化智慧的概念引入了這樣一個觀點：為了培養理解、同理心以及與其他文化的人一起工作的能力，需要四項能力：(1) 實際瞭解其他文化的基本元素；(2) 文化敏感度；(3)瞭解其他文化的動機，(4)行為技能和學習新的做事方法的靈活性（Earley & Ang, 2003; Thomas& Inkson, 2003）。因此，對於多元文化團隊的工作，意味著必須具備某些個人特徵才能進行跨文化的學習。

在《文化智慧手冊》（2008）中，Ang和Van Dyne提出了一組描述文化智力量表發展的文章，並表明具有高分成績的成員團隊表現優於低分組的成員。在文化敏感性和學習能力方面存在明顯的個別差異，多數的心理學文獻論及有關什麼影響人們文化能力的多寡，但依這種能力選人並沒有說明兩個問題。首先，在許多工作場合，因為工作所需的科技技能資源分配有限，我們無法選擇分配給誰。其次，如果領導者決定增加員工的文化能力，他們應該有怎樣的體驗？無論參與者的文化智慧初始狀態如何，領導者應該採取何種設計的學習過程來刺激這種能力？

## 如何促進跨文化學習

因為文化深深地扎根於我們每個人之中，所以跨文化學習必須面對一個基本現實：每種文化的每位成員一開始都假定他們所做的是正確的事情。我們每個人都來自某個社會秩序，且已被社會化，因此我們理所當然會認定該文化的假定。對其他文化的知識理解可能是一個開始，承認有其他方法做事情，但這無助於建立同理心，這也不會使我們找到合作的共同點。更可能的是，我們首先要注意到「其他流程或職位將無法正常運作或出錯」。

為了達到充分的同理與背景脈絡的水準，在這種情況下，團體會被激勵尋求共同的立場，並需要暫時中止社會秩序的某些規則。我們必須使自己能夠反思假定，並考慮其他假定與自己的假定一樣有效的可能性。這個過程始於質疑自己，而不是

相信別人的正確性。這是如何完成的？需要創造怎樣的社會學習過程才能達到這種反思狀態？

## 臨時文化島的概念

「文化島」是一種情境，在該情境下，暫時停止需要維護面子的規則，以便我們可以探索自我概念，從而探索我們的價值觀和默認假定，特別是圍繞在權力和親切感兩方面。這個詞第一次在組織領域的使用是在Maine的Bethel，為了學習領導力和團體動力，人際關係培訓小組舉行了幾個星期的會議（Bradford, Gibb, & Benne, 1964; Schein& Bennis, 1965）。這個培訓過程的本質是基於學習必須是「體驗式」的理論，因此小組成員必須靠他們自己的努力學習成為一個團隊。

這些小組的組成特地安排所有成員彼此都是陌生的，這樣就沒有任何人必須與群體中的其他成員保持特定的身分。同時，這些T組（培訓組）的培訓師或工作人員故意隱瞞對議程、工作方法或結構的任何建議，從而迫使成員共同創造他們自己的社會秩序、自己的規範，以及自己的工作方式。這種學習主要影響的是人們面對自己的假定，並觀察這些假定與其他假定的不同之處。

透過個人實驗和觀察個人對他人的影響來面對權威、親密和身分問題。成員們敏銳地意識到，沒有誰的做事方式最好，他們必須去發現哪些是最好的方式，經由談判和認可，最終引導出強大的團體規範，並在每個團隊中創造出微觀文化。這些微觀文化通常在群體的一、二天內形成，並被每個群體視為做事的最佳方式——「我們是最好的群體」。成員們還會發現，他們不必互相喜歡才能一起工作，但他們必須有足夠的同理心去接受他人並與他們一起工作。在本書下一部分的介紹中，可以回顧學習進展背後的基礎理論。

使T組體驗式學習成為可能的原因是，成員在可以放鬆保護自己的條件下去學習其文化假定。因為他們彼此陌生，處於被定義為「學習」而不是表現的情境下，有時間和人力資源來培養自己的學習技能。整個情境是由工作人員所設計的，以創造一個「空間」，在這情境下，參與者可以感受到心理安全。

為了使成員能在多元文化下合作，所有成員必須先在臨時文化島上互相學習。將這項工作放在一個必須聚在一起工作的團隊中，比在T組中與陌生人一起工作更困難，但是也適用在同樣的經驗假定上。這項工作不能向團隊透露該如何工作；他們須從自己的經驗中學習，使成員能夠通過第一級事務性規範，鼓勵他們冒著一些個人風險使情況更為個性化，並開始發展第二級關係。因此，創造這種群體的變革領導人和管理人員必須培養技能，為成員創造臨時的文化島經驗，使他們能夠有效

地工作。

　　基本邏輯是要能眞正理解團隊中的巨觀文化其更深層次的假定，我們必須創建一種微觀文化，將這些假定個性化，並使其可用於反思和理解。我可以透過閱讀或從他人那裡瞭解，在美國我們有相當的「低權力距離」，而我的墨西哥團隊成員來自更「高權力距離」的文化，但這對我毫無意義，具體化能概括我們自己的行爲和感受。我需要發現自己是如何與權威人士來往，我需要傾聽我的墨西哥隊友對他與權威關係的感受。如果我們有兩個以上的人，我們每個人都必須產生對彼此的理解和同理心。

　　當我們派團隊參加外部訓練時，以及當我們的團隊在模擬情境中，有時會建立試圖促進理解的文化島。在角色扮演的情況下，在事後回顧中或在行動回顧之後，嘗試對操作或經歷的審查最小化，並在參與者的狀態級別上，將開放式溝通最大化（Conger, 1992; Darling & Parry, 2001; Mirvis, Ayas, & Roth, 2003）。這些情況的共同處在於參加者進入文化島，並根據活動目的，他們在文化島上所做的事情有很大的不同。爲了將文化島內的活動聚焦於獲得更多元文化的洞察力和同理心，參與者需要以對話的方式來創建溝通的環境（Isaacs, 1999; Bushe & Marshak, 2015）。

## 文化島背景下的聚焦對話

　　對話是一種溝通形式，允許參與者充分放鬆，開始研究他們思維過程背後的假定（Isaacs, 1999; Schein, 1993a）。對話的過程不是試圖去快速解決問題，而是試圖減緩對話的速度，讓參與者反思自己嘴裡發出的聲音，以及他們從別人嘴裡聽到的聲音。啓動這種對話方式的關鍵，在於創建一種讓參與者感到安全的環境，以便暫停他們想要贏得爭論的需求，澄清他們所說的一切，以及每次他們不同意某些觀點時所產生的挑戰。

　　在美國的「正常」一級對話中，我們預期會回答問題，表達意見分歧，並「積極參與」。在對話中，調解人合法化了暫停的概念。如果有人剛才說了一些令人不同意的話，我可以提出反駁的意見。相反地，我默默地問自己，爲什麼我不同意，我做什麼假定可以解釋這不同的意見。這樣我們就可以瞭解自我，這在跨文化對話中是至關重要的，因爲如果我們無法「看到」自己的文化假定，並以客觀的非評價方式發現差異，我們就無法瞭解別人的文化。

　　這種形式的對話源於本土文化，透過「面對著營火對話」做出決定，允許足夠的時間和鼓勵反思性對話，而不是對抗性對話、討論或辯論。「面對著營火對話」，是這次溝通過程的重要組成部分，因爲缺乏眼神交流，使人們更容易中止反

應、分歧、反對和其他可能由面對面交談引發的反應。目的不僅是要有一個安靜的、反思性的談話，而是要讓參與者看到他們更深層次的思想和默認假定的不同。矛盾的是，這樣的思考引導出了較佳的傾聽，如果我先識別自己的假定和過濾條件，那麼就不太可能誤會或誤解別人話中的微妙涵義。如果對自己沒有洞察力，就無法理解另一種文化。

　　要做到這一點，對話的所有參與者都必須願意暫停他們的衝動、不同意、挑戰、澄清和闡述。對話過程強加了一些規則，例如：不中斷、象徵性的團體交談，而不是彼此交談，限制目光接觸，最重要的是，要在「Check-in[1]」時就開始。在會議開始時，Check-in意味著每個成員都會向整個團體（營火）講述他／她目前的精神狀態、動機或感受。只有當所有成員都完成Check-in時，小組才能準備好進行更自由流動的談話。Check-in的程序確保每個人都為團隊做了初步貢獻，從而幫助創建團隊的文化。

　　發現我們自己文化的典型例子，通常出現在像是面對著營火對話，避免目光接觸。對於一些人來說這很容易，但對於其他人 —— 例如：美國人力資源專業人員 —— 這是非常困難的，因為在美國文化中看著對方講話被認為是「良好的溝通」，這是在人力資源領域專業規範強化的一點，「眼神交流是必要的，讓對方覺得你真的在聽」。對於美國參與者而言，學習在說話時不看對方是多麼的困難，且令人震驚。因為我們認為這很粗鄙，沒有意識到在其他許多文化中，看別人的眼睛是被當作是不尊重的。

　　與象徵性的團體交談有幾個重要的功能。首先，鼓勵團隊成員變得更具反思性，不要因為別人和其反應而分心。其次，儘管評論可能是由他們所發出，卻象徵性地向中心提供每條評論，而不單是一個或兩個成員，並保留了一個整體組織的意義。例如：如果我有一個基於A成員所說的具體問題，我直接對A說，「你是什麼意思？」和對團體說：「A剛才說的是什麼？讓我想知道他／她的意思」。第二種說法提出了整個團隊的問題。第三，團體避免了兩個成員進行深入討論的普遍現象，而其他成員則成為被動觀眾。我們的目標是中斷許多來自各種不同文化的社會秩序其假定的互動規則，並創建一個新的空間，成員可以更公開地談論，可以用語言表達自己的思考。

## 利用對話進行多元文化探索

　　對話組創建的準則適用於批判性文化差異的探索，因為對話過程允許在個人層

---

[1]　心理諮商專用術語，帶領者會在團體諮商一開始時，邀請每一位成員都說說話。

面闡明巨觀文化的差異，以便參與者不僅瞭解巨觀文化在一般層面上的不同，而且能在房間裡立即體驗到這些差異。其學習實踐是藉由記錄的方式來關注權威和親密關係的關鍵問題。

---

### 案例7.1　MBA課程

來自六個不同國家的十名麻省理工學院MBA學生，希望探索其團隊中的文化差異。他們都會說英語，但他們彼此之間並未相互瞭解到足以共同完成一項任務。我們同意他們透過兩小時的會議討論，來探討他們文化間差異。

**步驟1、設置對話規則**

作為教師協調人，我解釋了對話的概念以及只對「營火」交談而不是和對方交談的基本規則，一個不必回答問題，一個在任何時候都不中斷，我們將從「Check-in」開始，每個人回答兩個關於他們自己的問題。

**步驟2、第一次Check-in問題——關注權威問題**

我要求每個人思考過去，老闆或其他處於權威地位的人對他們所從事的任務做出錯誤判斷的情況。然後我要求每個人不被打斷或詢問，只告訴我，他們在「面對著營火對話」，而不是面對面的情況下做了什麼或將會做什麼，並盡可能詳細地提供所有的細節。

我強調，不希望他們對「他們的文化」作籠統地評論，而是以個人故事進行，以便我們能透過個人經歷體驗文化。在這之後，我們才能推進到關於每種文化的普遍問題。

接著從我右側的人開始分享。當這個人完成時，就換在「面對著營火對話」的下一位，直到他們都講述了他們的故事。

我強制執行不提問或干擾中斷的規則，並依序讓小組成員完成談話。

如果有人不確定我的意思，我再次強調，我們希望從每個成員那裡聽到一個實際的事件，如果他們沒有實際的經驗，他們會假設老闆犯錯，他們會怎麼做或做錯了什麼。目標是推倒抽象的階梯，以獲得一些我們可以認同的具體個人例子。

**步驟3、反思和公開談話**

當所有參與者都講述他們的故事後，我要求大家對我們所聽到的變化以及

故事中有什麼共同點沉靜思考。然後，我要求大家在遵循我們一直關注並面對營火對話的基本規則下提出意見、觀察和提問。一開始很尷尬，但是小組在幾分鐘之內就瞭解到。如果沒有直視一個特定的人，即使問題是針對他／她的，也更容易說出自己的想法。如果該小組包含職級別或地位明顯不同的成員，我會要求對這組人所聽到的內容進行反思。這次談話大約持續十五到三十分鐘。接著我介紹了第二個問題。

### 步驟4、第二次Check-in問題──關注親密和信任

我們現在再次進入對話，每個人都要談論個人如何決定他／她可以信任的工作夥伴，以及他們會如何做出決定。他們會尋求什麼樣的行為來確定該人是否可以信任？他們用什麼標準來決定是否信任這個人，以及結果為何？再次強調，每個人都要接連不斷地講述他們如何解決問題的故事。

### 步驟5、公開對話以反映親密關係和信任故事

當小組探索他們彼此聽到的差異和相似之處時，我再一次強調了面對著營火對話的規則。我要求小組思考他們所聽到有關這個小組一起工作能力的影響。接著在適當的時候，我將談話轉移到下一步。

### 步驟6、反思與探索

我詢問了這個小組，每個人都思考了他們所說過的話，並要求他們說出這是否有助於理解彼此的文化。然後，我們討論了對話方式，如何影響成員對於自己和對方的理解。

## 分析評論

學習目標是向成員表明，透過對話過程可以實現跨文化理解，並且他們可以在未來陷入困境時建立這樣的過程。我強調從每個人那裡獲得個人經驗的重要性，以瞭解他們在文化中如何處理權威和親密的具體問題。巨觀文化的其他方面可以進入討論，但團隊能夠一起工作的關鍵問題是權威性和親密性。

這種對話形式非常重要，因為它將文化問題個性化。與其談論某一個國家如何發展其對等級制度和權威的態度，不如說它將這個問題帶入了必須共同努力的個人空間領域。個人敘述將對話從一級角色關係的互動轉換成小組中每位成員都可以識別的故事。模仿和識別是基本的學習過程，當我們轉移到二級時，我們將彼此視為人而不是角色。在與彼此衝突的團體共事的歷程中，我們會發現，解決任何類型衝突的唯一方法，就是讓每一方都講述他的故事（Kahane, 2010）。

## 跨文化對話中的個性化、合法化

我曾指出在跨文化交談中，人們通常選擇保持一級人際溝通與角色關係的模式，因爲它是安全的。我在我的Sloan Fellows班上觀察，五十人之中，常常便多達二十名非美國學生，即使參加課程和社交活動好幾個月，我也有一種感覺，他們並未突破到更深的層次去理解彼此的文化。我們假定，如果他們在麻省理工學院共同度過了整整一年，就會出現二級甚至三級的關係，並確實建立一些親密的友誼，但是總體而言，我認爲必須爲他們的教育提供一個更有系統的文化探索過程。沿著這些方向，我嘗試了一個實驗。

### 案例7.2

在計畫結束前幾個月的春季，我宣布希望更深入地探索巨觀文化和民族差異。如果有足夠多的人自願參加，那麼一個晚上就可以開三個小時的課程。大約三十名成員想要嘗試這一做法，並且有一些人要求我允許他們的配偶加入。日期已經確定，一個大型且能靈活運用的開放式教室也預定完成。

在夜間開課：「謝謝大家參加這個實驗。今晚我們要做的是完全不同的課程，所以要準備好去思考和感受不同的夜晚。我的目標是為你提供一個更深入瞭解其他文化的機會。你已經遇到和認識了其他國家的成員，與他們一起做了很多事情，而且你已經有些經驗知道如何處理它們。」

「但我的直覺是，你還發現自己想知道關於他們感受或看到的事情，一些你不敢問的問題，因為它可能太過私人化。如果你同意，今晚至少三個小時，我們將暫停一些禮節規則，並允許對方問我們不敢問的問題。你會和我一起參加這個實驗嗎？」（大家點點頭，沒有人問任何問題。）

「好的，在接下來的半小時裡，我希望你找到來自不同文化的合作夥伴，找到可以安靜談話的一個角落，你們與對方可以用一些基本句型開始對話，『你知道，我一直在想關於……？』或『我從來沒有明白為什麼在貴國……』或者『當你的孩子不聽話，你如何處理？』我假定你們已經夠瞭解彼此，互相信任這些問題，如果問題過於私密，你們會告訴對方。這是一個實驗，讓我們看看會發生什麼。」

半小時的自發談話：我觀察到他們很快就形成了兩個或三個人的群體，幾分鐘之內，他們就進行了深入而熱烈的交談。

回顧和反思：半小時後，我帶領整個班級一起提問和反應。在沒有詳細說

明內容的情況下，大家一致認為這些對話揭示了民族文化在各個方面是不同的，並且非常有意義，即使在多個月的相處之後，這些文化也沒有被理解。

第二輪自發談話：大約十五分鐘後，我問小組是否準備好另外一輪的對話。在這一點上出現了各式各樣的想法。一些人想要與他們原來夥伴繼續對話，一些人則想要嘗試新的配對，而有一些人想要與來自另一個國家的人形成較大的討論群體——例如：五位美國Sloan Fellows希望與亞洲國家的兩名成員組成一組，而另一組則希望會見Sloans之一的非裔美國人，因為他們需要更完善地瞭解該位夥伴如何克服他南部農村背景的種種問題，但一直不敢問。而他表示他很樂意分享。接著我們分組討論。

半小時的自發談話：各個小組去了房間的不同角落，並立即開始非常熱烈的對話，終於在四十五分鐘後，我結束了這輪談話。

回顧和分析：當這個小組再次匯集時，很明顯地，這個練習對他們而言，學到積極評論是非常有意義的。他們一致認為，這樣的談話應該在每節課堂上完成，但不能馬上進行。為了讓更深層次的二級對話發生，在為期六個月內臨時一級關係的建立，被一些社會二級關係點綴是有必要的。出席者還一致認為，一個協助設立安全空間的協調員是讓夜間課程可行的重要因素。

## 巨觀文化理解中的弔詭

我回顧的兩個案例都強化了理解另一種巨觀文化所產生的弔詭，你與你對應的夥伴必須違背自己文化的深層原則：「小心不要冒犯另一種文化的人」，這意味著「留在安全的一級人際溝通層級」。組織內多元文化工作小組的意義在於他們需要體驗文化島，在其中可以暫停禮儀和面子的工作規則，使得相互學習成為可能。文化島可以由領導人和協調人從容建立，有時也可以在工作危機的環境中被建立。

Salk（1997）在她對德國—美國的研究中，提供了一個很好的例子。合資企業的每家母公司都提供了有關「其他文化」的主要特點講座，這些講座為大家提供了清晰的刻板印象。每個小組都很快發現另一小組所顯示的證據現象，這也說明了刻板印象是準確的，儘管它使協作變得尷尬，但小組成員也適應了它。一級關係的相互適應持續了好幾年，當一個重大問題出現時，團體卻立即有罷工的危險。兩家母公司都對子公司說：「解決問題，現在解決這個問題」，這製造了危機狀況，被迫立即採取緊急行動。突然之間，兩個群體必須在危機條件下聚在一起，這使得他們

成爲一個群體的人員，而不是雇員的正式角色。他們解決了問題，並且可以更容易地相互協作。正如他們所說的那樣，「我們終於認識了對方！」

## 巨觀文化的層級

到目前爲止的討論都集中在國家文化上，但在階層結構的組織中，職級之間的溝通不順暢和誤解可能同樣嚴重。白人主管不理解班圖[2]員工拒絕直視自己是一個極端的例子，然而尤其是在我曾與之共事的高風險行業中，即使在同樣的情況下講同一種語言時，我也看到了同樣具有戲劇性的誤解案例。原因在於文化圍繞著共同的經驗形成，在大多數組織中，作爲一名經營者的共同經歷與作爲一名主管不同，這與作爲一名中階管理者不同於一名高階管理者是一樣的。

從層級制度來看，主要問題是被誤解的指示和命令；在指揮鏈上，主要問題是資訊遺失，導致生產率、品質和安全問題不能得到有效的關注和解決。產業技術越複雜，潛在問題也越大。我在本章中討論這個問題，是因爲我認爲這是一個巨觀文化誤解的問題，但尚未被認識到。

例如：在核電、航空和醫療等高危險行業的安全領域，有效成果的最大障礙是對上級的溝通失效。很遺憾的是，這些年來發生了多少起致命的事故，都是由於文化根源的溝通失敗所造成。對於跨國集團來說，問題當然更糟糕，因爲可能沒有一種共通的語言來進行對話。在這種情況下，實際學習一種共通語言本身就可以成爲一個促進便利的文化島。

正如Gladwell（2008）在1990年重現哥倫比亞航空公司空難時指出的那樣，其根源在於：(1)哥倫比亞副駕駛未能理解JFK控制員沒有將「我們燃料不足」轉化爲「緊急情況」，以及(2)副駕駛並不知道只有在宣布緊急情況時才放下飛機起落架。交通管制員指出，在任何時候都有可能有四、五架飛機報告「耗盡燃料」。

Gladwell進一步報導，韓國航空公司在20世紀90年代發生了一系列災難，因爲駕駛艙內各級別的失敗溝通，最終唯有透過將駕駛艙的語言轉換爲英語，才得以改善。語言的轉變提供了文化島允許引入新規則，從而在駕駛艙中更好地溝通，但可悲的是，未能揭示微妙的職業語義學「耗盡燃料」和「緊急情況」之間的區別。

循著同一思路，「程序」和「清單」是使文化島得以運作的設備。透過清單，是一個文化中立的過程。如果這是一個清單項目，下屬有權向高級人員提出具有挑

---

2 Bantu，班圖人是撒哈拉以南、非洲中部、東部至非洲南部300～600個非洲族裔的統稱。承襲共同的班圖語言體系和文化。

戰性的問題，而不會威脅高級人員的面子。另一方面，核對清單和程序在醫學方面非常有用，因爲它們可以消除護士、技術人員與醫生之間所產生的危險地位差距，尤其是當他們也可能具有不同的國籍時。該清單或程序可以成爲上級權威，使醫生、護士和技術人員處於同等地位而透過程序解決問題。在一個多國集團中，堅持類似「面對著營火對話」，而不是直接面對面溝通對話，這意味著每種文化都具有同等的地位和有效性。

## 分析評論

對高危險行業和醫療保健領域的安全問題分析，揭示了一些重要事實，必須被重點強調，因爲它們在文化內部和文化之間運作。讓我把這些重點呈現如下：

1. 如果跨文化邊界有更好的溝通，許多安全領域的失敗都可能不會發生。

2. 有些邊界是技術性的；人們不懂專業術語和微妙的涵義，因此會產生不理解或誤解的現象。

3. 其中一些邊界是由於文化所規範的尊重和風度，導致階級之間產生溝通中斷的現象，這也導致爲了保護面子而無法公開分享任務相關資訊。

4. 其中一些邊界是巨觀文化的，反映了國家或職業的規範和價值觀，導致無法在一開始就傳達資訊，或是摒棄那些被視爲「錯誤」，或「不知道」、「有錯誤的價值觀」的文化成員之間的交流。

5. 這三種文化邊界的問題，在多元文化群體中相當明顯，無論是多個國家或是主要職業團體。然而它們在特定國家文化中的運作也同樣重要，因爲階級與功能也正逐步形成次文化。

6. 組織效能理論強調垂直和水平中信任以及開放式溝通的重要性，但卻未認知到這種交流必須跨越文化邊界，且需要在文化島環境中學習，以確保小組成員相互的理解和同理心。激勵外科醫生和護士相互敞開是不夠的；他們必須有共同的文化島經驗，才能建立共同基礎和相互理解。

7. 文化視角承認國家和職業的巨觀文化、功能性的次文化，以及基於等級和共同經驗的次文化，都是組織領導力的重要組成部分。

8. 因此，組織領導者必須意識到何時，以及如何創建臨時文化島，使組織中的各個成員能夠達到二級關係，以便他們可以更公開地相互溝通。

9. 什麼時候以及如何做到這一點，是組織和領導人在巨觀文化中運作的功能。例如：若一種文化中，時間是非常短的測量單位，並被視爲是生產力的關鍵，那可能就必須加速對話過程。最重要的不是需要花費多長時間，而是創造中立氣氛和暫時停止社會秩序的規則。

## 摘要與結論

　　隨著組織和工作團體變得更加多元化，必須建立可行關係的新方法，因為只是訓練每個人具備更多文化智慧，並且組成最智慧的組合是不切實際的。現有團體將不得不透過創建文化島和學習溝通等新型對話來找到體驗式的學習方法。這些新的對話形式最基本的特點是他們在說個人的故事，因為只有透過這樣的故事，不同文化的人才得以感同身受。

　　隨著組織變得更加分散化和電子化的連結性，一些新的文化島現象，可以讓那些沒有面對面的人（可能永遠不會見面）的小組成員能發展彼此的理解和同理心。如果參與者透過Email、Facebook或當時現存的任何技術來講述自己有關權威和親密的個人故事，那麼這種對話方式很可能在網絡中運行得很好。世界正在迅速變化，但我們如何相互對待，以及如何處理地位和權威的問題仍然非常穩定。也許圍繞這些問題進行更多的對話，會激發組織成員產生一些如何更好相處的新想法。

## 給變革領導者的建議：用對話做一些實驗

### 如何建立對話

1. 確定需要探索跨文化關係的團隊。
2. 使所有人圍坐成一圈或盡量靠近。
3. 闡明對話的目的：「能夠更多反思自己和對方，瞭解彼此文化的異同。」
4. 對話開始於讓成員介紹自己的身分，並回答權威關係的相關問題。例如：「當你看到你的老闆做錯時，你會做什麼？」每個人面對營火交談，避免目光接觸，並禁止提出任何問題或意見，直到每個人都確實完成這樣的練習。
5. 在每個人都完成前項練習後，提出一個基本問題。例如：「有人注意到有什麼差異和共同點嗎？」如果成員向特定成員說話，要求他們繼續「面對著營火對話」，鼓勵大家對剛剛聽到的內容進行公開對話，而不受按照順序進行的限制或必須保留問題和意見。
6. 當話題枯竭或組織失去活力時，引入第二個問題——例如：「怎麼知道你是否可以信任其中一位同事？」再次讓每個人都在一般性談話開始前提出答案。
7. 讓差異和共同點自然出現；不要試圖做出綜合性陳述，因為目的是相互理解和同理心，而不一定是明確的描述或結論。
8. 在這個話題枯竭後，請大家輪流詢問，並讓他們分享一到二個見解，關於自己

的文化以及在對話中所聽到的其他文化。

9. 要求小組成員確定共同立場,以及他們在一起工作時看到的問題,考慮到他們所聽到的關於權威、權力、親密或信任的事情。

10.詢問小組成員,他們認爲需要共同努力的下一步是什麼。

## 給新成員的建議

把一群朋友聚在一起,圍成一圈,宣布有關「面對著營火對話」的規則,在中心放置一些象徵性的物品,並開始以「你現在感覺如何?」爲話題,按順序在隊伍圓圈中進行;然後讓這個過程持續半個小時,看看在結束時,你的感受有什麼不同?你對談話有什麼瞭解?

## 給學者或研究人員的建議

建立與幾位朋友對話的條件,向他們簡短地介紹概念和規則後,做一個快速Check-in,然後花一個小時練習「面對著營火對話」,主題則無關緊要;事實上,當你說:「讓我們從Check-in開始,請轉向右邊並說『爲什麼不開始』」,此時最具有啓發性。

## 給顧問或助手的建議

當你與一個由不同文化或地位的成員組成的團隊一起工作時,請他們以對話的方式談論涉及權威和地位的經驗。

# PART III

# 成長階段的文化和領導力

文化如何創造；如何演變；如何管理、操縱和受人類干預影響的？正如我先前指出，用一個很好的方式來定義領導力的獨特功能就是，領導是文化的管理。然而，我們所指的領導力，必須在組織或集團成長階段的背景下加以理解。

作為企業家、先知和政治家的領導者創造新的團體、組織和運動，從而創造新的文化。但是，一旦組織成功地建立了自己、信仰、價值觀、規範和基本假定（即創造了一種文化），則將定義什麼樣的領導會被重視和容忍。領導者的角色轉向維護和鞏固現有文化。儘管領導人最初定義了文化的基本價值，但現在文化定義了什麼是領導的期望特徵！

但是文化嵌入其他文化中，為彼此創造動態和變化的環境。然後組織可能會發現自己的信仰、價值觀、規範和基本假定在某種程度上是機能失調的，需要改變，此時通常會涉及一些「文化變革」。現在，它再次歸屬於領導層，以確定問題所在，評估現有的文化將如何說明或阻礙所需的變化，並啓動現在可以適當稱為「文化變革計畫」。這是領導人管理文化的第三種方式──管理文化演變的方向。

這個第三種領導角色經常被膚淺的評論者稱為「文化創造」，忽略了組織已經擁有一種文化的事實，既是力量的源泉（因此應該主要是被保留的文化），也是一種限制的來源（因此可能需要部分地改變）。

本部分的各章節將探討這些文化問題和所需的領導角色。第八章描述文化如何在一個群體中開始，提供這個過程的分析模型，並討論創始人在這個過程中所起的作用。第九章回顧了組織在生存和成長過程中遇到的所有外部和內部挑戰；然後第十章將展示成功的領導者如何嵌入他們所重視的文化元素。第十一章分析了成長和衰退會發生什麼，尤其是改變領導角色的方式。

CHAPTER 8

# 文化的生成與組織創辦人的角色

為了充分理解文化演變以及領導在這種演變中的作用，我們必須從一些團體理論中著手分析。歸根究柢，文化是一個團體的特徵，正如個性和品格是個人的特徵一樣。人格理論與理解個體有關，而團體動力學理論和模型也與理解文化有關。團體和組織的創辦人可能不瞭解他們正在努力解決的動態問題，但這些問題確實存在，且需要被視為最終形成文化類型的決定因素。

## 文化如何在新團體中形成模組

在整個歷史當中，團體已被深入研究，但僅在二次世界大戰後，由美國Kurt Lewin與英國Tavistock Clinic的Wilfred Bion所帶領的社會心理學者們，開始闡述可在新舊團體間通用的概念（Lewin, 1947; Bion, 1959）。在美國，此團體演變階段的模組完美地被Bennis 與 Shepard（1956）做下總結，並在後來由Tuchman（1965）「詩意地」形容為形成期、激盪期、規範期以及執行期。在下個小節中，我們將討論基礎的心理動態邏輯。

### 階段1，形成期：尋找個體的身分與角色

該團體因為某些目的而聚集在一起，例如：在前一章節中提到的團體「學習」或是執行某項任務。環境情勢或是像把一群人聚集在共同命運體這樣的危機下，召集人、領導人和創始人將會誕生。

新成員自主地面對身分與角色的問題（我在這個團體中的角色為何？）；權威與影響力（在這個團體中，誰將掌管誰？我的影響力需求是否能得到滿足？）；親密關係（我將如何與團體中的其他成員在何種程度下做連結？）。

無論團體的結構如何，無論召集人所分配的角色和國家規範為何，這些問題都會引起新成員的關注。然而，召集人的方法和風格將決定成員制定這些問題的方向，正如我們從創辦人開創公司的案例一樣。如果沒有提供時間來建立關係，那麼這個階段可以像會前午餐所需時間一樣短，也可以長達數年。無論如何，它將不可避免地與下一階段重疊。

### 階段2，激盪期：解決何者會擁有權威以及影響力

為了找出他們身分、角色、影響力以及同儕關係，團體成員明確地或者含蓄地面對以及測試彼此。這種測試不可避免地環繞著權威與影響力，並且會顯現於召集人以及任何新的領導人面前。召集人可以透過有權威的主席或是依賴羅伯氏規則（Robert's Rules of Order）來「埋葬」此議題。不過，議題本身伴隨的分歧與挑戰

將浮現在任務上。因爲這個原因，賦予任務給新團隊是不明智的；成員們將圍繞著任務來解決自己的身分問題，而非重視任務本身。

召集人或創辦人可以將團體凍結在第一層級，爲團體中的自發個性化打開一扇門，或者透過加強個性化以激勵第二層級。企業創始人在這個階段將擁有巨大的影響力，而此影響力根據企業創始人如何向他們招募、僱用和培訓的人，以及爲完成工作而創建的正式系統而定。後續章節將詳細介紹此事項。

## 分析評論

如果你是新團體的觀察者，應關注的過程爲某人提出需要團體回應的對抗性評論、挑戰或提案後所立即發生的事情。如果某人採取的行動影響了該團體，該團體是否會忽視、嘲笑、爭吵或接受？誰做了什麼？正規領導人該做什麼？如果明確或隱含的爭鬥持續下去，該團體將如何前進？

觀察者將看到的是，並非每個人都對影響力有相同需求，而且某些成員在個性上並不關心他們是否爲領導人。權威衝突較少的成員會在某一時刻辨別爭鬥的過程並且爲它命名，從而迫使提出一些解決方案。這使得該團體能夠明確地處理問題，並就如何領導以及如何做出決策間達成一些共識。透過這種共識，經常會有一種解脫、成功、甚至是認爲這個團體可以運作的幻覺，因爲團體相信自身「成爲一個每個人都喜歡彼此的優良團體」。

然而，當團體試圖運作時，特別是當與其他團體競爭時，成員不僅發現他們並非都喜歡彼此，而且在時間和競爭的壓力下，一些成員變得更加活躍而其他成員則遭到忽略或停擺。這揭露出一些成員被認爲比其他成員貢獻更多，且他們已經在集團內部建立了一個身分地位系統。認清此現實把團體推進下一階段，即處理成員如何相互對待以及團體將變得多麼個人化和親密。

## 階段3，規範期：關係運作的解決方案

「再認」是如何形成的？這是再一次透過賦予名稱而明確地隱含所發生的問題。有些議員會說：「爲什麼我們總是忽略Mary試圖說的話」，或者「讓我們把這件事做完，Joe似乎有正確的方向」，或者「我們都必須平等地參與？如果該組相對開放」，可能有人甚至會說：「對於這項任務，我認爲我們應該讓Mary成爲領導人，因爲她知道最重要的是什麼，但當我們需要快速行動，Peter似乎總是讓我們更快在那裡。」我們都想保持任務的重點和效率（Level 1），還是我們想彼此瞭解一點（Level 2）？

這又是那些對親密問題最不矛盾的人，他們將看到並命名這個問題。召集人或

領導人也有一個關鍵的位置來做到這一點，並指出成員都是不同的，有不同的天賦才能和需要，以及團體的優勢是在於多元性而不是單一性。這樣的洞察力可能使它的成員，在實際情境上以「我們都可以理解、接受和欣賞對方」，取代「我們大家都喜歡對方」的錯覺。這個洞察力創造了階段四。

### 階段4，執行期：任務完成的問題

只有達到這個階段，小組才能真正利用其資源有效地工作。不幸的是，許多團體在階段一就被困住了，成員們繼續為影響力和權力而奮鬥。或者，在階段二，相信他們是偉大的，彼此都很喜歡對方。在這兩種情況下，成員們仍在考慮自己及其在小組中的作用，因此，沒有能力來充分注意到小組的任務。

現在，領導人必須確認任務是什麼，以及如何用最好的方式來解決問題以達成共識。特別是在解決難題、決策過程和小組應用來追蹤進展的評估方法。考慮到這個通用模型，現在讓我們來研究組織是如何創建的，以及文化是如何生成的。

## ▎創辦人在文化生成過程中的角色

本章所說明的幾個示例，皆在闡述企業如何經由一位強勢創辦人的行動，而開始建立其企業文化。案例有Amazon、Facebook、Netflix與Google等企業公司。事實上，我沒有足夠的一手資料來說明這些企業公司的整體脈絡。每一家企業都有它獨特的文化之信念與價值，要能真實地到其他企業的行為與檢視其基本假定，還真的不是那麼簡單的（Schmidt & Rosenberg, 2014）。

我並不是在建議領導人要自覺地教導新進團體有關知覺、思考與感覺的特定方式，反而是在企業家的思維本質裡，存有要做什麼以及如何做的穩固概念。團體的創辦人傾向於發展出一套成熟的理論，藉以引導團隊的運作方式，並以此選用與其有相似理念的人才。

新企業的成立來自於創辦人想要做一些不一樣的事情。1950年代早期，Olsen與其一位同事相信互動式的電腦，在未來的市場將會占有一席之地，於是創立了迪吉多電腦公司（DEC）。而成立汽巴嘉基（Ciba-Geigy）公司則是來自在Basel的多位領導人看到成立化工企業的潛力。經濟發展局（EDB）和新加坡奇蹟則是因為李光耀與同事想要透過經由第三世界城市的企業，改變被英國殖民死氣沉沉的氛圍。

Apple、Microsoft、Facebook、Google、Hewlett–Packard、Intel和Amazon的歷史都顯示出單一的創始領導人或小公司創辦人，他們希望做一些不同的事情。另一種說法是領導力創造變革；如果這些變化為一個團體帶來成功，領導人的遠見和價

值觀被採納，文化就會進化並倖存下來。如果有人想做一些不同的事情，或者不讓其他人去做，或者他們離開公司了，但小組並沒有成功，那麼我們就有「失敗的領導」，通常從來沒有聽說過。只有當它成功時，我們才稱之為領導。

當領導人建立了一個全新的組織、新的政黨，或是新的宗教，我們把他們奉為偉大領導的「模式」。然而，這些外顯的行動總是潛藏於巨觀文化之中。領導是必要的，不過，卻是必須因需要而採取適當的方式執行，方可成功。

創辦人的影響甚大，他們不僅具備高度的自信心和做決策，還有強勢的假定。諸如：世界的本質，在世界中、組織中所扮演的角色、人類的本性、關係的本質、真理如何到達，以及如何管理時間和空間（Schein, 1978, 1983, 2013）。因此，他們非常重視合夥人和員工（Donaldson & Lorsch, 1983）。

## 案例1：Ken Olsen與迪吉多電腦公司（DEC）

DEC的文化在第三章中已有詳細說明，此處不再贅述。本節的敘述，僅關注於DEC的創始者，以Ken Olsen所創立的一套管理系統為例。Olsen在麻省理工學院發展出他的理念、態度與價值觀。當時他所從事的計畫名為「旋風」（Whirlwind），那是第一臺互動式電腦的研發。1950年代中期，Olsen與一位同事相信互動式電腦在未來的市場將會占有一席之地，於是創立了DEC。他們以良好的信用和清晰的公司核心任務作為願景，說服投資者。幾年之後，這兩位創辦人發現，他們不應只扮演如何建立組織願景的分享者而已，因此Olsen變成了執行長（CEO）。

在DEC成長的過程中，Olsen在關於世界本質、如何發現真理，以及問題解決的方式上，都有很強的假定，並反映在他的管理風格上。他相信任何一個人，不論其位階高低與出身背景，都可能貢獻出很棒的意見。Olsen認為，沒有任何一個人的意見是永遠正確的。他認為團體裡的公開性討論與熱烈的辯論，乃是測試意見的唯一方式，只有經過嚴酷且積極辯論之後存留下來的意見，才能付諸行動。每個人都可能有一些直覺，但人們不應依據直覺行事，除非這些直覺已歷經理智商場的試煉。所以，Olsen設立了許多委員會和團體，堅持所有意見在付諸實踐之前，都必須經過討論和辯論的歷程。

Olsen常以一個故事來支持他的假定，以使團體中的信任議題具有正當性。他說自己經常都不做決定，因為「自己並非如此的精明，如果我真的知道要做什麼，就會說出來。但是，當我進入一個由許多精明人物所組成的團體時，便會加以傾聽

並與他們討論，很快地，我就會變得精明了」。對Olsen而言，團體是他個人聰明才智的一種延伸，而且常透過這些團體，幫助他將個人的想法大聲說出來，藉此整理自己的各種思緒。

Olsen也相信，意念的實行得眾志成城，而獲得支持最好的方式，是讓眾人於議題上辯論，進而說服他們自己。因此，任何一項重要的決定，Olsen都會要求有公開的辯論，透過許多團體的會議來檢視每一種意見，然後往組織下層推銷。只有當每一個人都想要做，而且完全地瞭解他人時，他才會批准。Olsen甚至曾經因有人無法瞭解，而延緩了一些重要的決定，即使當時他本人已對這些想法有了充分的瞭解和支持。他說，自己並不想成為唯一的領導人，每位成員必須瞭解大夥共同背負著一夕失敗的風險。過往的經驗讓他體悟到，凡事在執行之前，皆須經過委員會的討論並獲致共識，即使過程耗時甚多且挫折頻生，也在所不惜。

Olsen的理論是每一個人都必須賦予清楚與簡單的個人責任，然後嚴格地評估個人在這領域上的責任。團體可以幫助決策和獲得承諾，但在任何環境之下，團體是不須擔負責任和績效的。Olsen也相信，如果我們不清楚到底該追求哪個產品和市場時，藉由鼓勵成員在團體中針對種種構想進行明智的檢驗，可以大量地擴展組織的單位。他想要創造有重疊性質的產品與市場，並讓其公開競爭，可以確定的是，那樣的內部競爭破壞了溝通的開放性，同時也讓小組更難去商量決定。

Olsen承認環境可能會改變結果，即使最完善的計畫也不例外。Olsen期盼他的主管們一旦發現問題就得儘快對這些計畫提出討論。以年度預算為例，當經理人在年中發現可能會超支時，就應馬上做好基金管控，或再次與高層商議。任由事態趨於嚴重或不與高層討論，是不被認可的行為。

Olsen確信公開的溝通，能讓人們獲得合理決定與適當折衝的能力，因為所有的問題與解答都被公開論辯過。Olsen認定人都有「建設性的意向」（constructive intent），那是一種對組織與組織目標理性的忠誠。資訊不公開、玩權力遊戲、打擊組織成員以成就個人、將個人的失敗歸罪於他人、暗中或惡意破壞定案的決策，以及未獲他人同意就根據自己的想法行事等，這些行為都被認為是罪惡的，而且會引來公開的譴責。

在DEC，一種藉由極大化個人創造力與決策品質的組織經營模式，運作得相當成功，讓公司經歷了三十年以上的戲劇性成長，並且造就出高昂的工作士氣。然而，當公司規模變大後，許多人也發現到，他們可以用在協商的時間反而變少了，成員彼此感到陌生，這讓原有的溝通模式越顯挫折。存在於各種假定之間的矛盾與不一致性浮出檯面。例如：DEC鼓勵員工為自己思考，並且去從事他們認為對公司

最有利的事情，即使此意味著是種不順從的行爲也還是一樣。但是，很明顯的是，這已經和個人必須信守承諾，以及支持既定決策的格律（dictum）相違背。實際上，信守承諾的規則，已被員工只做自以爲是的事之律則所取代，這意味著決策有時是鬆散，是可被改變的。

　　DEC發現，在其組織歷程上，欲提出任何類型的紀律，已變得越來越困難。爲了組織著想，如果有位主管認爲需要採用一種較爲專制的管理方法時，他等於是冒著激怒Olsen的風險，因爲那代表將會剝奪部屬許多原本享有的自由，也違反Olsen的企業精神。Olsen覺得他賦予員工許多自由，那又爲何讓主管將更底層員工的自由拿掉呢？同時，Olsen也認知到，在特定的組織範疇裡，紀律乃成事的根本所在，但困難的是，如何去拿捏組織的哪些領域須有紀律，哪些領域要有自由。

　　公司規模還小的時候，大家彼此認識，此刻的「功能性熟悉感」（functional familiarity）很高，大夥總有時間商量。即使因時間壓力之故，而有個人決策或有不服從的情形發生時，由於有著高度的基本共識與信任，也能確信其他員工皆能認同。換言之，在組織規模變大和複雜之前，即使高層所爲的初始決策未被貫徹實行，尚不至於對任何人造成困擾。隨著組織的成長，原本一個具有高度適應性的系統，開始有越來越多的組織成員認爲是呈現紊亂與渾沌的狀態。

　　公司因爲擁有聰明、堅持主張和具個人色彩的人力資源而得以成長，他們都願意與他人辯論並行銷自己的意見。公司的聘任制度很清楚地反映出這樣的偏見，每位應徵人員必須透過許多的面試，並且他們要嘗試說服面試官去相信他們是一位積極的候選人。因此在公司的第一個十年間，公司傾向只僱用有上述特質的人，即使有時他們會引起挫折也在所不惜。對於能夠享受公司成功的員工而言，彼此的相互支持，使他們在情感上會覺得公司是一個大家庭，並在人際之間發展出互相支持的強大網絡。Olsen表徵的形象如同是一位顯赫的、有所苛責的（demanding），但又支持員工的魅力父親一般。

## 分析評論

　　Ken Olsen本身是一位對於事情應該如何做，有一組非常清楚假定的企業家，這組假定是關於如何去連結外部的環境，以及如何去安排組織內的事務。他很樂意將他的理論公開出來，並使用獎懲的行爲來支持它，這致使組織只挑選能共享這個理論的人進入公司，同時也形成強大的社會化實踐增強作用，使之永存不朽。創立者的假定在1990年代充分反映在DEC營運上。可是於1990年代末期，DEC卻賣給了康柏（Compaq）。這說明了一點，一個假定即便在某一組環境條件下能運作良好，但是如果轉換在另一環境條件時，便可能會成爲反效果。

這個故事提出了整個問題，組織如何從他們的創辦人的影響中轉折，因為創辦人的存在而穩定的文化，並使其「神聖」的意義上，象徵性地改變文化將破壞父親的形象。這反過來又提出了誰「擁有」公司的問題，並有權取代創辦人與不同的領導人，他們可能有不同的信念和價值，更符合新的經濟和技術現實的環境。Olsen幾乎選擇了他自己的董事會，並認真聽取了最初的投資者，Doriot首席管理人的意見。最初的投資者。不幸地是，Doriot 於1987年逝世，所以，當事情開始在20世紀1980年代晚期和20世紀1990年代早期發生反效果經濟實體時，Bell在1983年心臟病發作，此後不久從DEC退休。當討論在公司中期的文化演進之時，我們將在下一章回到DEC，說明DEC為何以及如何變得功能失調。

## 案例2：*Sam Steinberg*與加拿大的*Steinberg*

Sam Steinberg是一位移民者。其雙親早年在蒙特利（Montreal）的街角開了家雜貨店。他的父母，尤其是他的母親教導他一些對待客人的正確態度，這有助他涵化其成為成功企業家所需的願景。他的假定是，如果他能一開始便把事情做對，那麼最後他將能開創一家成功的企業，並為自己與家人帶來財富。最後，在Quebec與Ontario，他真的建立了一家兼有連鎖超市、百貨公司與相關企業的大型連鎖企業，並且持續成功經營達數十年之久。

Sam Steinberg在企業中代表追求理想的動力，一直到他年近七十歲過世之前，都能將其想法貫徹在企業中。他的基本使命是將高品質與能被高度信賴的產品提供給顧客，且其展售空間必須是乾淨並對顧客具吸引力的，所有的重要決定皆以顧客的需要為依歸。許多關於Steinberg的故事不斷流傳著，特別是有關他年輕時與妻子共同經營的那家街角雜貨店，如何與顧客建立信用和贏得顧客的信任。當顧客對產品有些不滿時，不論輕重，他都會將產品回收，並將店面保持絕對的明亮，讓客戶對其產品持續保有高度的信心。這些態度後來都變成經營企業的主要準則。

Steinberg相信只有個人的以身作則與貼近的監督，才能夠確保部屬確實地執行其理想，並有合適的表現。他會無預警地出現在賣場中檢視各項細節，並且會講解其他店中所發生的實例，確實執行公司政策以「教育」其員工。他常會對未能遵循規定或原則的員工大發雷霆。

此公司的大部分創始成員，包含了Steinberg的三個兄弟，其中有一位「助手」（lieutenant）並非Steinberg的家族成員，但他在企業中卻扮演著重要的角色，是除了Steinberg以外，最主要的文化領導人與引領者。這位「助手」設計了

一套正式的系統，讓Steinberg的觀念能夠確實執行。在Steinberg辭世後，這位「助手」便成為該企業的CEO，持續彰顯Steinberg的能見管理理論（theory of visible management），更以身作則地確保這套方法能繼續沿用。

Sam Steinberg主張高度的創新與日新月異的技術乃商場贏家的不二法則。他總是鼓勵他的經理們能不斷地嘗試新方法，找不同的顧問來倡導新的人力資源管理方法；開同行之先河，最先使用評估中心（assessment center）來選擇店經理；並經常參與有關科技新知的商業展覽，看看別人在科技革新上展現的成果。此等創新的熱情，讓Steinbergs公司成為超市產業中第一家使用電腦條碼的企業。

Steinberg始終懷抱著實驗的精神來改善商務。他對真理與真實所採取的觀點，在於一位工作者應對其工作環境敞開心胸，千萬別理所當然地認為人是無所不知的。如果店經理的想法能產生效用，Steinberg會加以鼓勵；如果店經理的想法沒能產生任何效用，他會令其放棄。他只信任那些與他有相同假定，並會依照其指示的經理，他也會毫不避諱地給予那些經理厚愛，並賦予更多的權力。

此一組織中的權力和權威確立了中央集權的體制。所有員工都知道Steinberg或他的主要助手可以隨意地、完全不經討論地更改各區與各單位經理的決定。權力的基礎來源是股份的持有者，也就是由Steinberg和他太太所共有。因此，即使在Steinberg死後，他的太太和三位女兒共同掌控公司的經營權力。雖然Steinberg對於透過組織自行培育好的經理人才之方式很有興趣，但是他從來不認為配發股票給高階主管是一可行的方式。Steinberg會給身居要職的幹部非常高的薪水，但是他認為擁有權力應該是只屬於他與他的家人。因此他並沒有發股票給「助手」、密友與其他公司的共同創辦人。因為他全心投入巨觀的文化中，而犧牲了家庭生活，他把公司經營權傳承給孩子。

Steinberg將他的幾位家庭成員都引薦到公司身居要職，如此亦是一種歷練家人潛力的機會。當公司擴張時，那些家族成員都成為各部門的領導人，但是他們的管理經驗可能不足，如果其中一位家族成員的表現不佳，他就會透過指派一位好的經理，以協助的方式來支持他。如果營運有所改善，此家族成員便能獲得信賴。如果仍表現不佳，他就會將其撤換掉，但會用各種體面的理由讓他下臺。

雖然Steinberg本想要的是一個開放溝通與高度互信的組織，但是他自己對於家族成員在公司角色的認知，卻又與此一想法背道而馳，因此許多組織成員會基於彼此保護的心態，而形成了許多小的社會。那些組織成員對彼此同事的忠誠度與互動，遠比他們對公司來得高。這也造成了一個與Steinberg想法相反的公司次文化。

　　至此，從以上的描述中，有幾點應該要加以注意的。在定義上，某些事情只有其能有效地使組織成功，並且降低成員之間的焦慮時，才能存在於公司文化中。在公司成立之初，Steinberg的想法能切合當時的環境，加上創立團隊的支持，在公司蓬勃成長後，便認為他的所有想法都是正確的。Steinberg終其一生都是要別人接受他的想法。然而，如這篇文章先前所提及的，有一些Steinberg的想法的確造成了非家族組織成員的焦慮，也形成了一種與Steinberg想法相反的文化。

　　Steinberg辭世後，有幾位公司的高階主管退休，因而產生真空狀態，讓公司經歷了一段很長的文化混亂期，可是公司的基本經營理念仍舊根深柢固。其他家族成員接手後，卻沒有Steinberg那般的商業能力。「助手」的退休是一個導火線，幾位曾與Steinberg共同打拚過的高階經理相繼離去，加劇了文化的混亂現象。由於Steinberg的子女都無意願接掌事業，因而公司由一位局外人所接掌。一如預期，此人失敗了，因他無法融入公司與Steinberg家族的文化之中。

　　在接續的兩位執行長（CEO）相繼失敗之後，家族成員轉而尋求一位曾任公司經理的人，他離職後在房地產的經營上很成功。公司在此人領導下趨於穩定，一些Steinberg的想法逐漸被改革。最後Steinberg的家人決定要賣掉這間公司，公司由該位經理與Steinberg的一位家族成員自己經營，這也終止了公司與Steinberg家族之間的角力，最後，於1989年賣掉公司，結束公司經營。（Gibbon & Hadekel, 1990）

### 分析評論

　　從這個例子，我們學到了一個很清楚明白的教訓，亦即當一個文化的領導人逝世後，其文化也隨之消失；以及在組織成長期間，領導人所散發出的混合性訊息（a mixed message），乃大部分組織成員經歷某種程度衝突的原因所在。Steinberg的公司曾有一個強勢的文化，但衝突也漸嵌入文化之中，終而衝突源源不絕，導致公司的不穩定。

　　不幸的現實是，他的三個女兒中沒有一個有興趣或才幹接手這項業務，也明顯影響了結果。我參與了幾年的努力，以「顧問」的身分來栽培三位女兒中的一位丈夫來擔任執行長（CEO），但他也沒有天分，也沒有動機發揮作用。這是附帶的歷史利益。同時Steinberg公司於1914年創立，Irving Rabb在新英格蘭成立Stop and Shop連鎖超市，他的孩子都是女兒。然而，其中一人嫁給了一個非常有進取心和稱職的經理，將超商引領到長期的成功之路。

# 案例3：*Fred Smithfield*：一位「連續創業者」

Smithfield畢業於美國麻省理工史隆管理學院，之後，建立一個金融服務機構的連鎖體系，其所使用的是一種該國當地許多保險公司、基金公司與銀行也使用的精良金融分析技術。他曾經是一位概念化實行者（conceptualizer）和業務員，可是當他對一項新的事業感到興趣時，他並非自己投入，而是讓別人去投資、創建和經營它。他認為如果要投資每一個企業，只應投入很少的錢即可。因為假使他不能說服別人來投資他的企業，就代表他的經營理念是有錯誤的。

Smithfield做了一個初步的假定，亦即他對這個市場的瞭解不足以讓他將自己的金錢投注下去。他會訴說自己經歷的創業失敗故事為例，藉此公開地強化這項假定。他曾經在中西部的一個城市開了一間賣海洋魚類的零售店，只因為他喜歡，所以就假定別人也會和他一樣，但最後他失敗了，也因此習得教訓，知道個人的品味喜好並不能作為預測他人的指標。

由於Smithfield將自己定位為一位能將創意概念化的實行者，而不是一位經理人，所以他不僅讓金融投資保持在最低限度，也不用花太多時間來管理企業。透過晤談面試，他便能從中找到管理新企業的人才，且這些人才與其一樣，能廣納建言，不會執意於將自己的假定強加於他人身上。

以Smithfield為例，一個人的價值取決於他能否讓公司成功地獲利。Smithfield後續曾轉換跑道至不動產、環境保護機構、政治圈，然後又回到商業圈，其間包括有石油與鑽石開採的公司。最後，他的興趣是在教學上，且於中西部的一所商業學校裡，發展並教授企業經營者的課程。

我們可以推論Smithfield所持的一些假定，包括目標設定、目標達成的最佳手段、測量結果的方式，以及勘誤和補救的方式等，基本上有其實用性。相對於Sam Steinberg的事必躬親和事事干涉，Smithfield則是在公司上軌道後，便對公司的營運不再感興趣。其測試自己理論的方法是，將一家公司推銷給投資者，引進瞭解公司且具使命感的優秀人才，然後將那些人才留在這家公司，放手讓他們去執行與經營，而他所憑藉的只是運用一套精良的金融分析技術，作為評量成果的標準。

當Smithfield對於公司的運作有新的想法時，他並不會將此想法公開。因此，Smithfield擁有的公司，其文化係依循公司領導人而產生的。這出現一種現象，即不同企業之間，其所存在的假定會有很大的差異。如果有人以一種完整的組織概念去分析Smithfield的企業，將會發現由於這些公司彼此間並沒有共同歷史和分享學習經驗的團體，所以會存有不同的企業文化，每家公司都會有一個來自於

Smithfield當初所指定經理人的共同信念、價值觀與想法。

**分析評論**

　　此示例說明了，沒有一家公司文化是會自己形成的。公司的文化係依循領導人適應外在環境需求而產生的。以Smithfield為例，一個人的價值取決於他能否讓公司成功地獲利。值得注意的是，即使是在一家已成熟的公司，仍可看到公司創辦人與領導團隊當初的假定，乃至於信念與價值觀。

## 案例4：*Steve Jobs*與蘋果電腦公司

　　有關蘋果電腦公司（Apple）的故事，大家透過書籍的閱讀和電影的欣賞都非常清楚了。蘋果電腦公司於1976年由Steve Jobs和Steve Wozniak二人共同創立而成。他們二人成長背景在美國1960年代的「革命」時期。Jobs是一位對任務有非常強烈感的人，而Wozniak提供相當多科技的天賦。他們當初的想法是創造用於兒童教育市場的產品，他們對產品的基本想法是簡單使用與樂趣，並且產品也必須能被挑剔的人所接受。很清楚地，他們是以科技為基礎，正如DEC案例般，並且在產品上展現出積極「做自己想做的事」之個人主義，我在1960年代早期擔任他們工作小組的顧問。

　　從創設公司以來，到1983年這段期間，公司聘請另兩位執行長，一位是Michael Scott，在他公司很有經驗的經理人，另一位則是Mike Markkula，早期的投資人和好友。當蘋果電腦想要在市場上占有一席之地時，Jobs從百事可樂公司（PepsiCo）請來了John Scully，此一做法的確讓公司有所成長。Scully的能力無法施展，Jobs於1985年離開蘋果電腦公司。

　　Jobs離開公司之後，另創一家電腦公司NeXT，也成立了皮克斯（Pixar）動畫工作室。Scully進入蘋果電腦公司之後，剛開始公司是有成長的，但到最後卻遇到極大困難問題，於1993年離開公司。其原因在於公司內部有一些人覺得，在蘋果電腦這樣以科技為主體的環境中，科技創新、簡單化、精緻性以及美感等文化價值，確實是源自於Steve Jobs。

　　1997年，蘋果電腦公司在另外二位執行長（CEO）Michael Spindler與Gilbert Amelio的努力經營之下，公司仍瀕臨破產邊緣，在Amelio拍板買下Jobs的NeXT公司後，Jobs回到蘋果電腦公司擔任執行長（CEO）職務。現任執行長為Tim Cook。

**分析評論**

　　重要的文化問題是：蘋果電腦公司自始至終總是存有同樣的文化，這文化是

植基於創辦人的信念和價值，甚至是也包含多位執行長（CEO）之上？這樣的想法從蘋果電腦最後請Steve Jobs回鍋就能清楚驗證。假若我們自2009年開始至今仔細觀察蘋果電腦的方向，就可看到該公司正回歸於當初創造成品的基本想法，就是簡單使用與樂趣。像輕薄短小的桌電和筆電、iPhone、音樂的iPod與視訊會議相機的iChat，就是這樣的產品。吸引人的設計，讓蘋果電腦在市場上廣受歡迎，但這都要以優秀的技術為基礎，並且Steve Jobs可能就是唯一能做到這樣技術的人。

現今的蘋果電腦經營非常成功，總部一直設置在加州（CA）的Cupertino。現在這間公司既歷史悠久、且是一間大公司，嵌入一個不同且更為複雜多變的國際環境之中，文化仍屹立不搖。

## 案例5：IBM-Tom Watson Sr.與他的兒子

許多人指出IBM在1990年代的重新振作，其實做得更好，它們同樣也邀請了一位以外部市場行銷為其強項的主管Lou Gerstner。為什麼他在經營公司上比蘋果電腦公司執行長Scully還優秀呢？文化是答案之一。透過對公司文化的理解，發現IBM並不是由一位有著科技背景的企業家所創立。Tom Watson Sr.過去曾是國民收銀機公司（National Cash Register Company）的一位銷售／行銷主管，他離開後，創立了IBM，在他的經營下有五十年之久。其後與他的兒子Tom Watson, Jr.共同經營（Watson & Peter, 1990）。

Tom Watson Sr. 與他的兒子Tom Watson, Jr.都有著行銷取向的背景。「對公眾烙印一個清晰的形象」（building a clear image with the public）成為IBM的商標，IBM的員工，包括業務員，大家都穿著藍色外套與白色襯衫。業務員會固定集會以及參加各種不同的集會儀式，諸如在一起唱歌和透過多樣的方式，讓他們清楚明白自己的身分以及職務和工作內容。

顯然Tom Watson Jr.具備讓公司成功的智慧，但其對企業文化更深層的假定，均由行銷方面而來。當一位能使公司起死回生，且以市場行銷為專長的空降主管被接受時，那是否是一件令人感到驚訝的事？

## 案例6：Hewlett與Packard

至於惠普（HP），Dave Packard與Bill Hewlett都來自於史丹佛大學，有著同樣想建立一間科技公司的企圖心（Packard, 1995）。電腦是稍後才被帶入的附屬產品。但當HP發展至電腦、印表機與相關的電腦產品領域後，擁有科技背景的員工

仍想回到當初公司設立時所發展的科技領域。

　　HP的成長與成功反映出，Hewlett的科技專長與Packard的商業長才之結合，對公司有著極佳的影響。他們的共同合作使得「團隊合作」成為HP在「惠普原則」（the HP way）之核心價值。我們知道Packard的管理方式與Ken Olsen極不相同。早期的HP，公司的部門組成著重在團隊合作與一致性上，但也變得太過執著於公司一貫的標準程序。HP較DEC更謹慎與刻板，但這也造成了HP的電腦無法帶給消費者舒適的感受。

　　在HP，「團隊合作」代表對團隊意見的認同，無須太堅持己見。在DEC，「團隊合作」則被定義是為自己意見而努力，直到你真的無法說服他人，並且你也真的改變了想法。正如我在與HP電腦部門的工程師進行諮詢時，所瞭解到的那樣，HP的方式需要「很好」（being nice），並在小組會議中達成共識，但「決策並未在會議當時就予以固定完成」；相反地，必須在會議結束後進行行動，並與每一個有關的人進行討論。「惠普原則」是被信奉的價值觀，但基本假定與其他美國公司一樣，個人績效和競爭力產生了結果，最終獲得了回報。

　　隨後Agilent的解散，在HP歷史中最著名的例子，即Carly Fiorina獲聘為CEO一事。Carly Fiorina透過與Compaq合併的方法改造HP文化，使其成為一家全球電腦相關產品的成功企業。當時的條件之一，就是大部分的Compaq員工都必須留在原公司服務。由於電腦市場已經變得更為商業化，因而生產高效能、低成本的印表機和墨水變得更具戰略優勢，這使得HP不得不放棄「惠普原則」的一些原始價值。

　　人們可以推測，Fiorina雖作為一個局外人，卻開啟改變的過程，但是幾年後，她被HP原公司高階行政管理者取代，這反映出即使一些改變正逐步發展，但HP也希望保留部分惠普文化。在現任執行長（CEO）Meg Whitman的領導下，HP在更大程度上折衷與妥協，這表明我們現在處理的並非是單一的惠普企業文化，而是一系列次文化，也反映了HP現在所提供的不同產品和服務。

## ▎摘要與結論

　　本章所說明的幾個案例，皆在闡述企業如何經由一位強勢創辦人的行動，而領導人開始建立其企業文化。基本上，他們最常將自己的所擁有的信念、價值、假定以及行為準則加諸於部屬上。假如這樣的方式在經營的道路上成功的話，他們就會視為理所當然以及文化就此生成了。

　　創辦人不太可能意識到圍繞在權威性和親密性問題的團體形成之動態過程，而

是由他們所創造的結構和過程的類型，實際上，他們是在處理這些動態問題。下面章節中，我們將檢視與成功、成長和組織因成長後產生衰退等有關的問題。

## 給讀者的建議

1. 想想你所關注的一個或二個組織，並與他們的歷史發展相連結。
2. 假如你要撰寫一位組織創辦人的傳記，請仔細閱讀並瞭解組織文化如何形成。

## 給創辦人與領導人的啟示

上述的故事和我們現在所知道的許多初創企業和新公司，在過去的幾十年來創造了一些重要的經驗教訓，這些啟示給初創的企業家和創辦人作為學習的起始點。

你的新想法必須適應巨觀文化中的現有需求。從冷戰中獲得的一部分，Ken Olsen的動機需要開發互動式計算，以便即時跟蹤蘇聯（Soviet Union）發射的導彈。Steve Jobs查覺到，電腦使用者對複雜介面感到挫敗，並開始簡化它們，這件事曾經被稱為「為yuppies做玩具」。Jef Bezos創造了Amazon的技術文化，已經迅速發展電子化企業（e-bussiness）和電子網路商務（e-commerce），並在消費者的環境中，選擇和快速交付方式已經有很高的價值。

你所說的和做的一切都會被觀察到，並會影響團隊的運作方式。因為一個新的團隊會很著急，成員們會在觀察你的行為時高度警惕。如果你發送衝突的信號，你將破壞該團體在未來的功能。

每一個團體都必須經歷在包容、認同、權威和親密之間的成長階段。為反思、過程分析和非正式活動提供足夠的機會，使這些過程在預期任務完成之前發生。

CHAPTER 9

# 如何融合外部適應與內部
# 整合成為新文化

　　文化的定義係指一個團體成員學習解決外部適應和內部整合議題的內涵。在前一章中，我回顧了創始人如何創建組織及他們需要處理的團體中所存在的社會心理問題。在本章中，我們談談創始人在建立一個組織時必須明確知道的事項。他們的目的可能是、也可能不是「創造文化」，但是在建立組織或組織的工作業務時，他們必須關注諸如為什麼要將「外部」與「內部」區分開來的某些特定文化議題。

　　自1940年代以來，一直在進行各種團體和組織的深入研究，一部分原因是為了更瞭解第二次世界大戰的事件，另一部分原因是理解美國歷史上的一些異常現象，如奴隸制和種族主義。為了在世界戰爭後重建其蹣跚的工業，英國在塔維斯托克學會和臨床同時進行的研究，都得出了相同的基本結論，即所有的團隊組織，無論是小決策單位，還是整個國家，都有相同的兩個基本問題：(1)組織如何自己來處理它們存在的環境（我稱為外部生存的問題）；(2)組織內部如何來處理團體生活中不可避免的人的問題。

　　處理相同二分法的其他術語和概念是「任務和團體維護」、「雙重底線」、「平衡計分卡」、「策略和使命及結構與過程」（Blake & Mouton, 1964; Kaplan & Norton, 1992）。當然，在實際上，文化關注了高度相互關聯的所有任務，從整體上來看，導致了「社會技術系統」的有用概念。瞭解這些議題在開始和成長期間如何被處理的意義變得關鍵，之後，在組織發展至中年期時，變革領導者發現他們試圖改變文化元素，但卻忘記了組織在外部運作的所有方面，而混雜的內部模式──「社會技術系統」已成為其文化的一部分。

　　從某種意義上來說，這些類別反映了「組織設計」基礎課程中的內容。在本章討論這些內容時，我試圖強調每個類別對文化形成特殊影響。我假定該組織已經建立並創建了一種文化，以下將區別出文化中創建問題的類別。

## 組織發展與演化的社會技術議題

### 外部適應

　　歸結外部適應的本質與問題是：

◆ 任務：能共享與理解組織團體的核心使命、主要任務和潛在功能。
◆ 目標：就組織團體的核心任務所產生的目標達成共識。
◆ 方法：發展實現目標、方法之共識，如組織結構、分工、獎勵和權力制度。
◆ 衡量：達成衡量組織如何實現其目標的標準之共識，如資訊和控制系統。

◆ 修正和修補：若目標未能滿足時，先凝聚共識，再進行適當補救或調修策略。

## 內部整合

歸結內部整合的本質與問題是：

◆ 語言：創建一個共同的語言和概念類別。

◆ 身分和邊界：定義團體邊界和可接受的標準。

◆ 權威：在分配權力、權威和地位方面達成共識。

◆ 信任與開放：制定團體成員彼此相關的規範。

◆ 獎勵和懲罰：定義並分配獎勵和懲罰。

◆ 無法解釋部分：發展概念來解釋無法解釋的問題。

為了討論這些問題，我們必須逐一分析它們。但實際上，作為創始人建立一個組織，他／她總是在處理這兩套問題，因為每個問題的解決方案都強烈嵌入或嵌套圍繞在新組織的巨觀文化上。因為共同語言和常見的思想類型最初源於國家，因此，新組織的形式、語言和思想必須成為我們的出發點。

## 語言和思維類別

在進行互動時，人類需要一種共同的語言，並共享如何察覺和思考自己及其環境的類別。我在第六章的巨觀文化層面探討了這一點，只需要在這裡指出，當創始人開展一個組織時，僅有一種共同的巨觀語言是不夠的；創始人必須分享願景的涵義。迪吉多電腦公司（DEC）僱用的年輕工程師不得不學習Ken Olsen所說的「做正確的事情」，因為缺乏語境，他後來所說的一句譏諷的話被完全誤解了。有人引用Olsen的話說，「誰家會想要一臺電腦」，這被認為是對PC和其他桌上型電腦的摒棄。在每個人都主張對家用電器進行大規模的電腦控制及實際上促使家庭生活實現自動化的情況下，他發表了這樣的評論，這是Olsen確實反對的。事實上，他一直在家使用一臺個人電腦。

創始人經常會發展特殊術語和縮略詞以區別出組織內的成員，通常這讓新進成員感到困惑，特別是當組織任務的語言被模稜兩可的語言所掩蓋時。

## 任務和理由

每一個新的團體或組織都必須發展出最終生存問題概念之共識，通常從中產生出最基本的核心使命感、主要任務或是理由（reason to be）。在大多數商業組織中，這個共同定義側重於經濟生存和發展的問題，而這又涉及維持與組織主要利益相關者的良好關係，包括：

◆ 投資者和股東。

◆ 生產所需材料的供應商。

◆ 經理和員工。

◆ 社區和政府。

◆ 願意為產品或服務付費的客戶。

許多有關組織的研究顯示，長期成長和生存的關鍵在於保持顧客們的需求達到某種平衡。在社會中，組織使命是其核心競爭力和基本功能的信念，通常反映了這種平衡（Donaldson & Lorsch, 1983; Kotter & Heskett, 1992; Porras & Collins, 1994; Christensen, 1997; O'Reilly & Tushman, 2016）。從全面關注顧客們的角度來考慮是錯誤的，因為它們共同構成了組織必須成功的環境。

在宗教、教育、社會和政府組織中，核心使命或主要任務明顯不同，但使命最終源於平衡不同利益相關者需求的主張是一致的。因此，例如：大學的使命必須平衡學生的學習需求（包括住宿、飲食，並經常像父母一樣行事），需要教師教導和開展研究以進一步瞭解知識，社會需要擁有知識和技能的知識庫，金融投資者需要擁有一個可行的機構，甚至，最終社會需要有一個機構來促進年輕人進入勞動力市場，並培養他們具有技術能力。

### 顯性和潛在功能

雖然核心或主要任務通常以單一項目（如客戶）的形式陳述，然而更有用的最終思考或核心任務的方法，是將問題改為「我們在更大規劃方案中的功能是什麼？」或者「我們繼續存在的理由是什麼？」以這種方式提出問題，揭示大多數組織具有反映多個利益相關者的多種功能，其中一些功能是公開的理由或被支持的價值觀──被社會學家稱為「顯性功能」（manifest functions），而另一些「潛在功能」（latent functions）則被認為是理所當然的，但沒有被公開表述出來（Merton, 1957）。

例如：學校系統的明確功能是教育，但仔細檢查學校系統中發生的事情，還有幾個潛在功能：(1)讓兒童（年輕人）不上街頭，不參加勞動，直到有空間給他們，以及他們具備一些相關的技能；(2)根據社會需要對下一代進行分類和分組；(3)使與學校系統有關的各種職業能夠生存並保持其專業自主權。

在審查顯性和潛在功能時，組織領導人和成員將認識到，為了生存，組織必須在一定程度上履行所有這些功能。然後，我們可以在一個特定組織的文化分析中發現，一些最重要的共同假定，是關注於如何在不公開承認這些功能存在的情況下，實現潛在功能。例如：Ken Olsen承認他在四個新英格蘭國家中劃分迪吉多電腦公

司的策略，部分原因是他認識到將所有東西置於一個或兩個州，會損害其他州的勞動力市場，有些事他不想做，但也不能公開承認。

## 身分和潛在功能

一些文化研究者主張，從組織的「身分」角度思考是有益的，並提出生存和發展取決於能否將這種身分與「我們是誰和我們的目的」連繫起來，「什麼是顧客需要、想要及能夠負擔得起」（Schultz, 1995; Hatch & Schultz, 2004, 2008）。他們提出，企業生存很大程度上取決於開發「品牌」，其關係著組織的基本能力與市場需求，同時，為員工提供目標和參與感，「在」組織中，不僅是一份僱傭合同，而是員工對促進組織目標感的某種承諾。

當然，被信奉的價值觀將強調顯性功能，這導致了測量的複雜性，這種現象我們將在後面看到。例如：大學往往因為他們的主要教育使命不具備成本效益而受到批評，但批評者往往未能將發揮各種潛在功能的成本考慮在內，而這些潛在功能也是任務的一部分。核心任務和公共身分因此變成了複雜的多功能問題，因為一些功能必須保持潛力以保護組織。對於大學若公然宣布，它具有保母、分類和專業自治的功能，是令人尷尬的。因為這些功能往往會抵制變革，但卻能確定在組織活動中發揮重要作用，以及成為文化DNA一部分。請注意，當我們評估一個組織的文化時，這是被視為理所當然的潛在功能，也將是最難「衡量」的。

整體企業文化的特點將圍繞這些問題而展開，次文化的特點將出現於潛在功能所涉及利益的子單元中。直到一個組織被迫考慮關閉或遷廠時，這些潛在功能的重要性才會浮現出來。如果這些團體的利益受到威脅，次文化衝突就會爆發。當然，最常見的例子是勞工組織的次文化，當公司發現需要縮小規模或遷廠時。例如：為什麼通用汽車放棄其成功的土星汽車計畫，一個可能的解釋是需要維持與其工會的關係。當我們檢查決策的潛在功能時，組織的一個非理性甚至愚蠢的決定往往會變得可以理解。

## 策略是文化的一部分

任務直接關係到組織所稱的「策略」。為了執行其明顯、潛在的功能，組織發展了其「成為理由」（reason to be）的共同假定，並研擬了長期計畫來實現這些功能。這涉及關於產品和服務的決定，並將反映組織的「身分」。關於「我們是誰」的共同假定，成為組織文化的重要組成部分，並將限制組織可用的策略選擇。當他們的建議沒有被採取行動時，策略顧問常常感到沮喪。他們忘記了，除非這些建議與組織自身的假定一致，否則這些建議對於內部人員來說是沒有意義的，因此也不會被實施。

例如：在汽巴嘉基公司（Ciba-Geigy）發展的一個階段，我聽到高層管理人員就汽巴嘉基公司是否應該設計和生產「任何」產品問題而進行了長時間的辯論，前提是這種產品可以營利為目的出售，或設計並生產應限於一些高級管理人員所認為的「有聲」或「有價值」的產品，基於他們對公司最初建立的概念以及他們獨特的才能。爭辯的重點在於是否保留去除寵物或其他氣味的Airwick空氣淨化劑。

Airwick已被美國子公司收購，以幫助汽巴嘉基公司在消費者導向型的營銷方面變得更有能力。在最高管理層的年度會議之一，美國子公司的總裁非常自豪地為他們的新產品「Carpet Fresh」展示了一些電視廣告。我坐在內部董事會的高級成員旁邊，一位瑞士研究員開發了該公司的幾個關鍵化工產品。顯然地，他被電視廣告激怒了，之後靠在我身上，低聲呢喃說：「Schein，你知道那些東西可以說都不是產品。」

在隨後有關是否出售Airwick的辯論中（儘管它在經濟上合理且有利可圖），當汽巴嘉基公司揭示出其無法忍受生產像空氣淨化劑那樣微不足道的東西，以作為公司形象時，我終於明白了這一評論。因此，出售Airwick的一項重大策略決策是基於公司的文化，而非營銷或財務理由。汽巴嘉基公司出售了Airwick，從而肯定了這一假定，即他們只應在那些有明確科學基礎及處理諸如疾病、飢餓等重大全球問題的企業中工作。這些明確地闡明了未來管理的收購策略和原則。

總之，任何文化最核心的元素之一，就是組織成員分享他們的特性和最終任務或功能的假定。這些並不必然會意識到表面意義，但如果能夠探究組織所做出的策略決策，那麼這些意見可能會顯現出來。這顯示在組織分析中，將「文化」和「策略」各自獨立是一個基本的錯誤概念。因為，策略是文化的一個組成部分。

## 從任務衍生的目標問題

核心任務和特性的共識，並不能自然而然地保證組織的主要關鍵成員有共同的目標，或者在各種次文化影響下而完成任務。實際上，任何組織中的基本次文化，都可能不知不覺地在越過目標下為某些人員工作。這項任務雖然經常被理解，但沒有明確闡述。為達成目標共識，團體需要一種共同的語言，並對基本的邏輯行動有著共同的假定，透過該假定，組織成員可以從抽象或一般的使命感轉變為設計、製造和銷售實際產品的具體目標，或在特定和固定的成本與時間限制內服務。清晰明確的目標成為文化中被信奉的部分關鍵元素。

例如：在迪吉多電腦公司中，對於能夠「贏得市場」的複雜技術與創新產品之使命有明確的共識，但是這種共識並沒有解決高級管理層如何在不同的產品開發

團體之間分配資源的問題，也沒有具體說明最好如何推銷這種產品。任務和策略可以是長期性的，而明年、下個月和明天要做什麼的目標必須明確。目標將任務具體化，也是促進決策的手段。在這個過程中，目標的制定往往會揭示尚未解決的問題，或缺乏了圍繞著深層問題的次文化共識。

在迪吉多電腦公司中，關於支持哪些產品以及如何支持這些產品的辯論表明了，對如何思考「市場營銷」缺乏了語義共識。例如：一個組織認為營銷意味著在國家雜誌上有更好的形象廣告，以便更多人能認出公司的名字，而另一個組織則深信營銷意味著更好的技術刊物廣告；一個組織認為這意味著開發下一代產品，而另一個組織則強調商品化和銷售支持是營銷的關鍵元素。

由於運營目標必須更加精確，組織通常在決定年度或長期目標的背景下，解決他們的任務和特性問題。要真正理解文化假定，必須小心謹慎，不要將這些關於短期目標的假定與關於任務的假定混為一談。汽巴嘉基公司關注的僅僅是那些製造「科學的、實用產品」的企業，在關於企業目標的討論中並未顯見，直到它遇到了是否需要購買另一家公司等策略的問題。

事實上，看待「策略」所指涉的意思，是意識到策略涉及基本任務演變的一種方式，而營運目標則明確地反映了該組織短期戰術的生存問題。因此，當一家公司進入基本的策略討論階段時，通常會試圖以更根本的方式評估其使命感與營運目標之間的關係。例如：新加坡在經濟上取得成功的長期策略轉變為各種短期目標，如保持城市清潔、為每個人建設房屋、創建獎學金計畫等。

總之，目標可以被定義在幾個抽象層次和不同的時間範圍內。我們的目標是在下個季末盈利，下個月銷售十個或明天打電話給十二個未開發的客戶？只有就這些問題達成一致意見，才能持續產生工作的解決方案，我們才能開始將組織的目標視為潛在的文化元素。然而，一旦達成這樣的共識，目標的假定會成為該組織文化的一個非常強大的元素。

## 意義上的議題：結構、系統和過程

組織文化中一些最重要和隱性的元素是共同的基本假定，即關於如何完成事情、如何達成任務，以及如何實現目標的演變。創始領導者通常根據自己的信仰和價值觀強化結構、系統和流程。如果組織是成功的，它們就會變成共享文化的一部分。一旦這些流程被視為理所當然，它們可能就會成為最難改變的文化元素。

組織採用的過程反映了它所存在的國家和職業的巨觀文化。一個引人注目的例子發生在麻省理工學院史隆研究員的計畫中，年輕、有潛力的經理們來到全日制

碩士學位課程，他們獲得了建立一個組織的練習機會。大約十五人的團體可組成「一家生產生日和週年紀念鈴聲賀卡的公司」。這些產品由管理者「採購」，且這些公司根據產量來衡量。毫無疑問，每個小組都立即選擇了一些管理人、一名銷售經理、一名市場經理、校對員、主管，最後還有一些作家。只有經過多方反思和分析，任何一個組織都會發現，最好的勝利方式是擁有十五位成員。他們都自動落入了典型的分級指揮和控制結構，這種結構主要反映他們來自管理職業的巨觀文化。

回顧我們所知，在實現目標的方法上能快速地達成共識。這種共識很重要，因為要使用的方法必須與日常行為和協調後的行動相關。人們可能會有不明確的目標，但如果有什麼事情發生，必須就如何建構組織以及如何設計、融資、建設和銷售產品或服務達成一致想法。從這些協議的特定模式中，不僅會出現組織的「風格」，還會出現任務的基本設計、分工、報告和問責結構、獎勵和激勵系統、控制系統和資訊系統。

如果在這些技能是什麼和如何使用這些技能方面可達成共識，那麼一個組織在努力應對其環境時所獲得的技能、技術和知識，也將成為其文化的一部分。例如：庫克（Cook, 1992）在研究製造世界上最好的長笛的幾家公司時表示，工匠們能夠製作出長笛，藝術家立即識別出這些長笛是由某家公司製作的，但管理層和工匠們都不能準確地描述他們做了什麼足以讓他們如此識別。它嵌入在製造過程中，並反映了一套可以透過學徒制傳承的技能，但尚未正式描述。

在不斷發展方法的組織將實現其目標時，該組織必須處理的許多內部問題已部分解決。組織分工的外部問題將決定出誰是權威。該組織的工作制度將界定其界限和成員資格的規則。組織創始人與領導者的特殊信念和才能，將決定組織發展和哪些職位獲得地位，哪些職位成為主導。例如：基於發明而創立公司的工程師，將創造出與風險投資家所創建組織的不同內部結構，將技術和營銷人才置於財務掛帥或營銷導向型。

在汽巴嘉基公司，創始人認為解決問題的辦法是由縝密思維、科學研究和仔細檢查市場上的研究結果。從一開始，這家公司就明確規範了研究角色，並將其與管理角色區分開來。

在迪吉多電腦公司中，規範制定了唯一真正的專門領域，也為某些任務和成就負責。預算、物理空間、部屬和其他資源被視為是組織的共同財產，然而這只是一個人的影響力。組織中的其他人可能試圖影響負責的經理或其部屬，但沒有正式的界限或「壁壘」。

在新加坡，領導人創建了一個正式的實施機制，以建立經濟發展局（Economic Development Board, EDB），為其提供所需的個人和財政資源，並以任何需要的方式支持其活動，同時利用強大的專制方式創造了支持策略的內部環境。

總之，由於文化假定圍繞實現目標的方法而形成，它們將創造日常和行為規律，這些規律將成為文化。一旦這些規則和模式到位，它們就會成為成員的穩定來源，因此也會堅決遵守。

## 有關評估的議題

所有團體和組織都需要知道他們在實現目標方面的表現，並且需要定期檢查，以確定他們是否按照他們的任務執行。這個過程涉及團體需要達成共識的三個領域，導向無文化意識並成為默認假定，其共識為必須達成一致意見，評估什麼、如何評估，以及在需要調整時應採取的措施。圍繞這些問題形成的文化因素，往往成為組織新成員關注的主要焦點，因為這些評估標準不可避免地與每個員工的工作方式掛鉤。由於現實情況，這些問題對領導者同樣重要，正如我們將在下一章中看到的那樣，領導者關注和評估的內容，成為他們嵌入文化元素的主要機制之一。

## 評估什麼和如何評估

一旦組織表現出色，必須在如何判斷自己的表現上達成共識，以便在事情沒有達到預期時，能知道採取什麼樣的補救行動。設定目標並就需要什麼樣的回饋來檢查目標進度，成為設計任何任務的最基本面向之一。回饋不是對「事情進展如何」的任何舊評論或觀察；回饋是關於結果，是針對目標或偏離目標的具體資訊。因此，評估標準必須根據指標和目標以達成共識。然而，這種共識不需要一個正式的量化測量。例如：我們注意到，迪吉多電腦公司在早期，工程項目的評估取決於該公司的某些關鍵工程師是否「喜歡」該產品。該公司假定內部接受度是外部接受度的可接受替代指標。同時，如果幾個競爭的工程組織都喜歡他們正在設計的標準，那麼標準就轉向了「讓市場決定」。只要有足夠的資源來支持所有項目，就可以依據這些標準工作，因為迪吉多電腦公司正在快速成長。

在製作精良的長笛公司，製作過程中的每個節點都進行了評估，以利樂器到最後生產線時，能通過檢查並被藝術家接受。如果某個位置的工匠不喜歡他所感受到、看到、聽到的東西，他就將長笛轉交給前一位工匠；規範會使工匠無怨無悔地重新調整，每個人都信任下一個位置的人（Cook, personal communication, 1992）。

　　Cook在法國白蘭地公司也發現了一個類似的過程。每個步驟不僅由專家進行評估，而且「品酒師」的最終任務——最終確定批次準備情況的人員——只能由上一位品酒師的兒子舉行。在這家公司裡，倘若最後的品酒師沒有兒子，與其將任務交給大女兒，不如交由姪子來完成，但基於共同的假定，女性口味偏好與男性口味偏好有一些根本上的不同！

　　20世紀80年代，我參與了美國殼牌石油公司的勘探和生產部門管理。我的諮詢任務是幫助他們進行文化分析，對該部門的業績制定更好的「評估標準」。當我們開始審視這些文物並信奉此一組織的信念和價值觀時，很明顯的是，勘探組和生產小組對他們想如何評估的基本假定完全不同。

　　勘探組希望透過測量，發現石油的證據，他們認為這應該長時間在統計基礎上予以確定，因為大多數油井被證明是「乾的」。相較之下，生產組負責安全地從活躍的油井中取出油，希望在安全和高效的「生產」方面進行短期測量。對於勘探組來說，風險是經過很長一段時間後，卻沒有任何收穫；對於生產組來說，風險是任何時候都可能發生事故或火災。最後，由於兩個組別都希望為公司的財務業績做出貢獻，因此必須考慮勘探成本和安全生產成本，但這兩個組別都不希望透過不適合其工作的標準來評估。

　　複雜的測量問題出現在如何平衡表現與潛在功能之間，這在當前醫療保健行業的問題中有很好的例子。醫院和診所的明確功能是病人的健康和安全，但重要的潛在功能是組織醫療系統以滿足醫生的需求。隨著醫療保健成本的攀升，發現整個系統出現了許多可預防的醫療錯誤，出現了新的安全措施和患者滿意度。透過假定，醫療人員會測量和監控自己，糾正醫生對患者的醫療錯誤和對護士不客氣的行為已被潛在地處理。現在出現了病人調查和投訴的新測量系統，這些系統使醫院委員會能夠確定有問題的醫生，並要求這些醫生接受「指導」。

### 必須量化測量嗎？

　　我已經舉了數個生產組測量工作品質的例子。然而，文化管理和財務公布必須測量數量，因為它將是更準確、更易於管理。職業管理的巨觀文化一直偏好於量化測量，因為毫無疑問地，它始終反映了財務狀況和錢，可以定量被測量。因此許多組織試圖將他們測量的所有東西都轉化為數字，最好的例子是個人職業潛力和績效，在許多績效考評和職業發展系統中轉化為個人數字。

　　例如：埃克森公司（Exxon）透過要求每個經理按照同一標準對其下屬進行排序，來評估經理的「最終潛力」。結合這些排名在所有全球公司管理人員的綜合統

計系統中，形成了一組數字，可以爲每個類別的工作定位出具有最高潛力的人員。當有工作崗位需要塡補時，需要排名最前的人員來貢獻己力。排名數據被編入一個高度機密的文件中，後來被稱爲「綠龍」，因爲每個人都知道它是提升職業生涯最關鍵的資訊。

正如我在Essochem Europe的一個項目中發現的那樣，將終極潛力當作職業發展主要來源的文化規範時，實際上扭曲了績效評估體系。一位內部顧問和我被問到爲什麼「績效隨著年齡下降」。統計數字清楚地表明，對於任何給定的工作，老員工的績效評分都較低。在廣泛探訪之後，我們發現一位主管將下屬評爲「高績效」、「低極限潛力」，將被上級告知：這是「不可能的」。如果一個人未具備「極高潛力」，他將不可能有極好的表現。但是，由於最終潛力在測量系統中是一項可怕的威脅，並且必須準確，所以主管們降低了效能等級！實際上，全球人才識別系統的需求已超過了準確的績效管理評估需求。當然，老員工的實際表現不受他們最終得到的評分控制，但肯定會影響他們的士氣和對管理可信度的信心。

就我們的目的而言，重要的資訊是要認識，在社會技術系統中，圍繞系統社會需求的文化規範，有時比技術系統的規範更強。然而，如使用鐘形曲線進行績效測量，技術系統可以引入在社會系統中沒有意義的測量準則。大多數管理人員的目標是將所有下屬的表現降至最低標準，但評估系統將「強制」他們進入高、中、低表現者的百分比類別，甚至要求指定一定比例的成員必須被辭退。這種制度相當於對所有下屬進行「等級排序」的做法，讓人們忽視了一個事實，即不同下屬以不同方式做出貢獻，並且從根本上使人們失去人性，認爲自己僅僅是一個數字（第一級關係），而不是作爲一個人（第二級關係）。

正如後文第十四章所示，鑑於將個人觀點轉化爲不同文化元素的數值測量之調查增長，對定量測量的期待也超過了文化領域。這一點的優缺點將在該章中討論。在醫療保健領域，圍繞著患者滿意度的測量發生了類似的現象，強烈偏向於基於問卷，而不是基於訪談患者的量化資訊。

總之，隨著圍繞這些問題形成共識，組織決定用來評估自身活動和成就的方法，其選擇的標準以及它開發的評估資訊系統，成爲其文化的核心元素。如果共識未能發展，強大的次文化圍繞不同的假定形成，組織將發現自己處於潛在破壞其應對外部環境能力的衝突之中。由於組織是社會技術系統，處理工作設計和績效的次文化，可能會與處理人員管理的次文化相衝突，後者通常稱爲「人力資源」，以前稱爲「人員」；在Google中，現在被稱爲「人員管理」。

## 更正和調修策略

對於外部適應至關重要的最後一個共同領域，涉及了如果需要改變課程，以及如何做出改變該怎麼做。如果表現上的資訊已呈現該組織無法達成目標銷售，則市占率下降、利潤下降、產品延遲推出、主要客源抱怨產品品質、患者滿意度分數下降、事故率上升等等——要透過什麼過程以診斷和解決問題？

如何收集外部資訊，如何將資訊提供給組織，以採取行動的正確部分，以及如何改變內部生產流程，以便將新資訊納入考慮，需要達成共識。如果在這個資訊收集和利用週期的任何部分缺乏了共識（Schein, 1980），組織可能會變得無效。例如：在General Foods，產品經理利用市場調查來確定他們所管理的產品是否符合銷售和品質目標。在此同時，超市的銷售經理也正獲得關於店鋪管理人員如何對不同產品做出反應的資訊，讓它們在貨架上獲得更好或更差的位置。貨架位置與銷售量密切相關，這是完全可以確定的。

銷售經理一直試圖將這些資訊提供給產品經理，因為他們一直拒絕「更科學地進行」的市場調查，如此會無意中呈顯出他們自己的表現。同樣地，在早期的迪吉多電腦公司，知道競爭對手的所作所為，最清楚的人是採購經理，因為他必須從競爭對手公司那裡購買零件。然而採購經理的資訊卻往往被忽視，因為比起他的資訊，工程師更信任自己的判斷。

如果資訊正確又充足，並且被理解和採取行動，那麼仍然需要就採取何種行動來達成共識。例如：如果一個產品在市場上無法取得漂亮的銷售績效，那麼組織是否會解僱產品經理，重新審視市場策略，重新評估研發過程的品質，召集一個來自許多部門的診斷團體，看看可以從失敗中學到什麼，或者默默接受失敗，悄悄地把上等的員工們轉換到不同的部門工作？

正如他們對測量偏差所做的那樣，巨觀文化因素在這裡起了作用。在美國的個人主義文化中，我經常遇到，它被稱為「問責文化」。當出現任何問題時，找出誰負責並解僱他或她。儘管事故分析一再表明它們是由多個系統事件所引起的，這些事件可能涉及系統中各方的正確決定，卻強烈希望找到造成嚴重錯誤的一個人。例如：1994年在伊拉克「禁飛區」發生的兩起直升機慘遭槍殺，造成二十六名外交官死亡的事件，因系統的整體共同射頻涵蓋了該區，演變成戰鬥機和直升機的兩個監視系統，而戰鬥機需要不同的頻率；無法彼此通信而造就死亡的命運（Snook, 2000）。飛越高空監視該地區的AWACS的機組人員也有共同的看法，他們認為不可能在雷達上看到直升機，因為直升機總是衝入峽谷，導致他們在那天少了**警覺**

心，這也說明了戰鬥機沒有看到任何東西。戰鬥機對目標的視覺識別失敗了，因為連接在直升機上的額外燃料箱，容納大量登機人員，導致直升機的輪廓與敵人相似。戰鬥機飛行員使用了所有的檢查程序，並找到充足的理由將其擊落！後來才被發現是系統故障了，然而最初飛行員卻被指責其立即擊落直升機的行動是錯誤的。

如醫學和建築這類職業的巨觀文化，被認為在發現問題時，會發展出自己的校正機制，但是當職業的產物是一套系統、一種運轉、一棟建築物或一座橋梁時，社會將選擇增加獨立的測量和校正系統。在社會層面，它包括整個治安、法院、緩刑和監獄系統。政府機構和軍隊都有自己的監察系統。然而，文化力量進入這些系統的運作中，並影響了他們更廣泛的社會價值觀，即警察、法院、監獄系統都在不同的社會中發生了作用。

這種變化也出現在組織層面。在迪吉多電腦公司，診斷問題和補救措施很可能是由於組織內各級成員廣泛開放討論和辯論後產生的，因為技術人員對金融、市場營銷或採購人員的重視程度越來越高。經過討論和辯論之後，他們經常採取自我校正行動，因為組織成員現在瞭解了他們可以做些什麼的問題。因此，到高級管理層批准行動方案並宣布它時，問題大部分已經得到處理。然而，如果討論與Ken Olsen的一些假定或直覺的提案不同時，他將進入辯論並試圖影響他人思考。如果這種方法行不通，他有時會授權不同的團體用不同的方式「安全地行動」，以刺激內部競爭，並「讓市場決定」。儘管這個過程有時是毫無章法，但它很好理解，大家一致的看法是迪吉多電腦公司在所處的動態市場中完成工作的方式。

如果可能的話，汽巴嘉基公司會當場採取補救行動，以盡量減少向上傳播壞消息。但是，如果公司範圍內出現問題，高層管理人員經常會在特別工作組和其他特定流程的幫助下進行正式的診斷。一旦做出診斷並決定採取補救行動，就透過系統會議、備忘錄和電話等正式發布。

在新加坡，校正措施取決於破壞策略和目標達何種等級的問題，特別是在清理城市環境方面。即使是輕微的違法行為也會導致嚴厲的懲罰。然而，經過仔細分析，經濟發展局未能引入投資，以發現如何更有效地處理事情。例如：經濟發展局並無任何機制來刺激國內企業家精神，而立即導出了各種方案來糾正這種缺失。

「校正」流程不僅限於問題中的領域。如果一家公司正接收了成功的信號，它可能會決定成長更快，採取一個謹慎地控制成長的策略，或者在風險很小的情形下快速獲利。在這些問題上的共識，共識效果變得日益重要，它的其中一項因素是公司「風格」。沒有時而發生生存問題的組織，可能沒有回應這種問題的「風格」。然而，那些有過生存危機的組織，往往會在對這些危機的回應中，發現一些更深層

次的假定。從這個意義上說，組織文化的一個重要組成部分，可能是眞正潛在的。沒有人眞正知道它會對嚴重危機做出什麼樣的回應，但這種回應的性質將揭示文化的深層元素。危機情況還揭示了工作者的次文化，是否圍繞著產出的限制發展，隱藏了改進管理的想法，或這些次文化是否支持了生產率目標。

　　一旦採取補救或校正措施，必須收集新的資訊以確定結果是否有所改善。瞭解環境中的變化，將資訊傳遞到正確的位置，理解並消化它，再給予適當的回應，這是一個永久的學習循環，最終將表徵特定組織如何保持其有效性。

### 分析評論：修復、改變和改進

　　在測量的基礎上，大多數例子都強調某些事情不正確的問題。隨著社會技術系統工作的複雜性和較佳模型日趨複雜，人們經常發現，修復必須更廣泛地被認為是改變和改進。有些不正確的資訊（我稱之為「失驗」）會揭示問題，但不一定是解決方案。變更管理流程並設法改進工作如何完成，需要「變革管理」模式，出乎意料的是其中幾乎沒有共識。即使是改進模型（如精益管理、六標準差、重新設計等），也不同於變革管理過程本身的機制。尤其是這些分歧在當前的「文化變革」氛圍中表現出來，因為熱切改變事物，而遠遠超出了組織實際進行變革的能力。

## 定義組織邊界和包容性標準的議題

　　當創始人建立組織時，誰在組織編制內外的問題，對新成員來說變得非常重要。當員工被僱用時，他們通常會有專屬的員工編號，而這些數字將在之後成為員工的身分標誌。在建立身分的過程中，創始人可以決定並提供一個能立即識別成員的獨特制服。在招聘中可能有不同的標準，例如：在大學裡，您是否被聘為「兼任人員」、「終身職位」、「約聘教師」或「臨時契約進用的工作」是至關重要的。一旦開始了契約定義後，後續就是不同的待遇條款進而隨之生效。內部人士被授予特殊利益，更受信任，獲得更高的基本獎勵，最重要的是，從屬於已定義的組織中獲得認同感。契約進用等外部人員僅享有較少的各種福利和獎勵，更重要的是失去了身分認同。他們成為群眾的一部分，被稱為「外來者」，他們更可能被定型和以冷漠或存有敵意的方式對待著。

　　誰在組織編制內外不僅適用於最初的僱傭決定，而且在個人職業生涯中具有重要的象徵意義。組織具有專業運轉的三個維度：(1)從一個任務或功能到另一個任務或功能的橫向移動；(2)從一個等級到另一個等級的垂直移動；以及(3)從外部到內部的包容性移動（Schein, 1978; Schein & Van Maanen, 2013）。共識形成了促進和包容性移動的規範。隨著人們更深入瞭解組織，他們開始瞭解該組織更隱密的假

定。他們學習某些詞的特殊涵義以及定義成員身分的特殊儀式，例如：祕密的互助會合作，他們發現在組織中最重要的地位之一是被賦予組織機密。這些機密涉及歷史紀錄，說明過去一些事情是如何發生的、為什麼會發生、誰是主要聯盟或內部組織的一部分，以及組織的一些潛在功能。

　　隨著組織老化及變得複雜，明確定義內、外部邊界的問題也變得更加複雜。更多的人——如：銷售人員、採購代理商、分銷商、特許經營商、董事會成員和顧問——將占據橫跨邊界的角色。在某些行業裡，經濟環境使企業有必要裁減「永久」勞動力的規模，導致僱用臨時工或契約進用人員的人數增加，必要時可以更容易地裁員。巨觀文化和組織對於組織和員工「互有義務」的基本假定有所不同。

　　2016年，我們在美國看到職業自由的巨觀文化變革及像Google組織中的新型「家長作風」，讓工作變得如此具有吸引力，這讓員工們希望留在組織中。當我們從政策角度來看時，文化假定也將免除某些問題：什麼是「臨時雇員」？我們可以讓組織成員保持這種狀態多久？他們能獲得什麼好處？一個組織如何快速培養它們的文化元素？該組織如何應對長期臨時雇員對組織所引起的威脅（Kunda, 1992; Barley & Kunda, 2001）。

　　總之，確定誰在組織內外部或其任何子單位的標準，是開始分析文化的最佳途徑之一。而且，一個組織對其進行判斷和行動的過程，即是一個文化形成和維護的過程，這迫使了外部生存和內部整合的問題進行了一些統整。

## 分配權力、權威和地位的議題

　　在創建組織的結構和流程時，明確實現目標的人員和內容更重要。創始人對於如何將金錢、時間、空間和材料等關鍵資源，分配給不同的下屬以產生最大的影響，從而創建了基本的權力結構。透過創建分工、組織的本質，創始人也創造了協調的需要，最終轉變為某種形式的層次結構，從而形成權威結構。基礎技術（迪吉多電腦公司的電子工程和汽巴嘉基公司的化學）也在某種知識成為個人力量的基礎上，發揮著巨大的作用。儘管在汽巴嘉基公司中，地位也可以來自家庭關係或其他巨觀文化標準，在以知識為基礎的組織中，成為地位結構的基礎。重要的是要認識到，在組織內部誰有權力、誰有權威、誰擁有地位，可能會有明確的共識，但這可能是解決非內部人員最困難的因素。

　　任何新組織中有一個相關問題需要被處理：如何影響、權力和權威，以及「尊重和舉止」的規則是什麼（Goffman, 1967）。在人力系統中的分層過程，通常不像動物社會中支配地位的儀式那樣顯而易見，但它在功能上是等同的，因為它涉

及了可行的發展管理策略和掌握需求的規則演變。人類社會像雞一樣發展了啄食秩序，但過程和結果當然更加複雜和多樣。在一個新的組織中，誰將主導或影響誰，和以何種方式，可能是混亂和不可預測的過程。但是，大多數組織始於創始人和領導者，他們對於應該如何運行有著先入為主的觀念，因此制定了最初確定如何獲得權力以及如何管理積極行為的規則。

社會學家已非常有說服力地表明，禮貌和道德、文雅和機智不僅是「美好」的社交生活，且是防止我們在社會上互相摧毀的基本規則（Goffman, 1959, 1967）。作為人類，我們對於發展自我形象，認同我們是誰和某種程度的自尊有所需求——即讓我們有足夠的價值繼續發揮作用。「面子」這個詞包含了這個公開宣稱的價值，而社會秩序的規則是我們應該保護彼此的面子。如果我們冒犯或侮辱某人而不堅持自己的主張——嘲笑某種嚴肅、侮辱或尷尬的事情——這對雙方都是一種損失。不僅一方不能堅持自己的主張，另一方也表現得粗暴、破壞性和不負責任。

因此，所有社會最根本的規則，是我們必須堅持對方的主張，因為我們的自尊是基於它的。當我們講一個笑話的時候，無論笑話多麼無趣，其他人都會笑；當有人在公共場合放屁時，不管聲音多麼大聲或不好聞，我們都會假裝不曾注意到。任何形式的人類社會都要依靠文化協議來設法維護彼此的身分和幻想，即使這意味著撒謊。即使我們不相信，但我們也恭維人們，讓他們感覺良好；我們教導孩子們不要說出「看！那個胖女人」，即使肥胖的人是那麼清晰可見。

為什麼組織中的績效考核在情感上受到如此強烈地抵制呢？原因之一是，管理人員完全清楚，他們違背了較大的文化規則和規範，因此他們坐下來向他／她提供「反饋」。直言不諱地說，當我們以激進的方式告訴人們「為他們著想」，這在功能上等同於社交謀殺。有人在做這件事時被認為是不安全的，如果這種行為持續存在，我們通常會宣稱這樣的人患有精神疾病，並將其鑄鎖起來。在Goffman對精神病院的分析中，以許多案例詳細地說明了「治療」，有關禮貌的社會規則是如何教導給病人，以便他們能夠自在地在社會中發揮作用，而不會讓別人過於焦慮（Goffman, 1961）。在更傳統的社會中，小丑或傻瓜扮演著講述事情真相的角色，只是因為這角色可以被公開忽略。

## 心理安全

根據定義，在任何層次結構中，下屬都比上級更脆弱。權威體系在高層和低層之間的心理距離大多不同，Hofstede認為這個層面是「權力距離」。創始人創建組織和個人行為的方式，將對這個層面發揮最大的影響，最終也變成文化標籤。任務越複雜，層級之間的相互依賴程度越大，並且越需要讓下屬感到心理安全，讓下屬

可以說出來，並對上級說出真相（Edmondson, 2012; Schein, 2009a, 2013, 2016）。巨觀文化於鼓勵下屬告訴上級，什麼是錯誤的時候，與他或她什麼時候會犯錯誤，有著頗大差異。具高危險性的「告密者」是被鼓勵的，這是為了確認什麼可能是錯誤的做法，但告密者的職涯卻常常遭到破壞。負擔最終會落在更高層次的人身上，因此組織創造出一個讓下屬感到被鼓勵說出，並且會因此得到回報的環境，但是這樣做的方式仍然取決於巨觀文化中普遍存在的規範。

　　總之，每個團體、組織、職業和巨觀文化都圍繞影響力、權威和權力的分配的規範。如果這些規範在提供完成外部任務，並使團體成員免於焦慮的系統意義上「起作用」，那麼這些準則將逐漸成為文化DNA中的默認假定和關鍵元素。隨著世界文化變得更相互依賴，更多的組織、計畫、工作小組和各種合資企業將囊括不同國家、種族和職業的成員。在這些團體努力形成工作共識的過程中，關於權威的深層假定將是最大的問題。領導者的特別任務就是創造文化島，如第七章所述，組織成員們可以探索這些差異，以相互理解和管理權威關係的新規則。

## 圍繞信任與開放制定相互關係規範中的議題

　　每個新組織必須同時決定如何處理權威問題以及如何建立可行的同伴關係。權威問題最終源於處理侵略感的必要性，同伴關係和親密問題最終源於處理情感、愛情和性行為的必要性。因此，所有社會都會發展明確的性別角色、親屬關係，以及友誼和性行為規則，以穩定當前的關係，同時確保生育機制，從而確保社會的生存。在大多數組織中，親密關係的相關法則總是與權力有關，原因是親密關係及權力可以幫新來者很快知道可以跟誰開玩笑，和誰必須嚴肅以對，他們可以跟誰發展信任關係，並分享私密心事，還有如何和其他員工合宜互動以發展人際關係，特別是與階級及資歷不同的同事互動時。

　　在工作組織中，關於「親密關係」的規則涵蓋了廣泛的問題。例如：怎麼稱呼對方、分享個人生活、展現怎樣的情緒、尋求幫助、圍繞哪些議題、溝通深入的程度，以及與同事的性別互動關係等。因大多數的巨觀文化，與我在第六章中所描述的社會關係水平有著明確區別。我稱之為第一級人際關係、第二級個人關係，如友誼，以及第三級愛人和親密朋友之間的關係將會出現，但邊界可能會有所不同。

　　總而言之，在第一級關係中，我們把對方視為「陌生人」，或者將其視為特定的角色，例如：客戶與銷售人員或患者與醫生，並瞭解管理這些關係的規則。他們沒有情緒上的親密關係，但醫生可以提出有關正在討論非常私人的健康問題。在二級關係中，我們把對方當作完整的人類，然後與他們發展出更親密的友誼關係，但

是我們仍不一定涉及有性關係的戀人及如配偶般的深度情感交流。

如果我們將這些級別納入工作關係中，那麼成員是否應該保持在第一級關係，將會出現問題，在這種情況下，我們與上級、下級和組織成員保持適當的「專業距離」或者複雜的工作關係，應該在二級培養正確的信任和開放程度（Schein, 2013, 2016）。任務相互依賴性越大，發展二級人際關係意味著信任和開放越重要。所有「團體管理」的非正式活動，都是爲了個人化關係而努力，以利信任和開放性。

有關關係的規則與新組織中的任務績效規則，兩者有力地相互作用，尤其是在巨觀文化可能變化的多元文化領域。具體問題是，文化成員是否認爲他們必須與同事建立一定的二級親密關係才能有效地處理任務，或者他們是否認爲透過一級互動關係就可以立即完成任務。其中一種文化（通常是美國文化）的成員希望得到正確的工作，而其他文化的成員首先想透過各種非正式活動相互瞭解（通常是亞洲或拉丁文化），這些會議的故事比比皆是。在此方面，領導者再一次意識到這些差異，並創造了可以面對和接受問題的會議和活動。

總之，在制定關於如何相處的規則，對於任何組織和其運作至關重要。像美國這樣的文化背景下，各組織之間會有不同的親密程度，在工作中和工作之外都是適當的。然而，正如關於權威關係的規則一樣，如果未來的組織在國家、種族和職業方面將更加多元化，那麼相互誤解和冒犯的可能性將大大增加。在安全的「文化島」中探索這些規則，將成爲發展中的組織其重要組成部分。

### 分配獎勵與懲罰問題

從某種意義而言，這是評估和校正技術問題的人性面。每個小組都制定一套遵守或違反規則的懲罰制度，其中大部分與任務績效有關，但也包括如何配合的重要規則。這違反彼此相處的規則，而這些規則往往成爲文化中最關鍵的因素。這些規則通常也最難學，因爲它們在被違反之前通常是隱晦的。一位朋友可能會告訴新進員工：「你絕不能像你剛剛那樣跟老闆說話。那是非常不敬的。」

這些規則的微妙之處，來自於這樣一個事實，即創始人可能不知道他們發送的訊息好還是不好，以及什麼才是正確的「尊重」表現。資深與年輕員工在進行社交時，也嵌入了規則，因此如果一個新的變革領導者想要改變社會環境，也會使他們更難以改變。獎勵和懲罰制度的刻意變化是最難實現的；但它們也是開始改變公開行爲和一些文化元素的最快和最簡單的方法之一。信念和價值觀是否也會改變，則取決於新行爲在適應新外部任務的效果。

懲罰與獎勵一樣，在不同的組織中別具意義。在一些具有明確支持不解僱員工的高科技公司中，人們可能會喪失了他們正在從事的特定任務，並在尋找組織內的另一份工作時，成為「乘船出逃的難民」或「無所事事的冗員」。組織將無限期地支付工資，但顯然這些員工受到了懲罰。通常這些信號很微妙，同事會知道某人是在什麼時候被「冷落」或置於「禁區」中。隨之而來的是損失獎金或者未能得到加薪，但初步的處罰已經足夠清楚了。

一些組織發展出「問責文化」，這意味著每當出現問題時，就會有人因此而被責備，該人的職涯也會遭損害。幾年前，英國石油公司收購了阿莫科公司的一項文化分析，揭示了一個戲劇性的例子。阿莫科的經理和工程師明確地稱之為「問責文化」，其中的規範是如果計畫出現問題，他們必須儘快確定由誰負責。負責人比原因更為重要。被「責備」的人不一定會以任何公開的方式受到懲處，甚至其他人也不會認為是他或她的責任。相反地，在高級管理人員的記憶中，將意識到他們不太信任這個人，導致其職涯發展受限，未能得到好的任務或晉升職務的人可能永遠也找不到原因。因此，員工認為盡可能地遠離任何可能失敗的項目是必要的，以免他們因失敗而被「問責」。這種信念阻止了阿莫科與另一家公司進行合資，因為如果一個計畫失敗了，那麼該計畫中任何一位阿莫科成員都會備感受傷，即使明確地瞭解失敗是因另一家公司的成員所致。

當一個人獲得獎勵以及受到懲罰時，解讀是組織中的新成員所面臨最困難的任務之一，因為從局外人的角度來看，訊息往往是模稜兩可的。被老闆責罵的話可能是一種獎勵，被忽視可能是一種懲罰，只有對文化有深層理解的人，才能讓被大吼大叫的新成員再次鼓起勇氣，事實上是他們做得很好。如前所述，組織合作通常被視為是組織提升的重要特徵，但組織合作的定義可能在全世界各不相同。

什麼是獎勵或懲罰會因組織中的職別而有所差異。對於基層員工來說，升職或更好的任務是關鍵的獎勵，而對於高級管理人員來說，只有大幅晉升到擁有更多責任或在組織中各方面皆順利進展。被告知公司機密是一項重大的獎勵，而被凍結時，不被告知可能是一個重大的懲罰，這是最終將被開除的信號。不再是「圈內人」是個人做錯事的明確信號。

總之，組織的獎懲制度及其對權威和親密關係的假定是文化形成的關鍵，決定了人們如何相互連繫、管理焦慮感，以及從他們的日常互動中獲得意義。你如何對待老闆，你如何相互對待，以及你如何知道做得對不對，這些都構成了文化DNA的底蘊。因此，在組織文化變得更加多元時，我們會看到不同的系統相互衝突，導致傷害感情、攻擊、急躁、焦慮和其他不正常的行為，直到成員能在文化島環境中

的相互探索，產生理解和新的共識。

### 管理難以管理和解釋難以解釋的議題

每個組織都不可避免地面臨一些不受控制的問題——這些事件在本質上是神祕的、不可預測的，因而令人恐懼。在物理層面上，諸如自然災害和天氣帶給人們的威脅等需要被解釋。在生物和社會層面，諸如出生、成長、青春期、疾病和死亡等，需要一個說明正在發生的事情和其原因的理論，以免產生焦慮和無意義感。

致力於理性和科學的巨觀文化中，傾向於把所有事情都視為可解釋的；只有神祕無法解釋。但是，直到科學揭開了我們無法控制或理解的神祕面紗之前，我們需要一個替代的基礎將發生的事情置於有意義的環境中。宗教信仰可以提供這樣的背景，也可以為看起來不公平和毫無意義的事件提供理由。迷信解釋了無法解釋的問題，並在模糊、不確定和威脅的情況下可以做些什麼提供了指引。

例如：在一個有關將斷層掃描攝影術引入醫院放射科的研究中，Barley（1984）觀察到，如果斷層掃描機在不該出錯時出了差錯，例如：當病人正處於掃描時，技術人員嘗試所有補救措施，包括對機器拳打腳踢。如果斷層掃描機恢復運行，僅有偶爾出錯，技術人員就能仔細記錄他或她剛剛完成的工作。當工程師趕到現場時，技術人員已經很清楚他們所做的與斷層掃描機恢復之間是「無法想像的連結」，然而這個「知識」被仔細地寫在一個小筆記本中，並傳遞給新同事作為他們培訓的一部分。就真正意義上來說，這是一種迷信的行為，即使是在可以合理解釋的領域中。

故事和神話不僅有助於解釋無法解釋的問題，而且有助於肯定組織的自身形象、自己的理論以及如何處理內部關係（Hatch & Schultz, 2004; Pettigrew, 1979; Wilkins, 1983）。我們「認識」的許多事情，最終都是基於我所謂的社會共識，這常常使他們像迷信一樣堅定。

## ▍摘要與結論

在本章中，我回顧了文化假定是如何圍繞著創始人在組織發展和發展文化時，面臨了外部適應和內部整合的所有問題而展開的。最終，所有組織都是社會技術體系，其中外部適應和內部整合問題的解決方式是相互依存、相互交織，且同時發生的。創始人的信仰、價值和行為是文化如何演變的最大決定因素，但新組織發展的巨觀體系文化、基礎技術和組織的實際經驗也是重要影響因素。

從這個分析中得出最重要的結論是，文化是一個多維度的、多方面的現象，不

容易減少到幾個主要方面。文化實現了目前提供穩定性、意義和可預測性的功能，但卻是組織過去有效決策的結果。隨著組織內部文化變得更加多元化，尋找共同語言和意義的問題，將需要在短暫的文化島上進行特殊的努力。

## 給文化分析人員的建議

　一個組織如何處理本章所描述的各種文化元素，是其文化DNA的關鍵部分，因此對於分析何時需要合併、收購或其他整體文化都至關重要。對於本章中的每個類別，都可以發展成為面試問題，並交給各級管理人員，以獲知其所信奉的信仰和價值觀，然後可以透過觀察來檢查這些可能是更深層的假定。

## 給經理和領導者的建議

　拿出本章的每一個類別，試問自己，你的組織如何解決本章所描述的問題，以及如何塑造你的文化，並尋找你做的事情背後隱含的基本假定。

## CHAPTER 10

# 領導人如何深植與傳遞文化

在前面一章，我們看到了組織創辦人如何透過他們自身的信仰、價值觀，以及事物如何在他們的追隨者與員工間完成的假定來開始文化組成的過程。接著，我們重新檢視了所有關於創造組織外部與內部的議題。現在，文化正處於組成的正確軌道之上。假如創辦人們或繼承者們相信他們正走在解決外在與內部議題的正確軌道上，那他們是如何鞏固／加強與深植／植入新的組織架構、過程、信念與價值觀呢？創辦者們以及指名後繼領導人或受提拔的領導人能夠運用多種機制與程序來操弄和植入他們已創造的文化。

創辦人們與正式的領導人在未來將如何瞭解或分辨是否該積極地植入他們的信仰、價值觀以及假定呢？主要的短期評估方式，係為利用外部評估來辨別組織是否正在成長。不過，許多的信仰、價值觀與假定有著長遠的因果關係。該如何評估那些因素呢？領導人應該相信團隊合作影響了團隊的過程、誘因與獎勵嗎？創立新事物，然後將它們深植在組織架構和程序的主要內部標準應該是檢視那些信念、價值觀與假定是否與新組織內運作的總體文化一致。

每個文化都嵌套在一些更大的文化中，並且只能夠執行那些更大的文化所提供、所容許以及所支持的事情。舉例來說，我不認為在1960年代和1970年代時所創建的公社其失敗是偶然的，因為它們被嵌套在一個基本的非社區文化中。像阿米甚人（Amish）或哈特派教徒（Hutterites）這樣的宗教團體之所以成功，是因為他們嵌套在一個更大的宗教巨觀文化中，並盡可能地將自己與可能挑戰自身信仰和價值觀的當前巨觀文化隔離開來。

如果創辦人或是領導人沒有思考如何讓新的信念、價值觀與假定適應巨觀文化，那麼它們將無法被採納。我曾目睹一間美國的大型跨國公司因決定採用一項依賴於主管與部屬間的定期性面對面反饋的績效改進計畫，而出現了驚人的錯誤評估。人力資源部門透過其培訓部門為各階層之經理人提供了多年的訓練。而我碰巧參與了一個位在夏威夷舉辦、由日本子公司的經理團隊與會的執行發展計畫。該計畫指定的外部發言人之一是該公司的國際人力資源主管。她被邀請將該計畫描述為績效管理的一個例子。她不僅介紹了這個計畫，並且利用這個機會自豪地宣布，面對面的反饋構成因素現已被全球正式接受為公司文化的一個關鍵元素。

那晚，和幾位日本子公司的經理人共進晚餐，並且詢問是否曾接受過這樣的訓練和如何運作的。他們曾接受過這樣的訓練，而且禮貌性地佯裝贊同，但是，當在日本與部屬間執行計畫時，他們皆異口同聲地說：「我們不會如此執行，那在我們的文化裡是行不通的，我們有其他與部屬進行反饋的方式，從不直接面對面（never direct face-to-face）！」

假定正在成功經營的組織和創辦人或新領導人，已經在新的文化和巨觀的文化嵌入做了最好的適配，植入新的初始文化機制是什麼？領導人如何傳遞訊息的最簡單解釋，就是領導人會藉由魅力傳遞這些訊息，這種神祕的能力能吸引部屬們的注意力，並以一種生動且清楚的方式，溝通主要的假定和價值（Bennis & Nanus, 1985; Conger, 1989; Leavitt, 1986）。以魅力作為深植機制的最大問題，在於真正具有此種能力的領導人是很罕見，而且也難以預測魅力所形成的影響。

如同史學家所回顧認為的，有些擁有魅力或有遠大願景的領導人，對於如何傳達願景並不是那麼的清晰。另一方面，非魅力型的領導人卻用很多方式來傳遞他們的訊息。本章即聚焦在傳達願景的方式，並做深入探討。顯示於表10.1的是十二個深植文化的機制，分成二方面，分別為初始和次要方面。

| 表10.1 領導人如何深植他們的信念、價值和假定 |
| --- |

**初始深植機制**
- 領導人在一個規律的基礎上，應該去關注、衡量和掌控什麼。
- 領導人對重大事件和組織危機做出反應。
- 領導人如何分配資源。
- 思考角色的形塑、教育和訓練。
- 領導人如何分配獎賞和地位。
- 領導人如何招募、選拔、晉升和解僱組織成員。

**次要的連結和增強機制**
- 組織設計和結構。
- 組織制度和程序。
- 組織的慣例和儀式。
- 物理空間、外觀和建築的設計。
- 故事中的重要事件與人。
- 組織哲學觀、信條和特權的正式聲明。

資料來源：Copyright © E. H. Schein.


## 初始的深植機制

顯示於表10.1的是六個主要深植文化的機制，其意義在於領導人可根據他們有意識與無意識的信念，作為教導組織如何察覺、思索、感覺和表現的主要工具。我們雖然依序討論這些工具，但它們是可同時運作的。這些機制在深植文化時，往往是顯而易見的人工製品，並且同時可直接創造出所謂的「組織氣氛」。（Schneider, 1990; Ashkanasy et al., 2000; Ehrhart et al., 2014）。

### 領導人關注、衡量和掌控什麼

　　創建者、領導人、管理者甚或同僚若要傳達他們的信念或關心的事，其可運用最強而有力的機制是有系統地關注這些事。這可能意味著任何他們所注意、評論、權衡、掌控、獎賞以及其他面向，皆能夠有系統地處理。即便是針對某一部分提出隨意的注解和問題，也像正式的控制、測量機制一樣具有影響力。

　　如果領導人意識到此過程，然後有系統地注意某些特定的事，這樣便能成為一種強而有力溝通訊息的方式。特別是如果領導人自己的行為完全一致，更能得到有力的佐證。另一方面，如果領導人並未意識到此過程的力量或關注的焦點不一致時，部屬和同僚將浪費更多的時間和精力於推測領導人的行為，並將他們的動機投射在領導人不在的場合中，而顯露出他們的真正想法。這種機制用「你接受什麼，你就得到什麼」這句諺語來表示，最能傳達其神韻所在。

　　作為諮詢者，我明白自己的一致性是依據我的原則、價值和信仰，運用在提問與傳遞清晰的訊息給我的觀眾。這是重要的一致性，而非注意的強度。舉例而言，在商業組織最近的一個安全會議中，Alcoa的主講人指出，他們的前執行長Paul McNeill企圖令員工瞭解安全的重要性，因此堅持將安全問題的議題，列為每個會議議程的首要項目。在阿爾法電力公司（Alpha），我將隨後討論，主管以工作簡報開始每項工作，這其中包括對當天可能遇到的安全問題進行討論。該組織有許多安全計畫，高階管理人經常會宣布安全的重要性，但他們每天基本的問題就是要將訊息傳達給員工。

　　Douglas McGregor（1960）講述一間公司希望他協助建立一個管理發展方案。總裁希望McGregor能夠提出確切的計畫，而McGregor反問總裁是否真正在乎能夠發掘出適當的人才。就以往的歷史觀之，McGregor提議總裁應該建立獎勵制度和監督進展的一致性方法；換句話說，他應該立即開始行動。總裁同意並宣布從此各高級管理人員每年獎金的50%，取決於去年人力發展中部屬們的發展情形。他補充說，他心中沒有特別方案，但是他會每季探詢每位資深經理人的績效是否達成。

　　有人可能認為獎金是令高級管理人員開始積極投入方案的主要誘因，但事實上更重要的是，他們必須定期報告正在做些什麼事。這些資深經理人展開各式各樣全系列的活動，其中許多人從原本分散於組織中進行的工作被凝聚起來。一個為期超過兩年的連貫計畫形成，並且持續在該公司中良好地運作。該總裁持續按季地詢問，並且一年一度對每位經理人做評鑑，評估他們對公司發展所做的貢獻。他從未提出任何計畫，只是持續關注管理發展，對進步予以獎勵。因此總裁很清楚地向組

織表示，管理發展是相當重要的。

　　另一個極端的例子，部分迪吉多電腦公司（DEC）經理人在表現行為與關注焦點所呈現的不一致，使得部屬慢慢不再關心高級經理人所要達到的目標，因此他們所採取的措施便是藉由缺席來積極授權給員工。例如：科技組織中傑出的經理，能夠動員組織的整體性力量積極投入一項重要的活動，但兩星期後，他可能無預警地轉向投入另一個新活動，而對於原有的活動不置可否。當部屬們對這種情形感到習以為常，且以平常心看待這種無規律的行為時，他們會開始越來越以自己的判斷為主，來決定他們實際上應該做些什麼。

　　有些領導人與創建者所關心的某些重要議題，會經由會議或是一些其他活動加以傳達，並被運用於計畫與預算的實行上，而這也是為什麼計畫和預算在管理過程中如此重要的一項原因。藉由有系統地詢問部屬某些問題之後，領導人能發表他們自己對於這些問題的觀點。這使得計畫最後內容的重要性，不如在計畫過程期間的學習意義。

### 領導人的情緒爆發

　　創建者和領導人也須藉由更有效的訊息，來讓成員知道自身的需求。他們的情緒反應，特別是當他們感覺深信的基本價值觀被否定時，他們所爆發的情緒。情緒的爆發未必顯而易見，因為很多管理者相信，領導人不應該讓自己的情緒牽涉在決策過程中。但部屬通常知道什麼時候他們的老闆是煩惱的。另一方面，有些領導人確實將他們自己的生氣和煩惱當作一種訊息，來令部屬們瞭解事情的嚴重性。

　　部屬發現他們老闆的情緒爆發，並且試著去迴避他們。在這過程中，他們逐漸修正自己的行為以達到上級的要求，隨著時間過去，如果行為產生預期效果，他們也就接受了領導人的假定。例如：當公司剛建立不久時，Olsen擔心部門經理在他們的工作上停滯不前。一位新聘任的財務長（CFO）被要求去做業務報告。他必須分析三個主要生產線，並於會議中將分析提出討論。他在分享資訊的過程中，指出某一生產線因為銷路下降、存貨過剩和生產成本急速上升而導致財務困難。但在會議中，副總裁（VP）在其所負責的生產線並未對於財務長所揭示的財務困難有任何表示。

　　當報告持續進行時，會議室裡的緊張氣氛逐漸提升，因為每個人意識到事實的衝突，正要在財務長和副總裁之間成形。當財務長完成其報告工作時，在場所有人的眼睛立即轉向副總裁。副總裁表示，他並未注意到那些財務數字，並且希望他有第二次機會將其改善；不過，因為他並未看過財務數字，所以他沒有立即給予答案。此刻Olsen（CEO）開始大發脾氣，但是他發脾氣的對象並非針對財務長

（CFO），而是針對副總裁（VP）。該團體中的幾位成員事後透露，他們原本預期Olsen會針對財務長明顯地炫耀大家所不熟悉的統計數字表現出憤怒。然而出乎全體意料之外，Olsen將其憤怒轉向生產線的副總裁，因為他並未處理財務長的論點和資訊。Olsen對於副總裁沒看見數據的說法不予理會。Olsen告訴副總裁，假如他能適當地經營他的業務，他就會知道財務長所瞭解的所有訊息，此時他就能制定出適當的策略加以因應。

突然每個人都意識到Olsen的行為，傳遞出有一項強而有力的訊息。他明確地期望並且認為在一條完整的生產線，副總裁應該是能掌握全局，而絕對不會讓自己陷入被財務數據逼迫到窘迫泥淖之中。事實上，副總裁沒能建立自己的核心團隊的行為，是比遇到麻煩更糟糕的過失。而他無法對令人煩惱的數字做出回應的事實，也是比遇到麻煩更糟糕的過失。此時，Olsen朝著部門主管發怒，是一項比要求他們積極授權、提高績效的場面話，還要更為直接有力的訊息。

如果一位經理持續扮演無知的角色，或是無法控制局勢的管理者，Olsen將非常生氣並指責他無法勝任這項工作。如果該經理人嘗試指出他所面臨的情況是其他人的行為，或Olsen本人先前的主張所造成的結果，藉以替自己開脫，Olsen將情緒激動地告訴他，他早該立刻提出問題，並重新思考整體局勢與重新審議所做的決策。換句話說，Olsen透過他在情緒上回應事情的方式，使其基本假定非常清楚，不佳的表現可能被原諒，但是心不在焉、搞不清楚狀況，並且不通知其他人，是絕對不能被原諒的錯誤。

Olsen要大家總是說真話的深層假定與重要性，在另一個執行委員會召開會議時，更能夠被大家所體認。當每條生產線發現自己的存貨過高時，這些部門為了保護自己而小幅提高訂單的百分比，最後將會導致生產部門有大量存貨。但生產部門拒絕認帳，因為他們也只是製造出訂單所要求的量而已。在檢討的會議中，Olsen指出，因為產品部門經理一再撒謊，他展現出異於平時的憤怒。他斷然表示，如果他再發現經理們誇大訂貨的證據，無論是什麼原因，都會將其立即解僱。謊言能彌補誇大不實的銷售想法，立即就被揚棄了，因為這樣會加重問題。以更多謊言來填補上一個謊言的缺口，這樣的觀點完全違反了Olsen對於一件有效率事件的假定。

滿足顧客需求是確保企業成功最重要的方法之一，也是Steinberg和Olsen的假定共通之處。每當他們發現有顧客未能被善待時，他們最情緒化的反應就持續地產生。就這方面而言，凡是公司正在實行的信條、正式的報酬系統，都會反映出創建者的內在想法。在Steinberg的案例中，顧客需求甚至比家人的需求更重要，他的家庭成員可能因為沒有善待顧客而有麻煩。

## 來自領導人不注意的推論

從領導人沒有回應的事，部屬們可以探知其他有力訊息的證據，從而解讀領導人的假定。舉例來說，在DEC，經理人經常預算超支、計畫拖延，並且面臨產品瑕疵等實際問題，但如果經理人員證明情況在掌握中，這樣的麻煩很少遭受批評。在經營企業時，麻煩的發生是可預期的，也可視為一種正常狀況；只有無法處理、無法恢復控制是不可接受的。在DEC產品設計部門，我們常常發現過剩的人員編制、超高的預算，以及對成本控制的鬆散管理，但卻沒有一項會招致批評。部屬正確地解讀這個訊息，知道設計出好產品遠比成本控制來得更重要。

## 不協調和衝突

假如領導人傳達不一致的訊號，不管他們是否專注，都會產生部屬情緒爆發的問題呈現。從Steinberg的案例中就可以顯示出，Sam Steinberg要求員工要有高度的成績表現，但是對家族成員的要求就不是這樣，反而要求相當低的成績表現，如此的領導造成有能力且非家族的員工紛紛離開公司。而Ken Olsen管理方式則賦予員工權力，但他又要保持以「大家長—父權」為中心的管理風範。曾經就有一些公司賦予工程經理人有自信的做決定之權力——他們被迫陷入以下犯上的病狀——在會議期間與Olsen商討，但他隨後告訴我，當我們在會議結束後走下大廳時，「Ken不再是在市場或技術的頂尖人物，所以我們將做一些與他想要的不同的事情。」一個年輕的工程師進入DEC也發現組織不一致，因為明確關注客戶與對某些類別的客戶並存著不明言的傲慢，其因為工程師經常認為他們在產品設計上是瞭解顧客的需求方式。Olsen含蓄地增強了這種看輕而自以為是的態度，當工程師表現出這種傲慢時，他沒有做出糾正的反應。

領導人可能不自覺自己的衝突或情緒問題，因此會發出相互矛盾的資訊，導致不同程度的文化衝突和組織病理學（Kets de Vries & Miller, 1987; Frost, 2003; Goldman, 2008）。Steinberg's與DEC最終都因其領導人在委派與分散管理的理念以及強烈需要保持嚴密中央管理之間的無意識衝突而被削弱。他們二人都經常干預非常細節的主題，並且自在地於各階層中走動。部屬能容忍並且適應相互矛盾的訊息，是因為創辦人、公司擁有人和其他公司高層總允許權利間的不一致或是權威的存在，或是因為無論如何對方擁有太大的權力而無法對抗。

新興的文化不僅將反映出領導人的假定，也反映出組織中由部屬所創立，並且圍繞在領導人周圍那個複雜的內部調節系統。團隊中理解以上假定的領導人，必定為創造力的天才，其可發展出備援機制，例如：經理之間轉換層級，以免組織受到領導人不正常觀點的影響，在那些案例中，文化可能變成一項防衛機制，藉以防止

焦慮，且解除領導人不一致行為的束縛。在其他的案例，組織的運作型態將反映出其中的偏見和無意識的衝突，因此，創始人的經驗造成一些學者稱這樣的組織罹患神經機能症（Kets de Vries & Miller, 1984, 1987）。在極端的例子中，部屬或者董事會必須找出方法，來移除創建者在許多第一代公司的影響。

總而言之，領導人的行為表現出持續地專注、回饋、控制，並且以情緒性回應心目中的優先權、目標或假定。或者是他們注意太多事情，以至於領導人對於事情的注意模式發生不一致。此時部屬將利用其他訊息或者他們自身的經驗，做出重要的決策，如此一來將會導致一套更加歧異的假定，與更多的次文化型態。

## 領導人對關鍵事件和組織危機的反應

當一個組織面臨危機時，領導人或是其他高層的處理方式，將會創造新準則、價值與工作流程，並且顯示出處理危機的重要基本假定。因為在增加學習強度的時期中，持續地增加情緒的介入，會使得文化創造中的危機與傳播，顯得特別有意義。同時由於危機增加憂慮，因此降低憂慮的需求，會形成一種新而強力的學習動力。如果人們分享強烈的情緒經驗，並且共同學習降低憂慮的方法，他們也許會對學習經驗有深刻的印象，並且能持續性地實行。

例如：某公司因為過度設計其產品，而使產品過於昂貴，導致公司幾乎破產。他們可以透過銷售低品質、廉價的產品，攻占市場藉以求得倖存。幾年過後，市場需要更昂貴的高品質產品，但是這家公司卻因為根據他們幾近消逝的記憶，以至於他們無法克服售價與銷售量的憂慮，也因此不能生產市場所需的產品，甚至是更加昂貴的優質產品。

危機的定義為何，當然，部分是看法問題。外在環境中或許有、或許沒有真正的危險，而且被視為危險的事物本身，往往是文化的反映。基於分析的目的，對於危機的理解與定義也是由創始者與領導人所決定的。而領導人這種深層的假定往往顯露於圍繞在外在生存問題的危機上。當這些假定成為共同學習的基礎時，便會逐漸內化至組織成員心中。

有個談到Tom Watson Jr.任職IBM時，致力於人力與管理發展的故事，一位年輕的業務主管做出了錯誤的決策，以至於耗費了公司幾百萬美元的經費，當他被召喚到Tom Watson Jr.辦公室時，他預料會被開除。所以當他進入辦公室時，年輕的業務主管說：「我猜你會因為這項錯誤而將我解僱」。Tom Watson Jr.回答說：「不盡然，年輕人，我們花費了數以百萬計的美元教育你。」

現今無數的組織已經面臨銷售額下降、存貨過剩、技術過時，以及隨後為了

降低成本不得不解僱員工的危機。領導人處理危機的方式經由他們的觀點，將一些對於人的重要性和人類本性的假定予以具體化。Quchi（1981）援引了幾個戲劇化的例子。當美國公司人事經費短缺時，決策層決定以所有員工與經理部分減薪的方式，作爲取代削減人力的策略，來填補經費的缺口，因此沒有人員遭削減。這樣的情形，我們就看過很多相同的案例，如在2009年美國發生金融危機之時。

DEC的假定是：「我們是相互照顧的一家人」，當公司業績良好時，Olsen經常以具體行動表現出他對部屬的關心。然而，當公司處境困難時，Olsen從未處罰任何人或者顯示憤怒：相反地，他會變得更加堅強與呈現大家長的風範，並且向外在世界和員工表明事情沒有他們想的那麼糟，公司仍具有強大的能量來面對未來的任何挑戰並獲致成功。因此，員工無須擔憂裁員，這類事情將透過減少聘用新進人員來控制人事成本的增加。

在另一方面，因爲Steinberg缺乏對於部屬的關心，以至於他在危機情境下衝動地解僱部屬，後來又因爲意識到部屬們對公司營運扮演了重要的角色，不得不想辦法重新僱用他們。一旦出現了更好的機會時，這種建立在不信任與低承諾上的組織，優秀的人才將會一個個離開。

內部統整的危機能彰顯且能深植領導人的假定。我發現一個非常接近觀察組織違抗命令行爲發生的好時機。由於組織文化的許多部分與階級、權威、權力和影響力緊密結合，因而化解衝突的機制必須不斷地制定，並且交互地生效。當領導人受到外界挑戰之際，正是領導人傳遞他們對人性和人際關係之基本信念的最佳時機。

例如：Olsen不斷清楚地展現他的假定：當部屬抱怨或是不服從他的時候，他並不認爲透過容忍與鼓勵的行爲能夠得到充分的資訊。他藉由對部屬表現出的充分信賴，去瞭解什麼是當部屬堅持己見時，所顯現出不順從的最好解決之道。相反地，我曾經共事過的某位銀行總裁，公開強調他希望部屬們能維護自身的權益，但是他的言行卻明顯地不一致。事情發生在職員們的一次重要會議期間，有一位部屬在試圖維護自己的權益時，陳述時犯了一些愚蠢的錯誤。這位總裁不但嘲笑了他，並且還帶有譏諷的意味。雖然總裁後來道歉並宣稱他沒有任何意思，但損害已造成。事件的所有目擊者認爲，這種現象意謂著總裁並非真正地授權給部屬，反而希望掌控更多的決定權。因此總裁依然在開會時批判他們，依然固執己見。

## 領導人如何分配資源

組織預算制定是顯示領導人假定和信仰的另一種過程。例如：領導人反對藉由過度舉債以進行預算規劃，但相對地也有可能會使良好的投資受到阻撓。如同

Donaldson與Lorsch（1983）在他們最高管理決策的研究過程中，顯示領導人對於組織特殊能力的信念、財務危機的容忍底限，並且認為在經費有限的情況下，組織必須在預算獨立的前提之下，強烈地影響了組織的目標選擇、目標達成情形與管理型態。這樣的信念不僅於評論決策上起了作用，而且也成了他們進行決策時的知覺限制。

Olsen的預算和資源分配過程，清楚顯示他在企業由下而上系統的信念。他一向反對讓高級管理階層確定與設定目標、規劃策略，但喜歡鼓勵基層的工程師和經理們提出業務計畫和預算，如果這些計畫和預算具可行性，則會受到他與其他資深主管的支持。所以Olsen確信在這種方式之下，員工將會對他們所提出的銷售，盡其最大的努力與承諾，而非僅是書面的專案與計畫。

這個系統產生一些問題，例如：DEC在組織擴張後，發現逐漸走向嚴格控制預算的競爭環境中。在草創時期，公司能任意且多元地投資各項工程，但在1980年代後期，最大的問題之一是如何將有限的資源，分配至同樣不錯的計畫。倘若將資金平均分配至所有的計畫上，將會導致幾項關鍵工程被耽誤，而這也是導致DEC在商業上重大挫敗的原因之一（Schein, 2003）。

### 思考角色形塑、教育和訓練

創辦人和組織的新領導人似乎通常都知道，他們在與成員間的溝通，是具有重大價值的，而這種價值更彰顯在新進人員身上。Olsen和其他一些高級主管製作了闡述他們經營理念的大綱教學影片，並且成為新進人員基礎訓練課程的一部分。然而，錄影帶或舞臺場景所傳遞的訊息，例如：當領導人向新進人員致歡迎詞時，與領導人在非正式情況下被觀察到、被接收到的訊息是有區別的。非正式訊息比教育和訓練機制更強而有力。

例如：Sam Steinberg藉由對銷售點頻繁且迅速的訪視，以顯示出他對事物細節的講究。當他度假時，他每天固定都會以視訊會議的方式，來瞭解辦公室的各項細節。到了半退休狀態，他仍堅持這麼做，他會從幾千哩外的退休居所來電。藉由他的問題、他的演說，以及他關心細節的個人行為示範，他希望讓他的經理人明白何謂高可見度、何謂處於工作巔峰狀態。藉由對家庭成員不可動搖的忠誠，Steinberg也訓諫員工去思考家人的意義以及事業主的權利。由於Olsen假定任何階層的員工都可能想出好點子，因此，他在DEC中，嘗試具體地去降低權威與階層的影響。並且在各種正式與非正式的場合與成員們溝通這個假定。例如：他開小車、使用簡樸的辦公室、不講究衣著、花許多時間和各個階層員工來往，瞭解他們的想法。

### 領導人如何分配獎賞和地位

任何一位組織中的成員都會透過外在的績效評估，或是經由與上司們討論何謂公司的價值與組織的懲罰中，獲得經驗並且得到成長。獎懲過程的本質與獎懲自身的本質，兩者蘊含著不同的意義。領導人能藉由連結獎懲與其所在乎的事，迅速地掌握自身對於事情的優先權、價值與假定。

這裡我所說的是實際做法——真正發生的事——而非我所支持、發表或提倡的看法。例如：General Foods的產品經理期望為他們的特別產品開發一個成功的產品銷售計畫，並且期待大約十八個月後能夠因為產量的提升而獲得獎勵。但由於產品銷售計畫的結果不可能在十八個月內知道，因此真正決定產品經理績效的關鍵因素，即是創造出讓有權力的上級長官心目中能夠全力支持的良好計畫，而非根據產品在市場的最後表現來決定。

上述例子所隱含的假定，是只有資深經理能準確地評估產品銷售計畫；因此，理論上第一線的產品經理應對其產品負責，但實際上，真正為這筆龐大的行銷費用負責的人，還是最後決策的資深經理。低階經理從此學習到的經驗，便是如何發展出合於資深經理人風格、價值觀的方案。低階經理因為看見成功經理所得到的一些枝微末節的回饋，例如：他們能夠管理較佳的產品、能夠擁有較好的辦公室，並且得到理想的加薪幅度，而幻想他們能擁有行銷策略的決定權。為了慎重起見，低階經理們仍須將他們的銷售計畫交由資深經理們去審查，甚至必須準備對更資深的產品經理們進行每年四到五個月的模擬報告。一個看似下放權力給產品經理的組織，實際上，依然是不完全的授權，並且企圖透過系統性的訓練，來形塑低階經理具有資深經理人的思維。

再次重申重點，如果創建者或領導人試著保證他們的價值觀和假定能被組織成員學習，他們就必須建立與那些假定一致的報酬、晉升和地位的系統。雖然此一訊息最初是透過去理解領導人平日行為，但長期而言，重要獎懲的分配是否與領導人平日行為一致，則是判斷訊息的根據。

大多數的公司組織擁有各種價值觀，其中有些是內在矛盾的，迫使新員工為他們找出真正的回報：客戶滿意度、生產率、安全性、最小成本，或是最大限度地回報到投資者。只有藉著觀察資深經理人員的實際行為，體驗實際的促銷和績效審查，新來者才能找出組織工作的基本假定。

### 領導人如何招募、選拔、晉升和解僱組織成員

領導人如欲將其假定深植於人心並成為組織的經典，最微妙且最具影響的方式

之一，便是選擇新成員的過程。例如：Olsen認爲建立組織的最佳的方式是僱用天資聰穎、表達清晰、堅韌並且獨立的員工，然後給予他們大量責任和自主權。另一方面，汽巴嘉基（Ciba-Geigy）則是僱用聰明、教育程度良好，能夠適應他們發展逾一世紀、文化結構更分明的員工。

　　文化深植的機制是微妙且難以言喻的，因爲大多數的組織並非刻意加以經營。創建者和領導人傾向找到在風格、假定、價值觀和信仰上，類似目前組織成員，且具有吸引力的那些候選人。而這些候選人將被認爲是最佳的人才而予以聘用，並被指派去完成能證明其價值的工作。除非組織之外的某人因關說而被錄用，否則沒有方式知道這些招募人才的評委，他們對於好人才隱含的基本假定爲何。

### 一些觀察的結語

　　如果領導人自己的信仰、價值和假定一致的話，這些深植的機制都能相互作用，並且強化彼此。藉由呈現這六個類別，我嘗試表達其實領導人是能夠藉由許多不同的方式，來與他人溝通他們的基本假定。組織的新進人員可以擁有許多組織的資訊，去解讀領導人的真正假定爲何。因此，大部分社會化過程是深植在組織的日常例行工作之中。新進人員也不需要參加特別的訓練或是課程，來學習組織的重要文化假定。這些組織的基本假定，將透過領導人每日的行爲而變得相當顯而易見。

## 次要增強和彈性機制

　　在一個年輕的組織，設計、組織結構、建築物、儀式、故事和正式的紀錄，均是文化的增強物而非文化的創造者。一旦組織已經成熟且穩定，這些早期的機制將會成爲主要文化創造的機制，並引領未來領導人的方向。但在一個正在成長的組織中，這些機制是次要的，因爲這些文化的增強物，僅僅在於組織主要的文化機制達成一致性時才會有意義。當文化增強物與現有文化達成前後一致時，就會開始形成有組織的思想體系，才能將當初透過非正式管道所學得的知識變成正式的。如果兩者前後不一致，組織不是置之不理，不然就會形成內部衝突的來源。像這樣內部衝突的初始來源，往往是來自於次文化，這些不符合組織文化的現象，進而爲領導人帶來困難的整體性問題，正如我們將看到這一點。

　　在這個狀況下，被視爲人工製品的這些次要機制雖然是清晰可見的，但沒有透過內部人士觀察領導人實際行爲的經驗加以解釋，這些機制還是難以顯現出它們真正的內在意義。當組織在發展階段時，駕馭與控制的假定型態總會透過領導人的日常行爲，加以呈現並被證實，而非由文字紀錄上或由顯而易見的設計、過程、儀

式、故事和公開的人生哲學來加以推論。然而，如同我們後來所見，這些次要機制會在假定永恆化的過程中，變得非常強而有力，甚至是在一個成熟的組織中，新領導人想要再次將這些次要機制加以改變但卻難以撼動。

## 組織設計和結構

　　我觀察運作中的執行團隊，特別是由他們的創辦人和早期領導人，我注意到組織的設計通常能引發高度的熱情，但卻不太清楚邏輯劃分。組織的首要任務即是——如何建立能在外在環境的競爭下生存的組織——如何整合關於內部關係的有力假定和將事情完成的理論，這些關鍵因素都在於創建者的出身背景，而非由當前的環境分析結果。如果它是一個家族事業，組織結構必須留個位置給關鍵的家族成員，或受信任的同事、共同創始人以及朋友。即使在共同持有股份的公司中，組織的設計經常基於經理們的才智，而不是外部任務的要求。

　　關於如何建立組織出最大效率化，創辦人經常有強烈的理論。有些創建者認為，只有他們能最後確定什麼是正確的；因此他們建構一個緊密的階層和高度的集權控制。有些則認為他們的組織力量取決於他們的成員；因此他們建構一個盡可能權力下放的高度分權組織。除此之外，像Olsen，相信他們的力量是存在於協商的解決方案；因此他們僱用優秀的人員，然後創造一個迫使這些人員協商出其解決方案的結構——在過程中創造一個基礎組織。

　　某些領導人相信減少互為依賴，為的是讓組織的每個單位不受控制；有些則相信建立制衡機制，這麼一來，沒有任何一個單位可以自動運作。李光耀相信成立經濟發展局（EDB）部門，同時給予「完全獨立」，並要求「與其他政府部門協調活動」，讓投資者體驗新加坡為「一條龍式商店」，生產可靠的資訊，做出承諾，並「從來沒有打破其承諾」。

　　關於一個特定的結構該有何種程度的穩定性，各自信念不同。有些領導人尋找某種解決方法，然後緊守不放；也有些人，像Olsen，不斷重新設計他們組織，在不停改變的外在環境中，尋求更能解決問題的方法。公司經歷了組織最初的設計和定期改革，因此為創始者和領導人提供大量機會，去深植他們對任務高度持有、完成它的方法、人性本質，以及培養適當人際關係的深層假定。

　　某些領導人能清楚地說明，他們為什麼按自己的模式設計他們的組織；有些似乎是在找合理化的藉口，而不是真正清楚他們做的假定，即使這樣的假定有時可以從結果予以推論。在任何情況下，組織架構和設計能用來增強領導人假定，但很少提供一個準確深植他們最初的基礎，因為架構經常能被員工以各種方式加以詮釋。

這是關係的品質最終造成的差異，特別是，領導人是否定義他／她的部屬關係，作為一個轉折互動的情感距離、第一級角色關係，或試圖創立一個更個人的第二級的關係，旨在更開放和信任。

## 組織制度和流程

任何組織的生活最清晰可見的部分是每日、每週、每月、每季，以及每年循環的例行公事、程序、報告、形式，和其他具有重複性需要一再執行的任務。這種例行公事的起源，參與者往往不得而知——或者，在某些情況中，甚至連高階管理者也不知道——然而，它們的存在是為了一個含糊不清的組織世界，提供架構和可預測性。因此，制度和程序提供一個相當類似於正式結構的功能，並且降低含糊不清的意義和焦慮，進而得以預測生活的現象。雖然員工經常抱怨令人窒息的官僚政治，但他們還是需要一些週期性的過程，去避免不確定和無法預測世界的焦慮。

假使組織成員尋找如何消除這種穩定性與焦慮的方法，則創建者和領導人便有機會藉由建立周遭的制度和例行公事來強化他們的假定。例如：Olsen創建各種不同的委員會，並且參加他們的會議，藉以強化他所認定的真理，是透過辯論而產生的這種信念。Steinberg則建立檢視程序，簡短聆聽後發布專斷的命令，藉此強化他的絕對權威信念。汽巴嘉基在做重要決定之前，先進行正式的研究，以此強化他們所認為的真理，是衍生自科學的假定。Alpha Power增強了對於提供電力、天然氣和蒸汽的固有危險的假定，寫上數以百計的程式，針對如何做事情及不斷地培訓和監測，以確保遵守。李光耀支援他的信念，即只有最好和最聰明的政府才能建立一個獎學金專案，把最聰明的人送到最好的海外大學，但隨後要求他們進入政府部門工作一段時間。

制度和程序能使「專注」的過程正式化，因此強化了領導人真正關注某些特定事物的訊息。這就是為什麼想要管理發展計畫的總裁，會將他按季檢視每位部屬工作表現這件事情加以正式化的原因。正式的預算或例行計畫，常依附在少數的生產計畫和預算中，以及提供部屬瞭解更多領導人所認為的重要事物上。

如果創辦人或領導人不設計出制度和程序，以作為深化組織基本假定的機制，那麼他們將在組織的文化中開啟一道不一致的門，或者從一開始就弱化他們想要傳遞的訊息。因此，一個認為部門經理應該完全控制自身部門運作的執行長（CEO），例如：Olsen，必須確保組織的財政控制程序與其信念是一致的。如果他允許一個高度集權的公司財務組織能夠發展，但同時又注意該組織所產生數據，那麼他就傳遞出與經理人應該管控自身財務的假定相矛盾訊息。於是可能導致次文

化在生產線組織形成，而另一個不同的次文化在財務組織形成。如果這些團體最後互相對抗，這將是一開始在設計邏輯上相互矛盾的直接結果，而非這些部門經理人個性不合或競爭慾望的結果。

## 組織的儀式和典禮

有些研究文化的學生會將特殊的組織儀式和典禮過程，視為解讀與溝通文化假定的重點（Deal & Kennedy, 1982, 1999; Trice & Beyer, 1984, 1985）。我想傳統人類學以儀式為中心，與本章先前所探討的「主要初步深植機制」第一手資料，有些部分是難以實現的。我們所擁有的唯一明顯的資料，是歷經一段時間後遺存下來的儀式和典禮，當然，我們必須盡可能加以利用。但是，如同結構和程序的概念，如果只有這些資料，我們很難解讀領導人持有什麼樣的假定，而創造出特別慣例和儀式。從另一方面來看，就領導人的觀點而言，如果能將被認為重要的行為加以儀式化，如此就能變成一種具有激勵的增強物。

例如：在DEC，每月召開致力於長期重要策略議題的「伍茲會議」，總是在高度非正式的環境中，以遠距方式舉行，強烈鼓勵其非正式性、平等地位和對話。會議通常持續兩天或更久，包含一些共同參與的體育活動，例如：遠足或登山。Olsen深信人們若在非正式場所中一起從事愉快的事，將可以學會信任，讓彼此心胸更加開放。隨著公司的成長，各部門也採用這種會議方式，以至於這種定期的遠距會議成為公司的儀式，有各自的名稱、地點和非正式程序。

汽巴嘉基的年度會議總是伴隨出人意料的運動賽事，沒有人擅長這些比賽，因此讓大家處於平等地位。參與者可不拘禮節，盡力而為，落敗時以愉快的心情接受嘲笑。這團體彷彿在對自己說：「我們是嚴肅的科學家和生意人，但是我們也知道如何玩樂」。雖然，在正式的職場中不允許非正式訊息傳遞，但在玩樂中，卻可視為某種程度上彌補了嚴密階級制度的不足。

在Alpha Power公司中，團隊合作的價值觀，特別是在環境、健康和安全活動中，是以每月「我們的工作方式」為標誌，三或四個團隊與資深經理人員共進午餐。每個小組被要求告訴全體他們完成了什麼和他們怎麼做的。然後小組照片刊登在house organ作為額外的獎勵和宣傳。此外，公司還擁有各種安全性能的獎品。

在大多數組織中，我們都可以發現儀式化活動與正式典禮化事件的例子，但它通常只呈現構成組織文化的一小部分假定。其中呈現把太多重點放在儀式研究上的危險，我們或許能正確地解讀某一部分的文化，但是我們可能無法判定還有什麼事情在進行中，也無法知道在更大規模的事件中，儀式化活動的重要性為何。

## 物理空間、外觀和建築的設計

物理設計包含組織中所有可看見的特徵，這些是客戶、顧客、買主、新員工和訪客能目睹的。從物理環境所能推論而得的訊息，如同結構和程序，暗中強化領導人的訊息，然而前提必須是有意設定的情況下（Steele, 1973, 1986; Gagliardi, 1990）。如果沒有明確地管理，這些可能反映出建築師、組織計畫和部門管理者的假定、當地社區觀念或者其他次文化假定。

DEC辦公室位於在舊紡織廠內，這也傳遞出Olsen重視節約和簡樸的訊息。訪客的視覺體驗明確反映出該組織深植的假定，其深刻的指標之一，是其效果在該組織全球各地的辦公室一再被複製。

汽巴嘉基強調重視個別專門技能和自治權。該公司假定任何特定的職位者，終將成為該職務範圍的專家，因而予以隱私的空間，象徵其地盤。汽巴嘉基的經理人花費更多的時間獨立思考，與其他核心人員進行個別會議，以及保護個人隱私，以便能完成工作。汽巴嘉基與DEC，這些並非偶發或偶然的物理人工製品，它們反映出工作該如何完全、人際關係該如何管理，以及如何追求真理的基本假定。

目前的**趨勢潮流**傾向開放的空間、隔間和混合使用空間，這非常生動，但卻不容易辨認辨認。它能夠降低成本，刺激某些類型的交互關係，使員工更容易看到經理，創建靈活的設計，可以輕鬆地改變或組合這些東西嗎？沒有進入組織重建決策過程的歷史，我們不知道如何推斷文化。

## 故事中的重要事件與人物

當團體的歷史正在發展與累積的過程裡，其中部分的歷史將會體現在領導行為與日常事件之中（Allan et al., 2002; Martin & Powers, 1983; Neuhauser, 1993; Wilkins, 1983）。因此，故事——無論以寓言、傳奇甚至神話的形式存在——都會將這些假定加以強化並教導給新進人員。但因為在故事裡所發現的訊息，時常是高度精煉甚或曖昧不明，這種溝通形式某種程度而言是不可靠的。領導人無法永遠控制故事中被講述的內容，雖然領導人確實能強化他們所偏好的故事，甚至能釋放而傳遞有利訊息的故事。領導人能讓自己有更高的可見度，增加讓自己成為故事主角的可能性，然而試圖以這種方法來處理訊息，有時會有反作用，因為故事或許洩漏出領導人本身的不一致和衝突。

以收集故事的方式來解讀文化，常會遭遇與解讀儀式相同的問題：除非有人知道關於領導人的其他事蹟，否則人們無法總是正確地推論故事的重點。如果瞭解文化，那麼故事就可能被用來增加瞭解並使之具體化，然而若直接單從故事來達到理

解文化是危險的。

例如：有個故事講述Ken Olsen第一次看到IBM的個人電腦時，他說：「有誰會想要在家裡弄臺電腦？」還說：「我會解僱設計這廢物的工程師」。這個故事傳達出強烈的訊息，說明了Olsen的偏見，結果卻只有其中一個訊息被正確地解讀。Olsen確實認為IBM PC（個人電腦）不如他所要生產的那般精緻，但他對家用電腦的評論就是電腦會控制家中一切事物。而其所發表這十分真實的評論，正是害怕電腦接管生活一切功能的恐懼感，就如電影「2001：太空漫遊」的觀眾所能想像的那樣。Olsen樂意讓電腦成為家中工作和遊戲站，但並不喜歡讓電腦成為組織、控制日常活動的機制。不幸地，這個故事經常被認為顯示了Olsen並沒有意識到家庭電腦（home computers）的使用越來越多，即使他也說，他實際上覺得DEC發明了個人電腦，因為DEC是第一家提供桌面互動式能力的電腦公司。

## 組織哲學觀、信條和特許的正式陳述

最後，要提到的正式聲明之清楚發聲與強化機制——創建者或領導人嘗試明確地說明他們的價值或者假定是什麼。這些聲明典型地強調組織內經營設置的一小部分假定，很可能藉公開說明領導人的哲學觀和意識形態而形成。作為強調特定事物以便在組織中凝聚團隊價值觀，及作為喚醒基本假定不被遺忘的方法，這樣的公開聲明對領導人而言是有價值的。

發布正式陳述對於闡明組織希望向其投資者、消費者和員工們傳達的某種意識形態身分，是至關重要的，但不能被視為定義組織整體文化的一種方式。充其量不過涵蓋文化中與公眾相關的一小部分。我把這些陳述稱為信奉價值的一部分，並指出這些陳述與更深層次的基本假定的協調程度如何，必須透過查看前面提到的所有主要指標來確定。

## 給領導人與研究者們的啟示

### ◆ 文化是一個複雜的系統

當創辦人創建一個新的組織，它是創辦人自己的整體思想，經過所有這些機制傳遞到新的組織裡。這提醒了我們，文化是一組相互連結的假定，而不是團隊如何工作的分離的元素。

### ◆ 新文化必須與巨觀文化保持一致

新的文化嵌套在職業和國家的巨觀文化中，如果它不符合巨觀文化的假定，將無法生存。

◆ **創辦人的衝突和不一致，造成次文化和文化衝突**

　　大多數次文化形式圍繞著組織必須執行的子任務的差異性。如果領導人發出相互矛盾的信號，這將刺激可能成為反文化的次文化，並在領導人離開或被推翻之前產生衝突，很難解釋和管理的組織矛盾。

◆ **許多第二套嵌入機制都是人為的，不能可靠地用來推斷創始人的基本假定。**

◆ **在成長時期，文化是組織的特徵，如果被認為是組織成功的源泉，它將受到強烈的捍衛。**

◆ **創辦人必須意識到他們正在創造文化，無論他們是否明確打算，或是否知道他們的影響**

　　正是在這個問題上，當一個成熟組織的管理者發起文化變革計畫而不認真研究已經擁有的文化時，這一點就被忽略了，這是基於創辦人的活動和團隊的學習過程。

## ▌摘要與結論

　　本章檢驗領導人如何深植他們內在的信念價值和假定，而且以此創造文化形塑穩定和演化的條件。其中所討論的六個機制，是創建者或領導人能深植他們個人的假定於組織，與日常生活上的例行公事中，最主要的有效方式。透過領導人們的關注和回饋、資源分配、角色形塑的方式、處理關鍵事件的方法以及招募新人、選擇、晉升和開除的標準，領導人既明確又含蓄地傳達他們實際上深信的假定。如果兩者是相互牴觸的，衝突與不一致也會彼此溝通而變成文化的一部分，或是變成次文化和反文化的基礎。

　　深植在組織結構、程序與例行工作、儀式、物理布局、其故事和傳說，以及自身正式聲明中的訊息，是力量較弱、意義更含糊而難以控制的。然而如果領導人能夠加以控制，這六個次要機制能強而有力地強化主要訊息。關鍵在於所有這些機制確實把文化內容傳達給新進人員。領導人對於溝通與否無法選擇，只能在管理他們之間溝通了多少。

　　在組織早期成長階段，結構、程序、儀式這些次要機制，以及被正式信奉的價值觀僅止於支持性，然而當組織成熟、穩定之時，這些機制轉化為初始維護機制——我們最終稱之為制度化或官僚化。這些機制若越能讓組織成功，則越能成為

汰選領導人的過濾器或標準。因此，當組織成熟時，新領導人成為文化變革者的可能性，便大幅地降低了。接下來社會化的過程，開始反映出過去的成果，而可能不是目前領導階層的主要議題。因此，「中年」（midlife）組織的動態有異於於年輕、新興的組織，這些問題將於下面幾個章節中呈現。

## 給研究者、學生和員工們的問題

1. 拜訪當地的超市或銀行，找個地方坐下來，只要你覺得舒服，觀察員工和經理之間的互動。請注意，特別是與經理人的互動，並試著去推論在階層範圍內運行的是哪些類型的準則。觀察員工們如何彼此打交道，看看你能推論出關係如何。他們是第一級關係或是第二級關係？

2. 去問一個在大公司工作的朋友，他／她如何知道在與老闆打交道時，該組織可以接受什麼？你能有多開放？老闆如何回應壞消息？你能從你的朋友告訴你有關是否想在那個組織工作的事情中推論出什麼？

## CHAPTER 11

# 組織成長、成熟與衰退的文化動能

　　如果組織在實現任務的目標上已相當成功，它將會不斷地成長與成熟。創辦人與早期的追隨者隨著年齡增長死亡，而由組織內部升遷或外部引入的新領導者所取代。創辦人或創建家族的所有權將發展成公有制，並由董事會治理。無論是否保留私有制或「出售股份」（go public），看起來似乎是財政上的決定，但在文化上卻會產生巨大的後果。

　　在私有制中，領導者可以藉由先前章節所舉出的所有機制來執行自身的價值與假定。當管理權移轉至新任的執行長與董事會時，領導者的職責變得更為擴散與瞬時，因為通常執行長與董事會成員辦公時間不多，卻必須對股東負起更多責任。

　　同時，組織所演變的文化會被認為是組織成功的來源，但也限制了新任執行長只選擇深信組織文化基本假定的成員之想法。考慮到在創辦時期領導者所建立的文化，現在則建立起促使領導者行使職責的標準與範圍，除非董事會引入首要任務就是改變文化的「重建執行長」（turnaround CEO）。

　　新任執行長會逐漸改變既有的文化元素，並企圖導入新的文化元素，但文化基本假定的重大改變，通常只發生在新任執行長汰換掉文化載體（culture carriers）──那些與現存文化共同成長的資深管理部門。此外，既有管理部門和員工會希望保存自身文化，而限制新任執行長的選擇或破壞他／她想要做到的改變。

　　成熟公司中的領導會受到文化上的限制，除了這個基本觀點外，讓我們一起來檢視在一般的文化演變中，伴隨成功、成長及衰退，有哪些議題會出現？這些議題涉及公司成立年數與規模的一般效果，以及區別次級團體──其創造出屬於自身的次文化，且不一定與主流文化相符──的特定效果。

## 成功、成長與衰退的一般效果

　　為了要完全理解成長與衰退所產生的影響，我們必須分析不會直接連結到領導或文化的系統性效果，但這對於領導者所必須面對的基本挑戰有著巨大的影響。

### 面對面的溝通與熟識已消逝

　　隨著組織成長，更少有實際機會去「認識」一起工作和管理的同仁。要看到周圍的同仁變得越來越困難，因為同仁分散在各地，導致更需要電子化的溝通。當脫離電話，甚至失去了在溝通上所需要的嗓音、步伐及其他感覺情緒的線索等聲調。

### 職務熟悉（Functional Familiarity）已消逝

　　在組織成長中，極少人知道其他人在做什麼並如何與其有關聯。當美國迪吉

多電腦公司（DEC）還在初期階段，所有不同的工程與支援單位是由一群彼此熟識且知道要做什麼的朋友們所執行。在組織成長中，「他人」就成為無法預期與依賴的職稱與角色。人際的承諾與保證變成了與陌生人的「契約」，卻也增加了客觀性與制度性。這些契約演變成不同角色的工作描述，及角色如何與彼此相關的程序規範。接著，組織將被貼上「官僚體制」（bureaucracy）的標籤，並逐漸被視為一個效率低下且關係不可靠的「問題」。在早期的成長階段，第二級的人際關係是自然的。在此模式下，這些進入第一級關係的新進成員會發現，他們自己正處於第一級關係中「陌生人」的角色。

## 協調方法的改變

職責的結盟與整合，以及團體從人際到群際的改變過程，需要更多正式與客觀的溝通歷程。

## 評估機制的改變

什麼該評估及如何評估，如今在許多工作與單位之間必須一致，這對某些人而言似乎是合理且公平的，但並非所有人都如此認為。

## 標準化增加的壓力

當更多單位需要協調與評估時，每個單位使用不同的系統，花費就會變得更加昂貴，增加了找出標準做事方式的壓力，且可能在不同程度上影響不同單位。

## 標準化方法變得更加抽象且可能是不相關的

當不同單位做不同事情的情況增加了，全體都適用的標準勢必變得更加抽象及距離實際工作的完成更加遙遠。在商業上，此過程必將導向使用量化的方式檢視每件事情，因為數字是比較容易被標準化和比較的。這個過程最終影響的是，個體員工的表現與潛能會因數字與排名而減少。

## 責任改變的本質

責任的意思是達到量化目標（meeting the numbers），而非思考為何沒達標。從評估管理者的結果或問題詮釋的可靠性來看，過程中的改變是為了找到合適的正式指標，其在各群組與單位間是公平適用的。此過程常源自於管理者只看下屬的數字情況，當數字沒達標時就會傳出「我的團隊不可靠」的聲浪。這樣的歷程增強了從第二級中「自我感喪失」（depersonalization）到第一級職業疏離感的關係。

### 策略性的聚焦變得困難

在組織成長時，將出現產品、服務與市場的增值，讓公平分配資源越來越困難，當策略要求不同程度的資源分配時，單位也許會爭取合理分利（its fair share）。而決定哪些事務要被停止時，就變得非常的困難。

### 核心功能與服務的角色變得更爲爭議

在組織成長階段，決定每個單位是否有自身的服務，或是否集中這些服務是非常困難的。哪些需要被集中起來並如何與單位之間的相應部分連結起來，將變成複雜的系統性困境。

### 對他人責任成長的增加

因爲衰退與經驗，在公司成長中，管理者會招募有責任感的部屬。不能完成個人的工作，不只意味著失去個人的工作，也會危害他人無數潛在的工作與生計。

### 因對他人的責任而讓決定變得偏頗

在DEC公司中，此過程最爲明顯，從小公司變爲大單位的管理者時，同質性群體會以自身邏輯爲前提，激烈地爭論著，這讓他們聽起來似乎符合邏輯，但實際上卻是爲了保護自身而爭論。這種偏頗深受某些觀念的影響——失去「預算」，可能意味著必須大量裁員。

### 家人般的感受不見了

小單位可以維持「我們是一家人」（或至少是一個團隊）的圖像，當組織越來越成長時，很明顯的，大多數的他人就會是「陌生人」且難以被認同。

### 普遍的文化更難維持

當成長中的組織發展出自身許多不同單位的次文化時，「企業文化」的用詞逐漸有更多的意思。而在這大型且老舊的組織裡，這些次文化的管理變成主流文化的議題。在此章節的其他部分，我們會聚焦在由更多差異所造成的特定文化議題上。

所有的這些影響都是組織成長與衰退的系統性結果。對於領導與文化而言，爲了要充分瞭解爲何發生且結果爲何，我們要更仔細觀察系統中差異與整合的議題。

## 次文化的差異化與成長

所有的組織在成長與衰退時都經歷過差異化的過程。這有不同的稱呼，勞力分

配、功能化、部門化，或是多樣化。然而，普遍的元素是當人員、顧客、商品與服務的數量增加，創辦人在協調事務上就變得越沒效率。如果組織發展成功，勢必會創造出更小的單位，這些小單位將開啟自身文化形成的過程，並有自身的領導者。此差異化的主要基礎將發生如下：

◆ 功能或職業的差異化。

◆ 區域性的權力下放。

◆ 依據產品、市場或科技的差異化。

◆ 部門化。

◆ 分級制的差異化。

## 功能或職業的差異化

　　創造功能性次文化的趨力源自於科技與結構中的職業文化。產品部門僱用經歷過生產與工程訓練的員工、財經部門僱用經濟與金融類型的員工、銷售部門僱用銷售類型的員工、研發部門僱用科技專家，以此類推。雖然這些組織的新進員工會經歷企業文化的社會化，但他們也會帶入其教育與職業團體相關的文化假定（Van Maanen & Barley, 1984）。這樣的差異起始於個性不同，造成員工選擇不同的職業、職後教育及進入職場的社會化（Holland, 1985; Schein, 1971, 1978, 1987c; Van Maanen & Schein, 1979）。

　　不同職業的文化，在維繫職業成員共同假定的意義上，會因為其職務涉及的新科技而有所不同。因此，工程師、醫師、律師、會計師等在基本信仰、價值、隱性假定上也會有所不同，因為他們本質上是從事不同事務、受過不同的訓練、在執行職務時也有著特定的認同。所以，在每個職務的領域，我們都可看到創辦人對組織文化的假定與職務性、功能性團體的融合。

　　舉例而言，根基於科技的強大職業次文化是資訊科技（IT）。而資訊科技的次文化是「工程文化」的主要樣本，主要致力於改善與創新。資訊科技的假定如下：

◆ 資訊可劃分為位元（bits）並電子發送。

◆ 資訊總是越多越好。

◆ 資訊可在電腦螢幕中即時獲取及儲存。

◆ 無紙化的辦公室是有可能且被需要的。

◆ 人們要適應科技的引領。

◆ 人們可以也應該要學習資訊科技的語言與方法。

◆ 如果資訊科技提供更好的協調機制，管理者將會放棄組織的分級制度。

◆ 組織越是充分連結，越能表現良好。

◆ 人們應該有責任且適當地使用資訊。

◆ 任何可被標準化、常規化、避免人為失誤的事物都應被制定。

　　相形之下，員工與非科技類的管理者應假定以下說明：

◆ 操作的相關資訊必須包含面對面的人際互動，方可被準確理解。

◆ 資訊必須從原始資料中提取，並只在不斷變動的特定內容中有意義。

◆ 意義來自於複雜的模式中，而非數據位元。

◆ 因效率產生的費用不一定是值得的。

◆ 太多的連結會造成資訊過載。

◆ 擁有越多資訊，需求將會越多。因此，擁有較少資訊是比較好的。

◆ 特定的資訊，像是表現評估的個人回饋，不應被量化及電腦記錄。

◆ 不是每件事都適用無紙化，使用紙對許多類型的工作仍是有必要的。

◆ 科技要適應人們並對使用者友善。

◆ 無論網路作業溝通是多麼有效率，分級制度對人類系統還是根本的，且是必要的協調機制。

◆ 資訊的控制是必要的管理工具，也是維持權力與地位的唯一途徑。

◆ 標準化在動態的環境中可以限制創新。

　　要注意到，在許多層面上這些假定都相互衝突，這也說明了為何資訊科技常被員工所抗拒。如果資訊科技與其他的次文化是不被認同與承認的文化，組織將會面臨重重困難。然而，執行長若可以理解不同次文化的不同假定，他／她就可以創造出員工與資訊科技專家共同工作，並決定如何執行新系統的文化島（cultural island）。

　　當組織成長並持續成功時，職務的次文化將變得穩定且明確。組織清楚明確知道此狀態，尤其當組織為了將來領導者的訓練與培育而發展出循環式的計畫。當年輕的管理者輪替銷售、市場、經濟與產品的不同工作，他／她將同時習得這些工作的技巧與觀點，並理解次文化的假定。

　　在一些案例中，職務次文化間的溝通障礙變得強大且溝通變得更糟，導致組織必須創造新的跨界（boundary-spanning）職務或過程。最明顯的例子就是生產工程業（production engineering），其主要的任務與功用，就是使製品從工程業到產品業的歷程更為流暢。工程業經常為精緻物品設計，並且認為製品可以達成任何其所設計的事情，然而產品業卻認為工程業不太實際、缺乏成本概念且太聚焦於成品完美而非如何完成。

　　結論就是，職務的次文化會形成組織的多元性，而此多元性將與職業社群及職業背後的科技有所連結。多元性製造了一般管理的基本問題，因為現今的領導者需要引入志同道合的組織成員，而這些成員是真正依據其教育及在組織中的經驗而有著不同的觀點。如果這些問題是可預期的，領導者可避免依職務來運作組織，或是讓不同職務對話以刺激彼此，這將被視為理所當然的假定。促進跨越次文化間的溝通，需要領導者在文化上的謙卑，以及認知次文化差異且尊重的能力。

## 區域性的權力下放

　　當組織持續成長並擴及其他區域，發展出地方單位是必要的，以下是其原因：

◆ 不同區域的顧客會要求不同的商品及服務。

◆ 在某些區域，當地的勞力成本較低。

◆ 鄰近原料、能源或供應商的區域有必要存在。

◆ 如果產品是在當地市場銷售，產品就必須在市場所在地製造。

　　因為區域的差異，勢必會有問題產生，也就是企業文化是否能在不同區域足以強大到主張自身文化。如果企業領導對於延續及擴張其核心假定感到自信，他就會從原國家派資深管理者進入該區域。另一種選擇，如果是挑選當地的管理者，組織就必須讓他們接受密集的社會化過程。我回想起在新加坡的會議中，一位澳洲人剛被任命為惠普公司當地廠區的領導人。他在澳洲被錄取，然後將在新加坡發展他的生涯，他是位相當盡職的惠普公司員工。當我問他為什麼，他解釋在受僱不久後，已飛到加州去見Packard先生本人並與高層會談六小時，接下來的兩個星期，他被惠普公司的思維（HP way）徹底灌輸，並被鼓勵要經常拜訪總部。讓他印象最深刻的是，資深管理者願意花時間來認識他，並傳遞在惠普公司中的核心價值。

　　在DEC公司，負責大型區域及國家的資深管理者都以這些國家為基礎，但他們每個月會花兩、三天跟Olsen先生與總部的其他資深管理者開會，即使多數的員工是當地人，DEC公司所執行的基本假定仍會持續加強。所有的地方辦公室都很類似，並使用相同的工具與流程來工作。

　　然而，區域性的國家巨觀文化也勢必會影響區域性的次文化。不同假定的融合可在每個區域性中發現，這反映出當地的國家文化，以及商業條件、顧客需求等諸如此類的情況。地方影響的過程是非常顯著的，因其中涉及商業倫理。當在某一個國家中把錢給供應商或地方政府，被定義為賄賂或回饋、違法或不道德時，同一做法在另一個國家卻不只是合法，也被視為經商過程中基本且是普遍的現象。

　　當組織趨於成熟時，區域性單位將承接越來越多業務。組織可能除了要整合地方銷售或單位的分布，更要整合像是工程業與製造業的部門。在這些部門中，另一個結合跨業務單位間次文化的困難也顯而易見。舉例而言，DEC公司中形形色色的歐洲單位都是典型地由國家所建立，他們發現不同國家的顧客會想要不同版本的產品基本款，引導出在何處可以找到符合地方需求的工程業問題。一方面，要廣泛維持工程業的標準是很重要的；另一方面，這些普遍的標準在特定區域卻使得產品較無吸引力。最後，這些地方單位必須要發展自身的工程業以使商品客製化，好讓產品在其所銷售的國家販賣。

## 依據產品、市場或科技的差異化

　　當組織成長時，組織會依使用的基本科技、產品導向、顧客種類來做出區隔化。在年邁公司的創辦者與領導者必須認知並決定區隔產品、市場，或科技的需求，並瞭解此做法會在前線創造出全新文化的問題。舉例來說，汽巴嘉基公司（Ciba-Geigy）剛成立時是一間染料公司，但此公司在化學化合物的研究卻引領其進入藥品業、農業、化學製品以及化工原料。雖然其核心文化是奠基在化學上，如同先前所述，次文化的差異明顯反映出不同產品的組合。

　　創造出此種文化差異的趨力有兩種。第一種，具有不同教育職業背景的職員會被不同的商業類型所吸引。第二種，跟顧客的互動需要有不同的思維模式，其將會發展出不同的共享經驗。要記得，巴塞爾（Basel）總部曾一度提起一種會分割不同部門的市場計畫，並在不久後瞭解到無法執行，因為一位隸屬醫藥部門的執行長說：「我們當真以為一位受過良好教育且整天面對醫師與醫療行政的銷售員，跟一位整天在糞便中閒晃並說服農夫買農藥的農村小子，這兩者之間有任何共通點？」

　　Alpha Power公司主要是傳送電力到城市，但其也有瓦斯及蒸汽的單位，兩單位在傳送服務上使用不同的科技。另外，公司在城市中有不同的據點，產生了大批發展自身文化的次級組織。這被視為是組織中的「穀倉效應」（silos），對整體企業安全與環境規劃而言是有問題的，因為地方的情況常常需要計畫的調整。

## 部門化

　　當組織成長並發展出不同的市場時，常會發展出部門化（divisionalize），而在某些意義上是產品呈現多種業務、市場、區域單位下放分散的現象。此過程在某種科技、產品與顧客組合下，讓所有業務緊密在一起的優勢，使次文化間有了更多連結。為了要執行並整合部門，需要有一位總經理，而在其帶領部門時，需要有合

理的自治。當部門發展了自身的歷史，即使在地理上很靠近母公司，也將發展出反映自身科技與市場環境的次文化。

部門中強力的次文化對母公司而言不會是個問題，除非母公司想要執行特定的一般做法或管理過程。我自身經驗的例子正好強調了此議題。我被要求與瑞典政府的資深管理者共事，該公司是擁有組織的集團，工作是協助總部決定是否發展「共同的文化」（common culture）。此集團的範圍包括了造船及礦業，還有極端差異的消費者產品，像是Ramlosa瓶裝水。我們花了兩天檢視了所有的利弊，決定只在需要共同觀點的兩項活動上發展財務控制與人力資源。在金融範疇上，總部人員在建立共同事務上相對較無困難，但在人力資源範疇上，就會碰上真正的困難。

從總部的觀點來看，培訓未來總經理的流程架構是必要的，此需要部門間允許其高潛力的年輕管理者在不同部門與總部的業務單位之間歷練。但是，部門的次文化在如何培養管理的假定上有著明顯差異。有部門認為基於商業的背景知識，所有員工從內部升遷是很重要的，所以員工強烈地拒絕任何跨部門升遷類型的概念。在另一個部門，成本的壓力非常沉重，以至於放棄發展計畫中高潛力管理者的想法是難以置信的。第三種部門的規定是，職員在職務上的快速升遷（stovepipes），將導致管理者極少因具備通才潛力而被評鑑。當發展規劃呼籲部門接受在升遷發展上來自其他單位的管理者時，部門公然拒絕了儲備人選，認為儲備人選並不清楚部門的商業運作，而且在任何層級上都不被接受。最後部門的次文化大勝，而發展的規劃則大部分終止。

執行跨部門的資訊科技系統普遍被認為是重大的問題。舉例來說，在醫療行為的演變中，電子紀錄保存的採用在現今遇到了阻力。許多醫師拒絕學習使用鍵盤，因為會花太多時間在做與病患目光接觸之外的活動。當大量醫療行為的規範在於建立與病人之間的緊密人際關係，以提高整體的病患感受（patient experience）時，許多醫師認為這種現象消除了與病患之間的個性化關係。

關於DEC公司演變的重大因素之一，就是其確實創造了生產線，卻從沒有部門，這讓銷售與工程的核心業務依舊有主導性。相反的，惠普公司在發展的歷史中很早就劃分出部門。許多DEC公司的管理者推測，劃分部門的失敗是其經濟困難的主要原因之一。

因為全球化，徵收共同人力資源的過程將是持續的問題。母組織的假定是，每個人都應該受到同樣的尊重與利益，但在其他巨觀文化的現實中卻不可能。在美國，人們相信因技能而受僱用，不受職位階級或家族關係的影響（尊重是透過成就得來的）。然而，在許多其他國家卻認為不管成就高低，僱用家族成員是適切的。

美國公司會分發紅利與股票選擇權（stock options），但在許多美國以外的國家卻遵循嚴謹的薪資原則。

## 分級制的差異化

當組織的人數增加了，協調活動就變得越來越困難。最簡單且普遍的機制之一，也是所有群組、組織及社會都曾面對的問題，那就是在體制內要增設額外的律師，好讓任何指定管理者的權限範圍都是合理的。當然，合理的定義會有五至五十人。然而，如果組織持續成長並成功，每個組織遲早都會將其劃分為更多的層級。

在特定層級中，成員的互動與共享經驗提供了共同假定形成的機會，也就是依據等級與地位而來的次文化（Oshry, 2007）。此種共享假定的力道，會是一個互動相對更多的功能與共享經驗的強度，讓不同層級的成員在一起時，感覺是在同一層級。

晉升的管理者有時會說出動人的故事，也就是當他們從體制中升遷時，他們的管理型態如何改變的過程。一位連鎖超市的資深管理者描述他起初如何成為一個店家的管理者，然後他因親自認識所有員工而成功。當他晉升為三個店家的區管理者時，他仍試圖維持相同方式拜訪所有店家，並盡可能地花時間在店家與部門的管理者上。當他又晉升為超過十區的區域管理者時，他理解到已不能再拜訪店家了，因為他的拜訪會造成店家的困擾，且他也已是大家會向他鞠躬的高層老闆。

如今他需要開始用規定與政策來管理，且他只需對鄰近的十位區管理者親自從事管理者角色的工作。當他升遷到國家級的總部時，他發現到他必須要尋找方式來培訓旗下的區域管理者，並協助區域管理者培養部屬，而他現在的表現則是由每個區域的財務回報來評估。他花越來越多時間在檢視財務結果上，並考量執行長與董事會的意見而做修正。他也理解到長時間以來，他失去了不只對人，還有對工作職務的熟悉度（functional familiarity）。他越來越依賴旗下的組織，因為他越來越不知道事務真實的運作方式。

管理者越來越不知道前線事務真實運作的情形，這是組織成功、成長與衰退所產生的主要結果。另一個結果則是，組織的設計者、創造新概念及流程的工程師也都會陷入接下來不知道會發生什麼事的困境，但是他們有另一個文化阻礙：他們的職業文化將會放較少的價值在人力，而放較多的價值在簡練的設計上。從次文化的角度來看，這意味著每個成熟的組織在執行者、工程師、設計者及組織日常工作的實際操作者間，都有個潛在的斷裂現象。

# 三種次文化連結的需求：執行者、設計者與主管

在每個組織的公領域或私領域中，三種次文化必須要予以定義及規劃，以減少不協調或破壞性的衝突。當跨部門衝突、權力施行或個性衝突時，這樣的衝突常被誤判。此認知中所缺少的是，這些不同的團體演變出完全不同的次文化，因為它們有著不同的功能、面對不同的環境問題，且也奠基在不同的職業巨觀文化上。在年輕的組織中，全體組織成員因創辦人而融合在一起，但在成熟的組織中，卻會演變成不同於自身與角色的基本假定，隨之也發展出潛在的衝突。每個巨集功能都依賴著組織的效率，也就意味著領導中關鍵性的功能之一，就是要確保這些次文化與組織的共同目標是一致的。

## 執行者功能的次文化

對於製造並販賣組織產品或服務的員工，與全體員工（staff）的概念不同的是，所有的組織成員都有某種像是整體團隊（line）的願景。我稱之為執行者（operators），是認同自身經營場所的員工。執行者在設計者的工作、工程師、與組織維持財務良好的高階主管表現上都相當傑出。在所有組織中，部分執行者的基本假定，如表11.1所示。

| 表11.1　執行者次文化的假定 |
| --- |
| ◆ 組織的行動最終會是同仁的行動。我們是主要的資源，我們經營此場所。 |
| ◆ 因此，企業的成功仰賴著我們的知識、技巧、學習能力及承諾。 |
| ◆ 知識與技巧都需要地方化（local），並依據組織的核心科技與我們特定的經驗。 |
| ◆ 無論產品過程如何仔細生產，或規則與行事如何仔細的制定，我們知道都將面對不可預期的突發事件。 |
| ◆ 所以，我們要有學習的能力來創新並處理意外。 |
| ◆ 在過程中，個別元素間的多數執行者是相互依賴的，我們必須要成為在溝通、坦承與相互信任上共同工作的團隊，而承諾是有高度價值的。 |
| ◆ 我們依靠管理來給予合適的資源、訓練與支持來完成工作。 |

次文化是最難形容的，因為其涉及組織的區域性及內部的執行單位。因此，你可以認同核電廠、化學複合物廠、汽車製造公司、座艙廠或辦公室的次文化，至於是何種元素使得此文化比地方單位更廣泛，就不太明確。為了觸及此議題，我們必須考慮到不同產業的執行者反映了自身產業中廣泛的科技趨勢。

某種基礎上，在特定的行業中如何完成工作反映出創造此行業的核心科技。而當這些核心科技有所演變了，執行的本質就會改變。舉例而言，當Zuboff（1984）

有說服力地強調，資訊科技在許多行業有勞力過時的紀錄，所以應要用概念性的工作來取代。在製造顏料的化學工廠，員工不再四處觀察、嗅覺、觸摸與操作。相反的，員工則坐在控制室並從電腦螢幕中的各項指數來推斷廠區的情況。在所有例子中所定義此次文化的是，員工執行事務的感觸，而他們也是組織中前線（front line）的主要功能。

執行者的次文化是根據人際互動的，而多數的生產單位知道高層次的溝通、信任與團隊合作是有效完成工作的基礎。執行者也瞭解到無論制定得如何清楚，在不同操作情況下都要完成事務的規定，世界還是有某種程度的不確定性，而執行者必須要準備並使用創新的技能來面對。如果在核電廠的操作是複雜的，執行者要知道彼此是高度相互依賴的，且必須以團隊的方式來一同工作，特別是要處理意外事件時。規定與分級制度常會遇到不可預期的狀況。執行者要有高度的敏感，知道哪些生產過程是相互依賴功能的系統，所有這些都必須有效率及有效能地一起完成。以上觀點都適用各類型的生產過程，無論是我們所談論的銷售功能、文書組、座艙或服務單位。

執行者知道如何讓工作有效完成。執行者要堅定在多數先前所陳述的假定，但因為現況不是跟他們所訓練時的內容相同，且現況也是不同於組織正式程序，但通常要完成工作，有時要顛覆在管理上不合理的要求。在此過程中最有效的變數之一就是「遵守規範來工作」（work to rule），也就是每件事都做得非常精確與緩慢，也因此讓組織非常沒效率。有個例子是多數遊客所體會的，當航空交通管制嚴格執行規定時，就可能幾乎造成癱瘓。

從正式工作過程到實際情況之調整的普遍現象，以及把新過程制度化並教導新進人員，都稱之為「經驗的轉換」（practical drift），而其對所有執行者的次文化來說是重要的特點（Snook, 2000）。這是很基本的原因，這也是為何研究組織內部如何運作的社會學家總是從正式設計過程中尋找充分的變數，以談論非正式組織（informal organization），並指出沒有員工在此部分的創新行為，組織可能就不會如此有效率（Dalton, 1959; Hughes, 1958; Van Maanen, 1979）。因工作運作方式而演化出的文化假定，通常是一個組織中最重要的部分。

舉例而言，如同生產單位的所有觀察者所知，除非在嚴峻的條件下，員工是極少盡全力工作。更典型的是，規範發展出「公平薪資的公平工作量」之標準，而工作比此標準還認真的員工則被認為是「行情破壞者」（rate busters），並會有被排斥的危險。因此，為了充分瞭解在成熟的組織中事務如何運作，你必須觀察操作中的非正式文化。

## 工程與設計業務的次文化

在所有的組織中，有個團體可以代表組織使用科技元素的基本設計，而此團體擁有如何運用此科技的知識。在特定的組織中，組織如次文化般運作著，而讓此團體如此重要的，其基本假定是從職業社群與教育背景中衍生出來的。雖然工程設計師在組織中工作，但他們的職業認同卻很寬廣並橫跨國家與行業。在以科技為基底的公司中，在某種程度上創辦者通常是工程師，並由其自身的假定來開創組織。我們後來看見像是DEC公司類別的組織，主導其他商業功能的工程次文化就說明了DEC公司的經濟成功與失敗（Kunda, 1992; Schein, 2003）。這些工程次文化的基本假定，如表11.2所示。

---

**表11.2　工程次文化的假定（全球社群）**

- 理想的世界是一個精緻的機器與過程，在沒有人為干擾的完美精確與和諧中運作。
- 人們會是個問題－人會犯錯，因此要盡可能的設計一套系統。
- 也應該要掌握人的天性：盡可能的要做到（積極的樂觀）。
- 解決方法要依據科學及可利用的科技。
- 真實的工作涉及解決困難及克服問題。
- 工作必須傾向於實用的產品與效果。

---

此次文化的共享假定是植基於普遍教育、工作經驗及工作需求。教育說明了問題有抽象解決方案的觀點，在原則上，這些解決方案在沒有人性弱點與錯誤的真實世界中，可藉由產品與系統來實現。工程師，在最寬廣的意義上使用此稱呼，是有效用、精緻、持久、效率、安全的產品與系統的設計者，好比是建築物般有著美感的吸引力。然而，這些產品基本上的設計是被要求達到人力操作者反映的標準，或理想上沒人力操作員也須達到標準。

在噴射機或核電廠此複雜系統的設計中，工程師偏好例行性的科技以確保安全，而不希望靠可能發生突發狀況的人力團隊。工程師認知到人為因素而做設計，是源自於其認為人最終會犯錯的基本假定，所以其設計偏好是讓事務盡可能自動運作。DEC公司的創辦人Ken Olsen先生指出機器是不會出錯的，只有人會犯錯，所以如果當有人說電腦錯誤的話，他會非常憤怒。安全性要融合在設計中。我曾問過埃及航空的機師，是否偏好俄國或美國飛機。他立刻回答偏好美國飛機，並說明俄國飛機只有一或兩個備用系統，而美國飛機有三個備用系統。在類似的情況中，我無意中聽到兩位工程師在降落西雅圖機場時的談話，他們說在完全不需要艙座機組人員的情況下，此飛機也可輕易由電腦駕駛與降落。

換句話說，在工程次文化中，當務之急的重要議題就是無人系統設計。回想起舊金山灣區捷運系統（BART）的設計是全由自動列車來運作。在此情況下，並非是操作者拒絕自動化的情況，而是顧客。此結果造成重回用人力操作列車，雖然公司只能藉此來挽回顧客。自動化與機械將會越來越受歡迎，因為其成本較低、系統可靠性高，不會有人為考量在其中。但是，已有人點出，當情況改變或有不同反應時就需要人力。

在科技組織中，我只聚焦在工程師上，但是其做法可通用在所有組織中。在醫學中，會由醫師來發展新的手術科技；在法律辦公室裡，電腦系統的設計者要創造出適合的文件；在保險業中，是精算師與產品製造者；在金融世界中，則是新型態複雜的金融工具設計者。他們的工作不是做例行公事，而是設計新產品、新結構，以及讓組織更有效率的新過程。而軟體工程（software engineering）如何被看待，現今仍不明確。是設計者、操作、或兩者都是？

操作者與工程師都常發現自身脫離第三種主流文化的範圍，也就是主管文化。

## 主管的次文化

存在於所有組織的第三種次文化，就是主管的次文化，其植基於所有組織的高階管理者共享類似環境與想法的現象。此種次文化由執行長與其主管團隊為代表性。主管的世界觀建立在維持組織生存與財務健全的需求上。而此世界觀是被董事會、投資者與資本市場的想法所影響。無論主管是否有著其他的想法，主管的想法不能偏離於擔心及管理關於組織生存與成長的金融議題。在私人企業，主管要特別擔心盈利並回饋給投資者，但是關於生存與成長的金融議題不像在公營或非營利企業中顯著。此種主管次文化的基本元素，如表11.3所述。

---

**表11.3　主管次文化的假定（全球社群）**

**金融焦點**
- 沒有金融生存與成長，就沒有對股東與社會的回饋。
- 金融生存就如同對競爭者永恆的戰爭。

**自我形象的焦點：孤軍奮戰的英雄**
- 金融環境永遠是競爭並潛藏著敵對關係；「在戰場上，誰都不可以相信。」
- 因此，執行長必須要成為孤立及孤獨的「孤單英雄」（lone hero），要表現得無所不知、完全的掌控、且感到自己不可或缺。
- 你不可能從下屬那邊得到可靠的資料，因為下屬會說你想聽的話；因此，執行長要更相信自己的判斷（例如：缺乏準確的回饋，反而會增加領導者所知內容的正確性）。
- 組織與管理在本質上是分層階級的（hierarchical）。分層階級是現況與成功的判斷，也是維持掌控的主要方式。

| 表11.3　主管次文化的假定（全球社群）（續） |
| --- |

◆ 雖然人員是必要的，但卻是必要的手段（a necessary evil）而非內在價值；人員是種資源，也像其資源般要被取得與管理，而非毀在此資源上。
◆ 運作順暢的機器組織不會需要全部的人員，只需要合約內容上的活動。

　　舉例而言，在Donaldson與Lorsch（1983）的研究中曾指出此主管層級，也就是透過「主導性的信念系統」（dominant belief system）來做所有決定，其反映出主要選區進入金融範疇中的需求，而選區中蘊含著所依靠的資本市場、獲得員工、供應商與顧客的勞力市場。主管內心有著做決定的複雜程式。很顯然的，也有著依金融衍生出的主管文化。如果文化按照普遍經驗而形成，那麼我們也可假定在多數的組織中，也將有中間管理人員的次文化，因為他們既沒權力也沒自主權，且必須學習在不明確的權力環境中如何生存。類似的情況，前線的監督者常被定義為不同的次文化，因為他們同時認同普通職員及管理者。

　　主管次文化的基本假定特別適用於直升或升遷上來的執行長。組織的創辦者或有相關職務的家族成員展現出不同的假定，並維持更寬廣、更多人性的關注（Schein, 1983）。因為主管職業的本質，升遷的執行長傾向於只採用金融的觀點。當管理者在階層制度中越升越高，自身的責任（responsibility）與績效責任（accountability）就越高，對金融事件要更全神貫注，而管理者也將發現，越來越難觀察與影響到組織的基本假定。管理者認知到在管理上要保持距離，而這樣的認知勢必驅使其以權力系統與例行事務的角度來思考，此做法也將會變得更不人性。

　　因為義務總是集中並偏向組織高層，當越來越難獲取可靠的資訊時，主管就越想知道發生什麼事。資訊及掌控的需求促使主管發展複雜的資訊系統及掌控系統，同時卻也在分層階級的高階職位上感到孤獨。

　　矛盾的是，在整個管理者的職業中，他們都必須要處理人員的問題，且務必理性認知到讓組織運作的始終都是人員。尤其是前線的監督者都相當清楚他們非常依賴人員。然而，當管理者在分層階級中升遷時，兩個因素會造成他們更加不人性。

　　第一，管理者逐漸意識到他們不再只是管理操作者，而是管理其他跟自身思考相同的管理者，因此這種狀況非常有可能會讓他們的思考模式與世界觀逐漸被其他操作者的世界觀所影響。第二，當管理者升遷時，除非管理者知道旗下每個為他們工作的人，其所管理的單位將會逐漸擴張。在某程度上，管理者意識到他們不能直接管理所有人，而因此要發展出系統、慣例與規則來管理組織。成員漸漸會被視為是人力資源，並被當作是成本，而非是資本的投資。直屬的幹部也拋出了他們也是

成員的問題，但他們卻也同時要競爭成為執行長，因此他們更需要被客觀地看待，避免有主管偏愛特定人選的質疑。

因此，主管次文化在工程上有著共通點，就是把成員當作是引發問題而非解決問題的客觀資源。用另個方式來說明這一點，就是要注意到在主管與工程的次文化中，組織成員之間的關係被視為效率與生產率最大極限的工具，而非是自身的最大極限。這兩個次文化都有著共通點，就是在特定組織外的職業基礎。即使執行長或工程師在特定組織中耗盡了其職業生涯，他們仍會認同組織外的職業參照團體。類似的情形，設計工程師都希望能夠參加專業的研討會，並希望在會議中向外部的專業同行學習最新的科技。

我已強調過這三種次文化，因為其彼此間有著不一致性的目標，如果我們不能理解這些衝突在組織中如何解決，我們就無法瞭解組織文化。許多在管理者間歸因於官僚體制、環境因素或個性衝突的問題，事實上是在次文化間缺乏統整的結果。所以，當我們試圖理解特定組織時，我們不只考慮到整體的企業文化，也同時要思考如何連結不同次文化的認同與評估。

## 主管功能的獨特角色：次文化的管理

我已描述過主管次文化及其偏見。然而仍要說明的是，在多數公營或私營組織中的主管職務上，有著管理其他職務的特別角色，意味著主管同時也要處理其他的次文化。正因如此，組織中正式領導者的主管必須要為了組織良好運作，而去理解與管理文化動能。

如同後續討論文化演變與管理改變的章節，文化管理不善的最壞例子就是在組織的文化管理中，領導者把責任推給人力資源的業務，或是推給顧問。次文化間無法自行協調。如果有環境、科技、經濟或政治的改變產生讓組織衰退的威脅，領導者就要創造文化，也必須要管理在組織中段的文化（O'Reilly & Tushman, 2016）。依據過去成功所建立的組織文化，在不同程度上可能會變得功能失調，而此變化需要領導者意識到要有文化改變的需求。這樣的改變有著徹底的變化，從只是調整而發展到正常的改革過程、在沒有改變文化DNA中指導過程，或是面對更多功能上文化改變的需求，這些都將在接下來的章節中描述。

## 摘要與結論

組織的成功通常會製造出成長的需求；因著組織成長與成熟，組織需要在業

務、區域、產品、市場或分級階層的單位上有所區隔。在此過程中，領導者主要的功能就是理解不同差異化方式所產生的文化結果。新的次團體最終會以足夠的經驗，並依據職業、國家與獨特的歷史經驗來創造次文化。當這樣的差異化產生時，領導者的任務就是要找出協調、連結、整合不同次文化的方法。

組織成長與成熟也會產生普遍的問題，像是失去人際關係，以及因協調、評估、負責等面對面方式而有逐步的汰換，或是依據標準化流程、契約、客觀性溝通機制而維持的策略性焦點，以上這些最後會產生「官僚體制」的負面標籤。

當領導者發現不同業務有著不同文化時、當地處偏遠的管理者無法準確詮釋總部的備忘錄時，或當資深管理者不跟員工分享關於成本與生產的想法時，以上都無須感到意外。爲了鼓勵發展共同的目標、語言及程序來解決問題，建立有效的組織，最終是契合不同文化的關鍵。

最不可或缺的是，領導者要認知到，此文化連結需要領導者本身及技巧上讓不同文化對話的文化謙遜，才會維持相互的尊重並產生和諧的作爲。如同我在第七章巨觀文化管理中所描述的，在組織中這需要文化願景的設計與問題解決的對話。

## 給讀者的建議

1. 想一個你有興趣的組織，並對照設計者與工程師、操作者以及主管間的活動。
2. 在以上每個團體中，找出他們所處的環境，以及其如何影響文化。
3. 你是否認同以上三個團體間的文化可以互不連結？

# CHAPTER 12

# 自然形成與引導性的
# 文化發展

本章節要探討當組織成長及發展時，文化發展及改變的自然過程，以及討論領導的改變對這些過程的影響。而此類型的影響可以透過刻意的組織再設計，給次級團體不一樣的環境，改變組織的一些流程，以妥協達到新的行為，但這樣的行為卻不一定能引發新的信念或價值。或是利用像是自然災害或醜聞等事件在組織團體間促使成員產生新行為。上述這些改變一般來說無法規劃，也無法透過正式的文化診斷或評估去執行；相反的，是從領導者對於緊急事件的反應而來。

在接下來的章節中，我們將關注一些案例，在這些案例中，領導的改變會發現特定的問題，進而開始一系列應變管理的歷程（managed-change process），歷程中不可避免地會以某種方式涉及文化。領導者需要瞭解應變歷程的正常發展，才能引領組織發展。

文化所引發的機制和過程是依據組織認知到自身的發展階段而來。這些機制是在後期階段所累積的，所有先前的應變機制持續進行著，但附加性改變則與其相互關聯。

對領導者而言，瞭解這些機制的運作特別重要，因為最好的應變程序類型，通常是領導者推動正常發展的過程，而非反對即將在文化DNA中發展為最穩定的元素。阻力存在於文化DNA中，就像是一個巨觀文化的組織會嵌套在另一個不同於自身DNA的巨觀文化。舉例來說，一個國家的公司視賄賂官員為正常流程，但同一做法在美國卻毫無作用或是有危險的。

## 創建與初期成長

如同我們在第八章所描述的，在一個新組織建立與初始成長的草創階段，組織主要的文化來自於創建者及其對組織的假定。此嵌入式的文化樣態成為組織獨特的能力、成員認同的基礎，以及讓組織連繫在一起的心理連結。組織草創階段的重點在於與外在環境或其他組織的區分，也就是組織需要讓文化有明確性，盡可能地將其融合，並清楚地向新進成員示範（或是從初始的和睦相處中選擇新進成員）。

在草創階段對於改變的啟示是無庸置疑的。在年輕且成功茁壯公司的文化很可能是堅定的，因為：(1)主要文化的創造者仍在職位上；(2)文化幫助了組織界定其本身，也順其自然地進入潛在的艱難環境；(3)組織成員從許多文化元素中，學習到如何防衛組織建立與維持自身文化時所產生的焦慮。

因此，無論是內部或外部的刻意改變，都將完全被忽略或強烈地被拒絕。相反的，主導性的成員或聯盟會傾向於維持或提升文化。唯一能影響此情況的力量可

能存在於外在的危機之中，如增長率急劇下降、銷售或利潤的虧損、主要商品的失敗、關鍵人物的損失，或是無法忽視的環境事件。如果這樣的危機發生了，創辦人將失去名譽，而另一個新的資深管理者則取而代之。如果創建的組織維持完整的樣貌，其文化也將會是完整的。那麼，文化在組織的草創階段是如何發展的呢？

## 在一般及特定發展中所產生的附加性改變

如果組織沒有承受外部太多的壓力，且創辦人或創辦家族掌權很長一段時間，文化則是以吸取這些年來最好的運作方式來小規模成長。這樣的發展涉及了兩個基本過程：一般發展與特定發展（Sahlins & Service, 1960）。

### 一般發展（General Evolution）

組織在進入到下個階段的一般發展中，涉及多樣化、複雜性增加、差異化與整合，以及創造成新型及更複雜形式的組織形體。融合到巨觀文化的次文化增加、創始團體的成員逐漸老化與退休、從私有到公有制的過程、合併或收購其他公司，皆會創造出新結構、新管理系統、新文化路線的需求。雖然有其他解決問題的建議，但我的經驗是這樣：在驗證案例之前，我們需要看更多的例子（Adizes, 1990; Aldrich & Ruef, 2006; Chandler, 1962; Gersick, 1991; Greiner, 1972; Tushman & Anderson, 1986）。

在發展過程的通則下，總體的企業文化會對外部環境與內部結構做出調適。基本假定也許被保存下來，但呈現的形式可能會改變，並創造出改變基本假定的最終行為模式。舉例來說，DEC的假定是個體需要找到「從爭論中取得真相」與總是「做正確的事」，從以純粹的邏輯來辯論，提升到以保護專業或組織的角度進行辯論。

### 特定發展（Specific Evolution）

特定發展是根據組織中的特定部分在特殊環境下的適應，以及在核心文化下巨觀文化多樣性的影響所產生的結果。這就是造成組織在不同產業中發展不同類型的企業，以及引起次團體發展不同次文化的機制。因此，一個高科技公司將會發展高度精密的技術研發（R&D）技能，而一個食物或美容的消費品公司將會發展高度完善的市場技能。這兩個例子中，彼此的差異將會反映出關於市場運作和組織實際成長經驗的重要深層假定。

如果次文化從職場中衍生出來，其也可稱之為職業改變（occupation itself changes）的職業價值。舉例來說，在多數公司的人事功能都發展自公司文化，但當職業轉化成全球性職業，越來越多的人事管理者開始主張此職業專業的價值與信

仰，即使從企業文化中演化出來也是如此。在許多組織中，「人力資源」將開啓主導，爲符合專業而改變部分規則，並與初始文化DNA不同調。

企業文化的理想狀態與次文化現實間的不同調，是組織發展前進到「管理文化發展」（managed culture evolution）的主要影響之一（personal communication, Cook, 2016）。在早期階段，這樣的差異是可被接受的，並會努力降到最低限度。舉例來說，在迪吉多電腦公司（DEC）的服務，組織是較爲自主經營，而其可被接受，是因爲每個人都理解到當顧客需要及時且高效的服務時，服務業被要求能夠自律。「做正確的事」（do the right thing）的高階原則，合理化了在不同功能下所產生的管理變化。然而，公司文化與次文化間的不同調，在發展的中期與後期，次文化將成爲改變的主要力量。

## 透過洞察力的引導性發展

即使不是以我們文化一貫的作風，一個成立不久的組織通常會高度意識到自身的文化。在一些組織中，例如：DEC公司，文化會成爲關注的焦點，且被認爲是力量的來源。DEC公司的管理者瞭解到他們的文化是重要的動力及整合的驅力，所以他們創造出「訓練營」（boot camps）來協助新進者獲得洞察力，並在內部發行諸多明確表達文化是種力量的文件。他們也認知到其所創造的文化假定與規範是一種強而有力的掌控機制（Kunda, 1992; O'Reilly & Chatman, 1996）。

## 透過融合的管理發展

先前提到的機制是爲了保存並提升文化而存在，但環境中的變化通常導致失衡，形成更多調適性的改變，讓一些文化的深層假定受到挑戰。年輕的組織如何表態並高度認同改變呢？組織會逐步並持續附加性的改變機制，不僅是組織內部人員有系統性地自我提升，也更能適應外在實際情境。因爲他們是組織內部人員，他們接納了大部分的文化核心並對組織文化具有信任度。然而由於他們的性格、生活經驗或是在他們事業中所發展的次文化，他們保持的假定與基本架構典範呈現不同程度的差異，因此得以逐步推動組織進入新的思考及行動方式。當這樣的管理者派任到關鍵職位時，他們常能從他人的身上引發此種感受。「我們不喜歡這人在這裡改變的方式，但他／她又是我們的一分子。」

這種機制要能夠運作，首先是部分最資深的公司領導者必須要有洞察力，知道改變的需求、組織文化的缺漏，或抑制改變的關鍵。他們可以藉由參與正式的文化評估活動、刺激董事會成員與顧問提問，或透過與其他領導者參與的教育課程來獲

得洞察力。所有這些活動的共通點，就是迫使領導者偶爾跳出其文化之外，更客觀地檢視文化。如果領導者能認知到改變的需求，他們可以開始進行相互融合，如同把對於新信仰與價值有偏見的內部人員放在關鍵職位一樣。舉例來說，當電腦產業從硬體革新轉移到軟體發展，具有改變思維的領導者可以在產品發展中將更多的軟體取向管理者排入重要職位。DEC在運作時需要更多訓練有素的人員，所以DEC要把更多人從製造業中移到主要產品線的工作，因為他們已在原職責中學有專精。

## ▌發展到中年期：承續的問題

　　從組織結構的角度，組織發展的中年期可視為創辦者放棄在組織中對推動或任命管理者的掌控。他們仍可能是組織的擁有者並留在董事會中，但是操作性的掌權則交棒給第二代管理者。此階段可能緩慢或快速的發生，也可能發生在小型或大型組織內，所以最好是從結構性的角度思考此問題，而非短暫考慮。許多剛起步的小企業快速進入組織發展中年期；相反的，像IBM這樣的公司卻是當Tom Watson Jr.放棄掌權時才發展為中年期。而William Clay Ford在福特汽車公司的轉變階段時，也仍是董事會的主席。

　　在組織發展中年期，從創辦者與擁有者家族到管理者的繼承，通常涉及許多階段與過程。這些過程中初始與最危急的部分，是創辦者放棄執行長（CEO）的角色。即使新任的執行長是創辦人的兒女或是家族中信任的成員，對於創辦者或企業家的天性來說，放棄他們所創造的公司仍是相當困難的（Dyer, 1986, 1989; Schein, 1978; Watson & Petre, 1990）。在轉變的階段，員工喜不喜歡創辦者會反映在成員對文化元素的喜惡，因為多數的文化很有可能是對創辦人個性的反射。

　　在保守派、自由派與激進派之間有許多的爭論。保守派喜歡創辦時的文化，自由派與激進派卻想要改變文化，在一定程度上他們想要提升自身在職位上的權力。此情況的危險之處在於創辦人的情感是投射到文化上，而為了替換創辦人，許多文化是受到挑戰的。如果組織成員忘了文化是一系列影響成功、安逸、認同的解決方法，那麼組織成員可能是在嘗試改變他們視為有價值且依賴的事物。

　　這階段常遺漏的是，對於組織文化的理解是什麼，及其對組織的作用，而非過程如何達成。因此，在投資者與董事會成員中想改變的領導者，要設計繼承的過渡過程，以促進此文化，並提供認同、獨特的競爭力，與避免焦慮。新的領導者不僅要有帶領組織到成熟階段的能力，也要有對文化兼容的信念與態度，否則將會失敗，如同蘋果電腦公司中John Scully和其他幾個外部執行長的情況一樣。明白現有

文化的DNA與組織嵌套在巨觀文化DNA中，對於想改變的領導者來說相當重要。

對創辦者與具有潛力的繼承者而言，對繼承的準備工作在心理層面上是困難的，因為典型企業家喜歡維持高度掌控。在公務上，他們會培育繼承者，但卻會無意識預防有權力與能力的人在這些角色上的運作。或是他們會制定繼承者，但會預防繼承者學習如何穩坐其職位——Prince Albert症候群（The Prince Albert syndrome），還記得維多利亞皇后（Queen Victoria）不允許她的兒子練習國王的角色。如同IBM的例子相同，這個模式特別像是執行一個父親給兒子的轉變過程（Watson & Petre, 1990）。

當創辦人或創辦家族放棄掌權時，如果繼承者是正確的混合體並代表組織生存下去的需求，改變文化發展方向的機會就來了。如果正確的混合體無法到位，組織有時會回歸先前成員在原組織外發展自身事業的混合體。舉例來說，在Scully被Apple公司解僱時，幾個外部的執行長被帶進公司，但卻沒有人可振興組織。直到創辦NeXT的Steve Jobs回任公司時，可能帶回了對組織有價值的新事物，Apple公司才重新獲得動能。

在發展中年期，文化最重要的元素會在組織的結構與主要過程中形成。因此，文化意識以及刻意建立、融合或保存的嘗試則會變得不重要。組織在草創階段所習得的文化被視為理所當然。會被意識到的文化元素有可能是信念、強勢的信奉價值、公司口號、文字章程，以及其他公司想要宣稱或支持的公開聲明——其哲學與意識形態可能未必與公司的組織DNA一致。

一些改變的機制所起的作用與這些轉變的過程有關。可能是外向的創辦人、擁有者或新任執行長所發起的，但也可能是自發性產生的。在組織發展的中年期，除了先前所提到的之外，這些機制也在其他方面運作。

## 善用次文化的多樣性

組織發展中年期的優勢在於其次文化的多樣性。因此，領導者可以藉由評估不同次文化的優勢與劣勢來發展組織的中年期，然後藉由賦予次文化的人職權，以讓企業文化傾向其中一種次文化。這就是先前提及混合體使用的延伸，在組織中年期有著強大的影響，因為企業文化的保存對年輕且持續成長的組織來說不是重要的議題。而且，在發展中年期的組織是由一般管理人在領導，他們在情感上未緊繫於初始文化，也因此他們可以更好地評估未來的需求方向。產品或市場改變所牽涉之處，如同汽巴嘉基公司朝藥品界發展，我觀察到幾個最重要的企業階層的管理職位，通常由醫藥部門的執行者所擔任。

　　雖然次文化的多樣性對年輕組織來說是種威脅，但如果環境持續變化，它在組織發展爲中年期時可以是個明顯的優勢。對於改變機制的唯一劣勢是，變化是很緩慢的。如果文化改變的步調是因爲危機情況而加速，許多有步驟、有規劃的方式就必須去執行。

## 科技的改變

　　即使在最基本假定層面，文化元素在組織發展中年期有時被迫面對演變，尤其當新的科技因爲競爭者、領導者自身，或研發單位的整併或收購所引進時（Christensen, 1997; O'Reilly & Tushman, 2016）。新的科技需要員工與管理者新的行爲模式，而新的行爲未必會與其能力和表現相稱。如同Zuboff（1984）很明顯地表示，當資訊科技與控制室的成員展現對製造業電子資料的依賴，許多員工仍無法瞭解此轉變，並離開新的文化。現在的醫生需要填寫病人的電子資料，不再使用手寫的處方箋，這些主要的文化改變讓許多醫生憤恨並拒絕適應。

　　有趣的是，我最近體會到另一個科技改變的循環。當我的醫生戴上Google眼鏡（Google Glasses）時，眼鏡可直接看到我，並在電腦中傳達指示，輸入我已登載過的資訊。科技中的改變不會直接影響文化，但會強迫產生新類型的行爲，而逐漸導向新的技巧、信念與態度。當桌上型電腦首度被使用時，許多組織授權所有的管理者開始使用，就如同藥界開始強迫醫生透過桌上型電腦填寫醫療紀錄與處方箋。具有洞察力的變革領導者將理解到，如果要尊崇信仰與價值，像這種新科技的引進會影響成功接納的可能性。與其放棄新科技的強制力，許多變革領導者應該創造更多應變管理的規劃（managed-change programs），在接下來的章節會持續討論。

　　在應變管理規劃的初期，公司需要利用「教育性介入」（educational interventions）當作是組織發展的規劃來介紹新的社交科技，利用公開宣示的方式創造以情境爲主的常見概念或語言，但仍可能感受到缺乏共同假定的情況。舉例來說，Blake的管理方格理論（managerial grid）（Blake & Mouton, 1969; Blake, Mouton, & McCanse, 1989）、動力系統理論（systems dynamics）與學習型組織（the learning organization）在許多理論中也被呈現，像是Senge的《第五項修練》（1990）、Scharmer在《U理論》（*Theory U*, 2007）中的全面品質管理（total quality management），以及Toyota汽車公司的製造系統中常爲人所知的精益生產（lean）（Womack, Jones, & Roos, 1990）。

　　在許多介紹個人電腦及相關網路資訊科技的案例中，強制出席訓練課程、促使決定之專業系統的引用、跨越時間與障礙的會議之各式群組軟體，很明顯全都

稱之為科技引誘（seduction），雖然可能不在設計者的意料之中（Gerstein, 1987; Grenier & Metes, 1992; Johansen, et al., 1991; Savage, 1990; Schein, 1992）。此策略下的假定，在特定區域中，新的普遍語言及概念，像是組織領導者如何連結下屬或是他們如何用心理模式界定事實，最終都將逐漸促使組織成員適應新型共享假定的參考框架。

一個科技誘惑的不尋常例子，是一個管理者接下了一百年前由皇家特許狀（royal charter）設置的英格蘭交通公司，該公司發展了一種堅定的傳統，就是在藍色卡車的側邊漆上皇室紋章。公司正面臨持續虧損，因為未能積極尋求如何銷售運輸工具的創新概念。在觀察此公司數個月之後，新上任的執行長突然沒理由地命令將整個卡車車隊漆成純白色。當然，此舉造成錯愕。委員們促使董事長重新考慮，抗議這麼做會失去認同、並預測將導致整體經濟面臨災難，其他形式的抗拒也相繼響起。以上這些都需要耐心聆聽，董事長也僅重申他希望速戰速決。董事長毫無商量餘地削弱了反抗。

當卡車都漆成純白色後，司機忽然間注意到顧客對此作為感到好奇，並覺得卡車上要有新的標誌。這新問題讓全體員工思考到他們所經營的行業，並開始關注市場的取向，這也就是董事長最先想試圖建立的。無論對或錯，執行長假定他無法透過此問題而得到更廣泛的關注。他必須引導員工進入到一個別無選擇，必須重新思考認同的情境。

在這些組織內部過程之外，我們必須承認資訊科技革命的普及如同汽車業中製造全球性普遍的改變一樣強而有力，即使用在組織與職業社群的概念下也相同。「如同Tyrell（2000）在這些影響的摘要中提及，大量互動的溝通科技發展與部署（特別是網路、網際網路、電子數據交換、全球資訊網）已創造了新的環境，史無前例地讓許多人接觸到專業社群的利益」（p.96）。由於這些論述，我們有了讓電子信箱過時的Facebook、LinkedIn、Twitter及其他新科技出現。

如果組織與電腦社群的邊界變得不固定，將有一個整體問題出現，也就是一群只透過電子互動的人們，如何形成與執行共同假定的文化（Baker, 2016）。某些最基本的文化層面是要處理人們管理互動行為。在電子時期，新形式的社會契約必定要面對授權及面談的議題。舉例來說，現今許多專業服務的機構組成，是由小型總部的組織及網羅各地專家的廣大工作網絡所形成（律師、顧問、醫生），他們是隨時待命，而非以組織為概念且須簽訂契約的員工。當各種員工契約改變了，職業的概念也隨之改變，在巨觀文化的範疇下邁入下一步的文化發展（Schein & Van Maanen, 2013）。

## 透過外部人員挹注的文化改變

　　共享的假定可以藉由替換主導團體的組成或是組織的聯盟而改變——像是Kleiner在他的研究中所定義的「有影響力的團體」（the group who really matters）（2003）。改變機制最有效力的版本，是發生在當董事會從外部組織引入新的執行長，或是當收購、合併、融資合併之下引入的新執行長。新執行長通常會帶著自己的團隊，並淘汰做事老舊無效的人。結果，此作為破壞了企業文化原始的階層文化，並啟動新文化結構的過程。如果有強烈功能的、地區的、部門的次文化，新的領導者通常需要替換這些單位的舊領導者。Dyer（1986, 1989）曾檢視現在幾個組織的改變機制，發現有一些遵循模式：

◆ 因為衰落的表現或市場失敗，組織產生了危機的領悟，並認為需要新領導。

◆ 在支撐舊文化瓦解的過程、信仰及符號的層面上，同時會有工作模式維持（pattern maintenance）上的弱化現象。

◆ 從外部引入且有著新信仰與價值的新領導者會處理危機。

◆ 在支持舊假定與新領導間產生了衝突。

◆ 如果危機緩解且新領導者被信任了，他／她在衝突中獲勝，新信仰與價值將藉由一組新的工作模式開始形成與強化。

　　這個極端的版本稱之為根本性變化（turnaround）的管理，其大幅改變了結構與過程，並擁護了新信仰與價值，但其改變有著不同的程度。員工可能會認為：「我們不喜歡新的方法，但我們無法與事實爭辯，也就是改變讓我們再次獲利，所以或許我們可以嘗試新的方法。」仍眷戀舊方式的成員不是被迫退出就是自行離開，因為他們對組織的發展方向與做事方式已不再感到滿意。

　　新領導者可能以三種方式失敗，改進沒有發生、改進發生時，新領導者不被信任、或是新領導者的假定對創辦人留下的傳統文化核心存在威脅時。如果三者其中之一發生了，新領導者將會不被信任並被逼退，如同發生在Apple公司的Scully（據說他從未在Apple公司的科技社群內獲得尊重，該科技社群至今仍是Apple公司的核心）。當外部人員被引入創辦人或家族仍有實權的年輕公司時，此種情況經常發生。在這些情況下，新領導者很有可能會破壞創辦人的假定，然後被迫離開。

　　文化的改變有時會被激發，藉由有計畫地引入外部人員到資深管理階層的新職位，並接受他們逐步教育、重塑資深管理者的思維。這很有可能發生在當外部人員承接次團體、重塑次團體文化並獲得高度成功時，因此創造了組織如何運作的新模式。此過程中，最普遍的歷程很有可能是表現強勢的外部人員，或內部的創新

人員去管理組織中眾多部門下最自主的部門。如果那個部門成功了,將會產生新模式讓其他人認同,並成為資深職位的核心管理者,然後影響組織最主要的部分。O'Reilly與Tushman（2016）說明了這也是組織可以處理分歧的科技或市場改變的方式,藉由創建分裂的小單位,並依循原文化發展成長。

舉例來說,通用汽車（General Motors）的土星（Saturn）部門和新聯合汽車製造公司（New United Motor Manufacturing, Inc.）的工廠——通用汽車與豐田汽車的合資企業——是刻意給予自由發展,讓員工參與汽車設計與生產的新假定,因此其學習到了一些關於在製造廠如何處理人際關係的新假定。通用汽車也得知電子數據系統可當作對組織改變的科技刺激。這些單位的成功,製造了不同的文化,因此它們可以成為上級組織的改變範例,但通用汽車的實驗顯示,如果創新的文化植基於強烈的巨觀文化之下,則較大型的文化不需要採用新文化。儘管它需要有重大改變,通用汽車關掉了土星部門跟新聯合汽車製造公司,因為創新者的DNA與基本假定有太多衝突,而此基本假定是支持著通用汽車,並在通用汽車公司破產好幾年後仍持續下來的。

## 組織的成熟期與潛在的衰退

持續的成功會讓文化改變且更為複雜,進而形成兩個現象:(1)許多基本假定更堅定保留下來;(2)組織發展了自身信奉的價值與理想,並逐漸與其實際假定脫離。如果內部與外部環境維持穩定,堅定保留下的假定則會成為優勢。然而,如果環境中有了變化,某些共同假定因環境改變太大,則會產生不利現象。

當組織趨於成熟時,會發展出正向的意識形態與如何運作的迷思。建立在過去所做過良好的事蹟上,組織會發展自我形象,或可說是組織的面貌（face）。因為組織就像其他個體一般,有著自尊與自我實現的需求,當完成主要工作的實際做法需有更多責任時,同一時間組織卻開始宣稱其所追求的,這通常是不尋常的。因此,信奉的價值在不同程度上脫離了實際假定,而實際假定卻是從成功的日常操作發展來的,有些假定則是從不同的次文化發展而來。

這些迷思最好的例子可以在高風險的產業議題上看到,像是石油公司、電力公司、航空業、醫院與其他重視員工及公眾安全的組織等。這些行業或個別公司都強調「安全是我們主要的關注」,但是這樣的做法卻總是環繞在成本、生產率、進度與政治考量的各種權衡之上（Amalberti, 2013）。由美國國家航空暨太空總署（NASA）與挑戰者（Challenger）、哥倫比亞（Columbia）太空梭所實驗的兩

項主要事件，兩者都涉及部分員工的安全議題。德州煉油廠爆炸案（The BP Texas City）的死亡，是因爲員工宿舍過於緊密而無法阻止危險化學物。墨西哥Gulf區蓋井的失敗，是因爲在成本的壓力下只蓋了一組備用系統，而非兩個。這案子最大的諷刺是，在爆炸當天，員工們曾因爲滑倒、絆倒和摔倒（slips, trips, and falls）等相關數據下降而獲得安全獎項。

如果沒有揭發這些表裡不一的事情，迷思將被持續發展並成爲信奉的價值，甚至建立起與事實不同的聲望。在1990年代最普及的例子就是許多公司聲稱從未裁員，而在2009年的迷思是銀行、金融公司及相關行業逃過房屋泡沫化。這是文化成長的力量，也是種錯覺，也就是信奉價值通常是組織如何做事的方式，以致在成熟的公司中讓文化管理變得困難。多數高階管理者會說那簡直是生死關頭（burning platform），或是某些重大危機會促使面對眞實的評估及接下來的改變過程。

## 透過醜聞及迷思破滅的文化改變

當信奉價值與基本假定不一致，醜聞及迷思的破滅成爲主要的文化改變機制。有主要的事件發生後，才會促使評估與後續的改變程序，通常像是涉及喪失生命，而讓結果無法隱藏、避免或否認，最終導致公開或可見的醜聞。慘重的事件，像是美國三哩島（Three Mile Island）的核電洩漏事件、挑戰者（Challenger）及哥倫比亞（Columbia）的太空梭虧損、印度的波帕（Bhopal）化學爆炸事件、德薩斯城（Texas City）的BP煉油廠爆炸、墨西哥海灣（Gulf）的漏油事件、因海嘯而被破壞的福島核電廠，都迅速引發「檢視爲何允許此事發生」的聲音之文化。在衛生健保行業中，使用等值劑量被視爲是一種「不法致死」（wrongful death），其揭露了醫院安全程式的失敗。

在這些案例中，通常可發現由組織所執行的假定，會偏向省錢且實用地完成工作進度，而這些工作會依官方意識形態在程度上有所不同（Gerstein, 2008; Snook, 2000）。員工經常會抱怨此工作的意識形態，那是因爲員工與組織所相信的不一致，員工是被忽略或否認的，有時連帶影響說出此訊息的員工被懲罰。雖然這會毀了告發者的職業，但當一位員工強烈感受到足以達到告密的時機點，醜聞則將發生，而工作內容最終將重新被檢視（Gerstein, 2008）。

醜聞的公開會迫使執行者去檢視理所當然的規範、操作，以及假定並小心運作。災難與醜聞不會自動造成文化改變，但無法否認，是一個強而有力的驅力，因此也啓發某種自我評估與改變的規劃。在美國，此類型的公開重新檢視是來自關於經濟的職業文化，像是透過安隆公司（Enron）及其他涉及可疑的金融個案。政府

忽略了這些案子是在柏尼・馬多夫醜聞（Bernie Madoff scandal）之後才被檢視，甚至一些自由企業中，資本系統的功能假定也因2009年的重度衰退而重新被檢視。這些重新檢視有時會導向新的操作，但這些不會自動創造新文化，因為新的操作可能不會產生更好的外部成功或內部舒適。醜聞創造新操作與價值產生作用的條件，但要成為新文化的元素卻只有在其產生更好的結果時。

在醜聞或危機把基本假定帶入意識，且依機能不良而被評估之後，基本選擇（basic choices）才會介於某種根本性變化之間，一種文化區塊更激烈的轉型而允許組織再度成為有適應性的，或是變成組織的破壞，而其文化是透過合併、收購再組織化的過程、外部領導者根本性變化的過程，或是破產的訴訟（或上述全部）。在任何案例中，有力的新任變革領導者需要解放組織，並啟動確實會改變組織DNA的規劃（Kotter & Heskett, 1992; Tichy & Devanna, 1987）。要注意到的重點是，當迷思破滅了，就會提供變革領導者機會去領導組織新的方向。

## 透過合併與收購的文化改變

因為不太可能會有兩個組織有相同的文化，所以當一個組織收購了另一個組織，或兩個組織因為經濟或市場的原因而合併，或各種企業連結的原因，必然會發生文化衝突。因此，領導者的角色就是要釐清如何管理衝突。兩個組織的文化會以自身的方式持續發展。一個比較有可能的局面是，其中一種文化將會有主導權，並逐漸轉換或驅除另一種文化的成員。第三種解決辦法是為新組織篩選兩種文化元素而融合兩種文化，這種辦法不是促使新的學習歷程發生，就是刻意選擇組織主要過程中的文化元素（Salk, 1997, Schein, 2009b）。

舉例來說，惠普公司（Hewlett–Packard）與康柏公司（Compaq）的合併案中，雖然許多人認為這是惠普公司所主導的收購案，但事實上合併案的執行長檢視了兩個組織的每個商業過程，選了一個看起來較為良好的，並將之推行在每個人身上。兩種文化的元素用此種方式萃取出來，惠普的領導者認為此做法能有效消除這些在惠普公司文化失常的元素。

這方法有個有趣的變數曾被報導出來，就是通用（GE）公司在Pignone子公司（General Electric of Pignone）的接管案，它是1994年在義大利的老牌公司，此例子是Jack Welch後來宣布的收購案，是通用公司在全球化中關鍵的布局（Busco, Riccaboni, & Scapens, 2002）。不用說，通用公司與Pignone在許多層面上有文化的差異，但是通用公司的接管方法只是加強其會計系統，因此強調每件事情的數字指標，甚至通用公司執行者還告誡Pignone管理者「不要只看數字，要專注在

願景上」。數字，可以更具體及可管理，不只是主要的關注，也是可以明顯促使Pignone改善其管理過程。作者曾指出，起初拒絕通用公司文化接管的Pignone，開始對通用公司如何運作有興趣，並自願開始採用許多通用公司文化的其他元素。

### 透過破壞與復興的文化改變

這個戲劇化的標題反映了一個事實，當成熟的公司處於嚴重的生存危機時，沒辦法有系統地促發組織之間的融合，進而引進外部執行者的做法是最後手段。如果董事會或投資者引入強硬的外部人員來穩固情勢，稱之為「翻轉性管理者」（turnaround manager），新的領導者有可能帶入他／她的團隊，並汰換仍堅信舊文化基礎的管理者。也就是說，當你移除了主要文化的施行者，這些人通常是資深階層的老前輩，會因為破壞了團體，同時也破壞了文化。

當一個公司被收購時，類似的過程會發生，就是收購的公司會利用收購時汰換所有主要的人員並任用自己的人，藉此來強化其文化。第三種破壞的版本常因為破產訴訟而發生。在訴訟過程當中，董事會可引入全新的執行團隊，並撤除團隊、認同功能、帶入新科技，然後用其他方式驅使真正的文化改變。接著新組織開始運作，並開始建立其自身文化。這過程是會有傷痛的，因此在典型使用上不會被當作是沉穩的策略，但如果已危及經濟存續的話，就有此需要。在2009年的經濟衰退期間，許多金融組織與汽車公司經歷過此破壞性的一系列事件，但復興並非可預測或會發生的。在過去工業轉型的歷史研究中顯示，即使危機的發生也只會有小型改變，然而在其他時期，改變是真正有轉變力的。

## 摘要與結論

我已敘述各種文化改變的自然機制與過程，也說明這些改變可透過變革領導者來轉變。如同先前所述，在不同組織階段中，不同的功能是藉由文化來運作，因此在這些階段改變的議題也會有所不同。在組織形成性的階段，文化經常是正向成長的驅力，需要詳盡、成熟及清楚的交代。在組織發展中年期，文化變得多元，而許多次文化也開始形成。決定哪些元素需要改變或保存，成為領導者需要面對的艱困策略議題，但此時，藉由回饋不同次文化，領導者在改變的信仰與價值上則有更多選擇。在組織成熟與衰退的階段，組織文化經常會在某部分產生失調並予以改變。例如：透過會導致合併、收購、破產、根本性改變的激烈過程。

文化發展是透過員工進入組織，藉由新的假定及組織各部分不同的經驗。透過挑選、升遷與減少多元性，領導者有能力提升多元性並鼓勵次文化的結構，同時，

也操控了組織文化發展的方向。環境越動盪，對組織而言，多元性的最大化也就越重要，因此憑藉組織之間的相互融合所產生的多元異文化現象，讓改變最大化來適應環境所創造的新挑戰。

## 給讀者的問題

1. 近幾年來，有哪些改變是來自於經濟的醜聞？
2. BP公司在墨西哥岩灣的漏油事件帶來何種改變？
3. 你能想到近幾年來，在沒有醜聞或某種危機而帶來的主要改變嗎？

**PART IV**

# 評估文化及領導計畫性的變革

至此我提供的就是對於何謂文化、文化的作用以及如何看待並理解文化的描述分析。你該何時或如何評估文化完全取決於你的理由，例如：你可能想要評估你工作的組織的文化，來看看是否你能適應其中。你可能是個正想取得另一家公司的領導，而想知道原本公司文化與新公司文化如何融合。你可能是個經理想要化解你底下兩個部門的衝突而想去瞭解這兩個部門的文化；你可能是個人力資源，而你的頂頭上司經理問你，公司人員是否工作夠投入，也希望你能打造一個讓員工投入工作的文化（create a culture of engagement）；或者你是一位醫院的主管，擔心太多誤診而造成死亡或高感染率，也聽說過在高危險業裡有「安全文化」（safety culture）的概念。

　　我的重點是，評估文化這麼多可能的原因，使用不同的工具及變革模式都可能導致不同的判斷以及變革程序。

　　本書這部分我們要做的是，盡可能提供評估與變革的某些普遍性問題，並且說明文化評估工具以及最適用於這些問題的變革程序。第十三章我們檢視評鑑牽涉到類似文化這麼複雜的概念時會產生的大問題。第十四、十五章我們將焦點關注於發展成為跟文化變革方案相關的兩個評鑑的主要方法，第十六章我們提出一個總體變革模式讓變革領導者參考。

　　我們最後一章將探討在創造及經營文化的現在與未來會涉及的事物，領導者該如何表現及作為來應付這複雜的領域。

# CHAPTER 13

# 解讀文化

　　組織文化的研究有多種方式，研究方法須依研究目的而定。光是為了好奇而解讀文化，對於企業而言就如評估個人的人格特質一樣是不明確的。如果有某個問題須被闡明或者某特定問題需要資訊，評估會更有意義了。可見我們如何執行評估以及使用何種工具取決於我們的目的，假使我們考量前幾章所談到的所有文化層面，我們就能理解要從基本假定層面來解讀文化是項艱難任務。本章會闡述當我們試圖解讀文化這種複雜現象將會面臨的普遍性問題。

## 為何解讀文化

　　需要解讀或評估文化的原因有很多種，其一端是純學術性研究，研究者想要呈現文化的圖像給研究同儕及其他想要發展理論或驗證某種假設的有興趣的社群。這包括許多人類學家，他們置身某個文化當中以獲得內部人員的觀點，然後將之形諸文字提供其他人瞭解當中原委（e.g., Dalton, 1959; Kunda, 1992; Van Maanen, 1973）。

　　一個原因是學生要評估一個組織的文化以決定是否要進入該組織工作，或者是員工或管理人員想要更深入瞭解他們組織的文化以圖改進；另一個原因是顧問或變革代表需要解讀文化，以促進某個組織為瞭解決業務問題而發動的變革方案，這些案例最大的差異在於解讀的深淺程度和焦點以及誰需要知道其結果。本章最後也討論相關的倫理議題以及各種途徑可能產生的風險。

### 從外部解讀

　　不只俗民誌學者或研究員需要解讀組織文化，職務應徵者、顧客、記者等偶爾都會需要瞭解某個特定組織內部發生些什麼事。他們不需要全面瞭解某個文化，但是他們總得知道跟他們目的相關的某些元素。最常見的是大學畢業生需要瞭解某個特定組織以決定是否去那邊工作，因此他們需要：

◆ 參訪與觀察。
◆ 辨認人工製品以及不瞭解的過程。
◆ 問內部人員為何事情是那樣做的。
◆ 辨識看起來不錯的信奉價值，問問在組織內是如何執行的。
◆ 找尋一些矛盾之處，問問真正決定每日作為的是什麼。

　　基本要點是不要太深入挖掘文化，除非你在人工製品表層有看到。這意思是參觀公共空間、巡迴遊覽，要求看內部區域，和看看組織可提供的任何文件。首先想到有關主要區域可能會讓你感到疑惑，為何辦公室（隔間、桌子）是那樣的？為何

那麼安靜或吵鬧、爲何牆上連張圖畫都沒有等等問題。你的個人需求和喜好引導你看事物的過程，而不是某個正式的檢核表，想要讓自己更能抓住要點，試試觀察內部人員在正式以及私人的關鍵議題時對彼此的行爲。

在過程中，你會遇見某些內部人員，如招聘人員、客戶代理人、導遊、在那邊工作的朋友、友善的陌生人，這些人能和你聊一下，當你和這些內部人員互動時，他們待你的方式就會顯示出其組織文化，透過互動最顯現文化，詢問內部人員你看到而感到疑惑的事物。你會很訝異地發現，他們可能也一樣感到疑惑，因爲內部人員不一定需要知道他們的文化，但是他們和你一樣感到疑惑的這件事會讓你洞見文化的不同層面。你可以問問其他內部人員，某些人可能更能察覺內部發生的事情。如果你有閱讀所有有關這組織並聽過這組織宣稱的目標和價值，找尋是否有這些證據，並問問內部人員這些目標與價值如何被達成。假使你發現其間的矛盾，也問一下。當你聽到一個概括性介紹或抽象的概念，例如：「我們這裡是個團隊」，問問是否有比較明確的行爲範例。

解讀文化的過程無法標準化，因爲各組織能提供外人看的東西差異很大，你只能像人類學者一樣大部分依賴觀察，再以各種探詢方式，聚焦於讓你覺得疑惑的事會讓探詢更單純化。如果你試圖證明你對於組織的假設或刻板印象，你會讓人感到有威脅性，因此會得到不正確、防衛性的訊息。如果你展現純然的困惑，你會得到內部人員想讓你瞭解的努力，因此最好的探尋方式就是展現出你困惑的樣子，然後說：「請幫助我瞭解爲何事情是這樣的。」

## 以研究者角色而言解讀是一種介入

如果你是研究人員想要解讀有關某個特定研究問題的事情，你第一個問題是如何進入。在接洽組織的過程中，溝通你的需求以及你能提供給他們的回報，你會經歷和你所遇見的內部人員一起進行的所有步驟，這時你會得到許多看似表面卻蘊含與你的研究問題相關的文化知識。依據你的研究目的，你必須決定還要收集那些資訊以獲得對文化更深入的瞭解。

你得瞭解要從複雜的人類系統獲得有效的資料本身就是件困難的事，牽涉一大堆不同的選擇，而且對組織生活而言是一種介入。收集有效文化資料最明顯的困難是個大家通曉的現象，也就是當研究涉及的是以人類爲對象時，通常研究對象要不是拒絕，就是隱瞞他們覺得需要捍衛的資料，或者是誇大來給研究者好印象、或者取得淨化心靈的安慰——「終於有人對我們有興趣並願意聽我們的故事了」。需要這類淨化心靈的安慰是由於再好的組織都會產生一些毒素，如老闆給予的挫折、未

達目標所引發的緊張、過度工作導致疲乏等（Frost, 2003; Goldman, 2008）。

在試圖理解組織和運作的過程中，你可能發現自己聽到沒有其他傾訴出口的焦慮或感到挫折的員工的各種悲傷故事，想獲得組織內真正發生的事情資訊，你必須找到一個鼓勵內部人員確實描述事件經過的方法，而不是只想取得你的好印象，隱瞞資料或誇大其辭。最好的方法可能是自願提供某些協助或者在裡面當一個實習人員，問問是否有兼職工作，或者表示你願意幫助他們，而不只是想要收集資料。

如果你用任何方式接洽組織，即使獲得同意安靜的觀察，人類系統無形中都已被干擾。被觀察的員工可能認為你是間諜，或者是獲得淨化心靈的機會。如同前面所述，你在那裡的動機可能會被視為是為了管理，你可能會被視為是一個討厭的人、一個干擾者，或者是他們可以傾訴的聽眾。但是你無從得知你所引發的這些眾多可能反應究竟是什麼，以及不論是從收集資料或倫理的觀點而言，他們是否歡迎你。因此，你得要仔細檢視眾多可用的資料收集介入模式，並謹慎選用。

收集資料的各種可用方式列舉於下，依據「研究者」涉入研究的組織的程度，以及在資料收集過程中組織成員的涉入程度。我特別把研究者用引號括起來，是因為在人類系統中無法「僅當研究者」，除非你研究的只是組織的產品或者是人口數。進行研究的倫理問題必須一開始就要加以考量，且須優先於研究者要獲得可靠確實的資料。

◆ 人口統計：末端變數測量的。
◆ 文件與組織產品，如歷史、傳說、儀式、符號象徵及其他人工製品的內容分析。
◆ 俗民誌或參與成員的觀察：請求在裡面和員工閒談、跟著某個特選的參與者行動、靜靜坐著觀察避免任何涉入或提問。
◆ 以志願者或協助角色參與。
◆ 請求成員填寫問卷、評價、客觀性測試、個人或匿名量表，由外部人員評分。
◆ 教育介入，反映式測試、評量中心和訪談。
◆ 行動研究或由組織發動的契約研究。
◆ 協助或顧問過程的一部分附帶的臨床研究。
◆ 全然涉入改善程序，如統計品質管理或傾斜過程重新設計。
◆ 投入一個正式職位一段時間以完全體驗該文化。

因為倫理因素實驗通常是不可能的，但是調查與問卷常被使用，下一章會詳細探討使用調查與問卷的限制。假使你認為文化資料的詮釋需要與研究對象的互動，你可以使用半結構訪談、反射式測驗、或者標準化評量情境，不過這些方法仍會引

發你是否干預其系統超越他們認可的範圍，或者透過資料收集過程本身也影響到其文化之類的倫理議題。

　　訪談時，你可以問一些廣泛的問題如下：

◆ 到這組織來工作是怎麼樣的？

◆ 你注意到在這裡跟人相處最重要的是什麼？

◆ 老闆怎麼溝通他們的期待呢？

　　這種途徑最主要的問題非常費時，且要把每個不同個體的資料整合成一個完整的圖像可能不容易。每個人即使使用同樣的說法，卻可能看待事情的角度不同。你的難題就是如何接觸這個團體，讓他們的深層文化假設能自然顯現，答案是你必須激勵該組織願意自己呈現讓你知道，因為他們也能有所收穫。這讓我們聯想到行動研究以及臨床研究，行動研究一般被認為是在研究過程中被研究的組織成員一起參與收集資料，特別是也參與詮釋研究發現。如果這專案的動機是幫助研究者收集有效資料，使用行動研究是恰當的。然而，假如這專案是組織發動來解決問題的，我們就需要轉向我所謂的「臨床研究」（Schein, 1987a, 2001, 2008）。

## 臨床研究：以協助者或顧問角色去解讀

　　不管是當志工或者是有給職的顧問，我最常用來當作解讀文化的方法，是從我自身作為協助者的經驗學到的。如果是組織需要你提供某些協助，或是你想要協助組織更瞭解自己而想改變時，這個分析層次是可以達成的。你對於文化的深入見解正是你付出的協助的一個伴隨物。這似乎能更深入，因為作為一個協助角色，你可以問一些平常他們可能會認為被打擾的問題。這種研究模式的關鍵區別特色是資料來自於組織成員主動提供，不論是因為它們發起這個過程且向你透露能有所獲，或者是你發起這專案，而他們覺得和你合作會有收穫。換句話說，不論這個接觸是如何發起的，如果組織成員覺得是獲得你的協助，最好的文化資料自然就會浮現。

　　如果你是個俗民誌學或研究人員，必須仔細分析你有什麼可以提供給該組織，且讓組織多少能從某方面獲益或終能成為一個客戶。這種思維方式需要你從一開始就瞭解你的出現對組織是種介入，因此目的必須讓你的介入成為對組織是有益的。

　　俗民誌學者講述他們如何從不被接受，到他們開始在某方面對於組織成員有所助益，如協助做某件工作或做某方面的貢獻才被接受的故事（Barley, 1984; Kunda, 1992）。這貢獻可能只是象徵性的，甚至與被研究的族群的工作毫無關聯。例如：Kunda（1992）提到他和一群工程人員工作，他被「許可」研究這個群體，但是他們都保持距離，使得他很難去問這群體某些儀式或事件所代表的意義。然而，因為

Kunda很會踢足球，於是請求加入午餐時間的比賽，有一天他為他那隊得了一分，從那天開始，他說道，他和那群體的關係完全改變了。他突然變成團體的一分子，也就可以問之前他覺得無法得到答案的議題了。

Barley（1984）在研究一家醫院放射部門剛導入電腦斷層攝影時，自告奮勇擔任小隊的一員工作者完全被接納，以致他實際做出各種不同的貢獻讓工作順利完成。要點是要以企圖協助的角色去接近組織，而非只想收集資料。另一種方式是，顧問被聘請入組織來協助解決某些存在卻跟文化無關的問題，在解決問題的過程中，顧問會發現跟文化相關的資訊，特別是當使用的是過程一顧問模式，使其著重在探討及協助組織去幫助自己（Schein, 1999a, 2009a, 2016）。

如果你作為協助者角色，你就有權利問各種能夠直接導向文化分析的問題，也因此讓研究的進展更能聚焦。你和「客戶」都會全然透入問題解決過程，尋求相關的資料成為共同的責任。說出真正發生的事情成為客戶自己的興趣，而非企圖隱瞞、誇大或發洩情緒。這種臨床的協助角色，你不會被限制只得到表面的資料。

你有許多機會和成員閒聊及觀察還有哪些是正在發生，讓你可以結合臨床和參與觀察者的俗民誌研究模式的最佳元素。事實上，俗民誌模式（俗民誌學者常作為協助者）及剛剛所提的協助者模式合而為一也其實是相同的。

### 臨床收集到的資料的正確性如何？

你要如何判斷用這種臨床模式所收集到的資料正確性呢？正確性議題有兩個元素：(1)依據你可收集到的不論是現代或歷史資料的事實精確度；(2)關於組織成員對所傳達文化的再現，以及他們對文化詮釋的意義與精確度，而不是僅用你個人對資料的反映去詮釋（Van Maanen, 1988）。某些人類學家主張要完全瞭解文化現象至少需要結合歷史的和臨床的研究（Sahlins, 1985），事實的精確度可以採取常用的三角檢證法，多元來源以及複製模式。詮釋的精確度則較困難，但是可以使用三種規準來檢視：第一，如果文化分析是正確的，另一位獨立的觀察者進入同樣的組織應該能看到相同的現象，也有同樣的詮釋；第二、如果這分析是正確的，你應該可以預測其他現象的存在，且預期組織會如何處理未來的議題。換句話說，可預測性和可複製性是主要的正確性規準；第三、組織成員因為你的描述對他們有意義並能幫助到他們理解自我，因此感到舒服。

臨床模式讓兩個根本的假設更明白：(1)研究人類系統不可能不介入其中；(2)我們要完全瞭解人類系統只有透過嘗試去改變它（Lewin, 1947）。這個結論顯得有點弔詭，因為我們應該是想要瞭解系統現在存在的樣子，但這似乎是不可能的，

因為我們的出現是個介入且會造成無法預測的改變，但是如果我們試圖做些有助益的改變，我們就能讓該系統顯露其目標以及其防禦的機制，這是文化的基本部分。要讓這流程能有用，介入的目標必須由組織內在與外在人員共同參與及分享。如果顧問想要依據他們自己的目標來改變組織，就會產生強烈的防禦及資料的保留；如果顧問能協助組織進行需求的變革，就較可能讓組織成員展現真實的樣貌。針對這種計畫性的變革過程該如何運作，將在第十五章和第十六章有更詳細的分析。

## 解讀文化的倫理議題

解讀文化有某些根本存在的風險需要內外部人員在進行前評估。這些風險依據分析的目的而有差異，且多數是很微妙又不為人知的。因此，想要勇往直前的欲望以及組織同意進行，都還不足以保證可以順利進行。外部專家，不管是顧問或俗民誌學者，都該進行個別評估，且有時候該限制自己的介入程度，以保護組織。

### 研究目的的分析所產生的風險

組織在讓其文化顯露給外人知道的同時而變得脆弱，最明顯的解決方式是在發表敘述的時候將組織匿名，但是如果意圖對外部人員精確傳達，組織及其人員能被指認會讓資料更具有意義。像我在本書多數範例所做的，直接指出組織名稱讓人對於文化現象有更深入的瞭解，也讓其他人有可能去檢視其真實性並複製這個發現。

然而，如果組織文化的正確分析被外人知道，不論是發表或僅是在有興趣的人的聚會中被討論，該組織或其某些成員會處於不利的地位，因為原本該屬於私密的資料現在被公開了。組織成員有各種不同的理由，或許不想讓他們的文化攤開來讓他人檢視，萬一資訊是不正確的，潛在的雇員、顧客、供應商以及其他各類跟組織做生意的外人都可能被負面影響到。

在商業學校使用的案例通常不會被掩飾，即使他們常包含透露組織文化的細節。如果該組織瞭解它顯露的內容以及這些資訊是正確的，就不會造成任何傷害。但假若案例顯現出組織並不知道的資料，這種發表成品在成員方面會產生不受歡迎的想法或緊張，也會造成外部人員不好的印象。如果資訊不準確，內外部人員可能都會得到錯誤的印象，也可能會以這種不正確的資訊為標準來做決定。

例如：我在1980年代初期在日內瓦的一家工業研究中心教書，他們使用DEC的一個過期的案例，也因此讓人對DEC內部情形有一個完全錯誤的印象。可是學生卻被這案例所影響，關於他們是否要去DEC就業，再者，大多數類似案例都僅是組織某段時期的某個片面現象，也未曾考量其歷史演進，有關DEC的案例資料可能在

某個時間點是正確的，卻被呈現成它的一般樣貌。

研究人員常會在發表前提供他們的分析給組織成員看以避免這種風險，這步驟的好處是在某個程度上而言，同時可以檢測資訊的真實性。然而，這做法無法完全避免澄清發表資料的組織成員可能會有不清楚這分析，而造成組織其他人容易受傷的風險。也無法避免檢視資料的組織成員，可能想保護自己而禁止發表任何跟組織名稱有關的東西。因此最終的倫理責任是研究者需要擔負的，只要研究者一出版有關個人或組織的資訊，他們就得思考其潛在的後果。在本書任何我提到組織名字時，我不是有獲得許可，就是決定這些資料都不可能對組織或個人造成傷害。在我原來的版本，那時我還在迪吉多電腦公司（DEC）和汽巴嘉基（Ciba-Geigy），所以我用行動公司和多元公司的稱號來代表這二家公司，現在兩家公司都已不存在了，讓我放心地可以直接用它們的真實名稱，同樣的思維也讓我應用來指稱Steinberg公司。

## 內在分析的風險

如果組織是要瞭解其強項與弱點，想要從自我的經驗學習，並根據真實評估內外在因素做出有依據的策略抉擇，該組織需要在某個時間點研究並瞭解自己的文化（Bartunek & Louis, 1996; Coghlan & Brannick, 2005）。然而這過程免不了會有其問題、風險，以及可能的成本。基本上，有兩種風險須做評估：(1)文化的分析可能不正確；(2)組織尚未做好準備接受其文化的回饋。

如果評估結果呈現文化假設是不正確的，這可能對組織造成嚴重傷害。這個錯誤大多會發生在從表層去看文化——如信奉價值或資料僅靠問卷來作為深層假設的真實表徵，而沒有與真正能夠挖掘更深層假設與模式的團體或個體訪談。這是因為僅用類型學和調查而會產生的主要風險，這部分會在下一章進行更深入的探討。

第二種風險是分析可能正確，但不是進行分析的其他內部人員可能尚未準備好消化有關從他們那邊得知的事情。如果文化有一部分的作用是一種幫助避免焦慮以及提供正面方向、自尊、驕傲的防衛機制，不願接受某些有關自己文化的文化事實，乃是正常的人性反應。心理治療師和諮商師常常必須處理病人和客戶端的不願與拒絕，相同的，除非組織人事人員認知真正需要改變，也除非他們檢視組織資料時心裡感覺安全，他們是無法接受研究後呈現的文化事實。更糟的是，他們原有的神話與理想可能被研究分析給摧毀而讓他們失去自尊。

另一風險是某些成員立即獲得洞見，在未經思慮的情況下自動嘗試改變文化，而(1)部分其他組織成員並不想改變，(2)部分其他組織成員尚未做好準備，也因此

無法執行，或者(3)可能無法解決問題。因此，也就是說，文化分析人員必須使其客戶系統完全理解當文化元素一被攤開來說，是有某些後果的。顧問常被內部人員叫進去，透露某些內部人員知道、但因爲各種理由而讓他們感覺不能說出去的話語。同意這點就表示組織可能不想聽到有關其文化的分析。

不只一次當我的分析被某些內部人員讚賞，卻被其他內部人員排拒的經驗，這也讓我獲得一個綜合結論，就是最好幫助組織自己去瞭解其自己的文化，對某些根本就很系統化且完全融入內部人員的事情，外部人員是無法掌握的，這時最好不要擔任外部專家。外部人員千萬不要想去對內部人員講授有關他們自我的文化，因爲外人不會知道地雷在哪裡，而且也很難克服自己微妙的成見。

## 文化分析者的專業責任

如果上述風險是眞的，那麼誰該去關心呢？光對組織說我們將研究你們的文化，且會讓你們知道我們的發現，並在未經你們同意的情況下不會發表出去，這樣就夠嗎？如果我們只處理表面顯現的形式、人工製品及公開的信奉價值，那麼讓成員澄清資料的幾個法則似乎就足夠了。但是如果我們要處理更深入的文化層次，有關他們的基本假定及模式，內部人員可能無法知道會獲得什麼結果，外部人員的專家責任就是要讓客戶眞正瞭解到文化分析的後果是什麼。如果他們不是在一開始就歡迎可能被表露的事情，他們被告知的原則並不足以保護客戶或研究對象。

文化分析須承擔的專業責任是需要完全理解研究可能造成的後果，這樣的後果必須在關係到達一個程度前謹愼說明，這種關係是可以讓外部人員給予內部人員有關文化發現的回饋，彼此獲得心理上的默契，不論是內部想要理解的目的，還是要知道哪些是可以被發表的。由於這種種原因，解讀和發表文化最好是當組織有動機想要進行有關文化的改變時，以及心裡感覺較安全的時候進行，更容易有成效。

目前很明顯的應該是，收集文化資料沒有速成的公式。人工製品可以直接觀察得到，信奉的價值須透過研究者或顧問去詢問可以問到的人以及透過組織出版的資料才能透露，而共同心照不宣的假設必須透過許多不同的觀察及進一步調查其中的矛盾與疑惑推論而得知。

因爲文化是一種群體共享的現象，收集有系統的資料最好的方法是找出具代表性的十至十五個人，請他們討論其背後所擁有的人工製品、價值和假設。這個做法在第十五章有個案探討，也有更詳盡的描述。如果研究者只想要收集符合他們研究目的的資料，以及可以不顧信度與效度問題，前幾章所描述的各種文化內容的類型

是足夠提供要詢問哪些問題的指導方針。在每個內容領域的研究案例實際問題是，要記住文化是廣且深的，想要獲取全面的文化幾乎是不可能的，所以研究者在擬定要問群體的問題之前，心裡得要有較具體明確的目標。

## 摘要與結論

解讀或「評估」文化面向有許多途徑，可依據研究者直接涉入組織的程度或組織成員直接參與研究過程的程度來加以分類，為學術性研究或建立理論的目的而言，知道真正發生的事情是很重要的，這得透過實際進入以及涉入組織，才能超越問卷、調查甚至是個別訪談可以提供的內容。研究者需要和組織建立一種關係足夠允許他們成為研究協助人員，以確保可以產生有信度與效度的資料，因為要不要提供資料完全看組織的喜好。

如果顧問是要幫忙領導進行變革過程，他們可以設計一個文化評估流程，並瞭解文化相關的事情，但是最需要瞭解文化的人，反倒是組織內部人員。我有多次經驗是內部人員已清楚其文化的基本元素，而我離開這專案時，還未能真正瞭解他們的文化，但這無所謂。在這任一案例，如果研究者或顧問建立一種協助組織的關係，以致組織成員感覺他們透露真正的想法和感覺給研究者知道，他們將會有收穫，那麼較深層的文化資料自然就會展露無遺。像這樣的「臨床—研究」關係是要取得有效文化資料最小的要求，但外部的研究人員卻可以透過幫助組織而取得與他們的研究目的相關的更多資料。

解讀文化的過程，不論是為了內部人員的目的，還是外部人員想要描述該文化的目的，都有一堆相關的風險與潛在的成本花費。在內部風險是組織成員可能不想知道或不能處理理解其文化的後果，在外部的風險是組織成員可能無法覺察有關其文化資訊讓他人垂手可得時，他們可能處於不利的狀態。

這個給予領導者一個啟示是要「當心」，當你瞭解你在做什麼以及為何而做，文化分析是有助益的。我這樣說是指文化分析應該要有某種確實目的，且必須明瞭使用不同的方法會產生不同的後果，評估本身對於組織就是一種介入，如果僅為評估而評估，不只浪費時間且造成傷害的風險會增加，然而，如果評估是組織不論內外一個有責任感的協助者來做，產生洞見和建設性行動的可能性是高的。

# 給讀者的一些問題

1. 爲什麼你要讀這本書？你對文化的興趣是什麼？

2. 你有沒有想過你的家庭、同儕團體、學校、工作與社群的文化歷史背景，以及如何解讀這些文化？

3. 你如何解讀所面對的文化議題，以及規劃評估這些文化的內涵？

# CHAPTER 14

# 診斷性的量化評估與
# 計畫性變革

在前一章中，我們討論了文化解讀的廣泛議題。在這一章中，我們將關注因肩負改革任務而想要瞭解文化的變革領導者。如果領導者對於想要促成的改變，沒有準確且具體的概念，那在評估文化時就沒有意義了。然而，一旦變革領導者已明確釐清在未來行為時期中的問題，便是時候評估文化，看看它在變革中如何成為助力或是阻力。這個概念可以透過兩種方式來完成：

◆ 透過測量文化的特殊面向或找尋多種類別的文化模式來尋求見解——我們稱之為診斷的量化取徑（diagnostic quantitative approach），如本章所述。

◆ 藉由綜合個人或團體面談中運用內部聚焦觀察來尋求見解——我們稱之為對話性的質性取徑（dialogic qualitative approach），則會在下一章描述。

許多被提出的診斷類型學和探討的文化樣貌，大多是基於各類作者根據組織成員的問卷及調查所取得的研究資料。因此，我們將探討類型學以作為理論架構和衍生自許多知覺數據因素的標籤名稱。實際上，有許多不同的研究資料來源是建立在問卷上，這些模組值得我們再思考如何去評估其相對的有效性和實用性。在評論這些事項之前，我們必須先瞭解類型學在抽象概念中所扮演的角色，例如：組織文化及其在運用上所帶來的優缺點。

## 類型學的用與不用

我們觀察自然界，我們所看到、聽到、嚐到、聞到和感受到的訊息是具有潛在性且無法抗拒的。就「原始經驗」（raw experience）而言，並沒有意義，但是我們自己的文化教養教會我們透過已學會的語言，將這些概念歸類而產生意義。就如同William James（1890）在《心理學原理》一書中所提到的，那是一種「混淆，嗡嗡作響的混亂」。在我們學習區分物件時會逐漸將它們歸類，例如：椅子和桌子、母親和父親、明亮和黑暗等，而且會把這些經驗事物和語詞連結在一起。

當我們成長到青少年時，已經有完整的詞彙和一套概念類別，能使我們區分和標記大多數我們所經驗到的事物。但無論如何，我們不能忘記，這些詞彙是在特定文化中學習的，而且當我們進入新的文化中，例如：職業或組織中，將繼續學習。工程師學習新的專業歸類和詞彙，就如同醫生、律師和經理人，他們都各有其專業的歸類和詞彙。

新概念將變得有用，如果它們：(1)能夠幫助建立意義和提供某些觀察現象的順序；(2)幫助定義在現象中的基礎結構，藉由建立一個事物如何輪番運作的基礎理論；(3)使我們能夠在某種程度上預測那些尚未觀察到或經歷過的其他現象。無

論如何，在建構新的詞彙過程中，不可避免會變得比較抽象。當我們發展這種抽象能力，就會形成瞭解事物運作的模式、類型學和各種理論。這些類型學和理論的優點是，讓我們能夠假設遇到不同情境時，可能產生的廣泛意義及解讀。

文化類型學透過它所構成特殊全貌的文化模型，以及它所具有的規範和模式去觀察個人或群體行為，進而產生允許我們去「架構」新訊息的處理過程。類型學的缺點和危險就是：(1)太抽象，無法充分反映我們所觀察到的現象真實性；(2)太簡單，以至於我們簡化了相對應的細節（例如：方形釘的邊緣被磨圓，雖足以適應圓形洞，但地板上的鋸屑仍留下重要的細微差別）。從這個意義上來講，如果我們試圖比較許多組織，類型學就會很有用。但是，如果我們試著去瞭解一個特定組織的細微差別，便可能是無用的。

我們習以為常使用的類型和模式，逐漸成為我們對於實際經驗的看法，這就簡化了解讀日常工作中生活體驗的意義。這種簡化對於減輕焦慮和保護精神能量是有用的。然而，危險的是對於正在觀察的內容會失去專注力，變得心不在焉。如果我們正在處理一些不太重要的現象，那麼將會非常快速有用。如果不是常客，那麼將餐館或銀行視為「命令和控制」型態的組織則無所謂。然而，在景氣低迷的時候，當我們決定要把錢投資在附近某間銀行，這間銀行的「類型」能否提供給我們足夠具體的財務運作訊息，就會變成一個決定性的關鍵因素。如果我們太依賴特定的類型學，就會缺乏概念工具去分析某些特定銀行，以決定是否在該銀行投資。

使用類型學的第三個問題涉及我們如何達到抽象的標籤。我們將藉由詢問員工如何認定其組織中的一些文化維度來審視收集資料。這些認知彙整和組合成為更抽象的概念，而這個概念通常來自一套廣泛問卷調查的因素分析，來確定哪些是問題所在。因此，這意味著類別是基於員工的看法。這些「因素」接著被標記和描述為總結方式，例如：Denison（1990）所提出的「策略方向和意圖」，是以組織員工對組織文化的分級維度而列出以下項目：

◆ 有一個長遠的目標和方向。
◆ 我們的策略引導其他組織在他們競爭的行業中改變方法。
◆ 有明確的任務為我們的工作提供了意義和方向。
◆ 對未來有明確的策略。
◆ 我們的策略方向不清楚（反向評分）。

以員工對組織強或弱的策略所測量的最後分數，可以得知員工對組織認知與感受的有效指標。然而問題是，如果這個分數要能成為本文所定義的文化測量，還必須基於策略的文化元素，並與文化內容相關，而不僅僅是一個測量而已。汽巴嘉基

（Ciba-Geigy）化學公司被評為一間擁有非常強大策略的公司，但直到該公司併購Airwick空氣淨化劑製造公司，它才意識到在組織文化中有一個策略是錯誤的——Airwick是一家拒絕以顧客為導向的空氣淨化劑生產公司。

## 使用調查來「測量」文化的議題

我們接著評論的一些類型學，是取決於以敘述的方式來計分的員工調查。因此，必須在組織文化的測量中，詢問以下相關的問題和議題。

### 不瞭解該問什麼

如果將組織文化定義為涵蓋所有的文化，如同已在本書中回顧的內部及外部的所有文化維度，那將會需要一個龐大的調查來涵蓋所有可能的文化維度。針對特定組織來說，這意味著，基本上我們不會知道要調查哪些問題。如果採用現有的調查方法，也不能確定哪些是適合的，哪些是組織中圍繞問題或變化過程中顯著的癥結，僅根據一般文化的假定DNA調查也無法提供答案。有些文化因素可能不相關也不值得調查。每一種調查都聲稱是去分析「文化」或重要的「文化維度」，但也沒有已驗證的方法足以檢驗這些聲明。

### 員工可能沒有誠實的動機

員工總是被鼓勵要坦誠回答問題，並且通常會保證他們的答案將被完全保密。但事實上，這種保證必須於測量前先提供給員工，因為如果他們的答案將被公開，員工的回答就不會是自由心證和開放的答案。因為文化是一個活生生的現實，應該使用一種方法讓被調查的人主觀地根據自己的想法回答問題。調查中的問題太多，而且需要被評估和判斷，這些評估和判斷會引導員工對他們的答案小心謹慎。

### 員工可能不理解這些問題或可能有不同的解釋

舉例來說，在一項調查項目「對未來有一個明確的策略」中，是假設員工們對「策略」一詞都有相同的定義。要是我們不能肯定這個假定，那麼同化員工們的答案就沒有意義了。因此，基於個人的反應去推斷「共享」概念是非常困難的。

### 所測量的可能準確但卻膚淺

很難從紙筆的敘述調查中，獲得深層文化的精髓。文化是一種內在的共同現象，只有在內部互動時才會表現出來；無論調查中，哪些文化維度因素被測量，這項調查必然是膚淺的。如前文指出，被測量員工個人在所處組織文化下如何回應問題可能相當重要。該公司的氣氛和文化是群體行為的一種功能，而非只是個人行為表現而已。只調查個人的次文化行為就會錯漏在組織文化情況下所衍生的效應。

## 被調查員工的樣本可能不足以代表公司的關鍵文化載體

　　大多數調查研究者假設，如果他們小心仔細地對樣本組織進行人口統計學的取樣和測驗，他們就可以有效地描述整個例子。這種邏輯可能不適用於文化，因為在一個文化中驅動力可以成為具決策性的次文化，就像Martin（2002）指出，文化可能被許多分散和差異的次文化所圍繞，有關文化的調查勢必無法在統計學上進行識別。根據觀察和團體面試，我們可以快速識別某些團體，並進行測試調查差異，但首先需要進行質性分析，來確定要比較的次文化團體。

## 文化維度的簡述無法充分反映一個完整文化系統中的互動及模式

　　調查報告經常以簡述或分數呈現一連串整合測量的感想，但缺少了關於文化維度假定的深層互動。例如：迪吉多電腦公司（DEC）案例中，人們認為真理的本質只能在平等主義的組織中透過激烈衝突才能找到；無論如何，這樣的文化組織不會在調查中發現自己的全面性特質。

## 調查的影響將會導致未知的後果，其中一些可能不符合期望或甚至有破壞性

　　回答問題會迫使員工思考那些從未想過的分類，以及在爭議性領域中對組織產生的價值判斷。不僅是受這種方式影響的個人，如果多數員工彼此分享價值判斷的標準，例如：發現他們每個人對於組織領導層都非常憤世嫉俗，消極的群體態度就可能被建立起來，而足以損害該組織的運作能力。此外，員工的期望被設定在管理層會採取行動來改善員工投訴的部分。如果管理層沒有回應，可能會導致員工士氣下降，而調查結果可能無法解釋原因。

　　我們已經提出了各種警告，因為快速獲得「文化」量化描述的激勵是非常吸引人的，調查的設計者和執行者可能會忽略，或將那些我們已經定義過的議題予以最小化。透過調查可以清楚發現問題，但是在處理文化這種複雜概念時，應謹慎為之。

## 使用調查的時機

　　確定了在特定組織文化中，那些以調查來測量文化的議題後，有幾個時機是使調查有用且合適的，如下所述。

## 確定文化的某些特定維度是否有系統地與某些執行因素有關

　　為此，需要研究大量的組織，並且以互相比較的方式來界定文化維度和它們的表現。要做到完整的人類學研究可能既不切實際，也太過昂貴，所以我們決定進行操作定義[1]。針對每一個組織中我們想要測量的抽象文化尺度，來設計一個標

---

[1] Operational Definition，意指明確指出測量某一現象的操作方法或步驟來為該現象下定義。

準化的面談、可觀察的清單或調查來達成一個等級或分數。這些評分可以與跨越不同組織的各種其他表現測量相關（Cooke & Szumal, 1993; Corlett & Pearson, 2003; Denison, 1990; Denison & Mishra, 1995; Gittell, 2016）。

**賦予特定組織一種自我激勵的概念來深入分析該組織的文化**

這裡的假定是以「員工如何認知這個組織」作為尺度測量的分數，而非一般的文化測量標準。這些觀點的看法可以進一步刺激員工致力於提高組織績效。為了促進並改善，可以在調查中問兩個問題：「現在你如何看待你的組織？」和「你希望你的組織未來如何？」從前面的例子來看，員工可能會給目前的策略較低的分數，但卻希望他們的組織在未來能專注於更好的發展策略。當以這種方式使用調查時，運用其他方法對既有文化解密就很重要了，而不再只是遵循既定的「文化」概念。

**在選定的解決方案上，針對各個組織互相比較作為合併、收購和合資企業的準備。**

如果我們假設員工願意接受調查並能誠實回答，使用這種方法進行比較，來瞭解組織內的文化尺度概念會很有用。

**測試次文化差異**

測試被運用在鑑別我們懷疑某些存在著主觀差異的文化，可以客觀地區別開那些預選的文化尺度，以進行新的調整和定義，即是調查鑑別的涵義。如果懷疑工程次文化和營運次文化有不同的假定，如同在第十一章中所描述的，只要能夠得到有效的樣本，並假設得到的是誠實的答案，那我們可以設計一個調查來鑑別這一點。

**教育員工瞭解管理者欲努力的重要組織文化內容**

例如：如果組織中未來的表現取決於達成共識，並承諾某個特定的組織策略，之前檢驗的調查問題可以成為一種工具，既可用於測試員工目前對組織的看法，也可用於決定啟動變革計畫來建立對於未來策略的承諾。

在這些案例中，這個原則都適用於應該仔細思考可能的負面結果，而去推論出相關細節的哪個方向是否該繼續進行。提供了這個背景，我們可以檢視幾種基於理論類別和使用調查數據的「測量」。

## 聚焦於權威和親密假定的類型學

組織，是一群人為了共同目標而一起努力最終所形成的結果。因此個人與組織之間的基本關係，是建立類型學中最基本的組織文化維度，可以提供權威和親密關係假定類別的關鍵性分析。其中最常見的理論之一是Etzioni（1975）所提出的三種類型組織，在每個社會中存在並各自演化成不同的組織文化。

## 強制性的組織

　　個人基本上由於身體或經濟原因而被限制在組織裡，因此，必須遵守組織中權威施加的任何規則。包括監獄、軍事院校和軍事單位、精神病院、宗教訓練組織、戰爭俘虜、邪教等。在這樣的組織中，成員通常容易衍生強大的對抗文化作爲對任意權威的抵抗，而組織關係也預期會降到負一，如表6.4所示。

## 功利性的組織

　　這些組織以理性經濟行爲者工作換取工資的模式爲基礎，或如許多員工表示，「一天公平的工作，獲得一天公平的工資」（亦即同工同酬），個人因此必須遵守組織中針對整體表現而設立的所有規則。各種商業組織都是這類例子。是基於交易性的，預計到達第一級角色關係。正如在這些組織中常被發現的那樣，員工們也會發展出對抗的次文化，如此員工可以保護自己免受領導權威的剝削。

## 規範性的組織

　　組織成員中的個人貢獻他們每個人的承諾，並接受組織中合法的權威，因爲個人的目標和組織的目標基本上是相同的。包括教堂、政黨、志工團體、醫院和學校。組織關係預計到達第二級和個人化，但是，除了特定任務外，組織成員之間也還不是親密互動的關係。

　　強制性組織內的權威是武斷的、絕對的；而在功利性組織體系（即典型的企業）中，權力是一種談判協商的關係，這意味著員工被強迫要接受那些已達到高層位階人員的方法；在規範性組織體系裡面的權力是非強迫的，組織成員是更加自主的，如果員工或成員不滿意他們受到的對待，可以退出。

　　這種類型學很重要，因爲這些組織類型和涵蓋的巨觀文化中，會有不同程度期望組織成員是服從的、精明的，或者是強迫參與的。在多元文化組織中，當威權領導者期待員工服從時，員工卻期待被尊重和參與，這時組織文化就可能會引起眞正的衝突。全球化的主要挑戰之一，就是西方國家功利主義團體和規範的管理風格，這就是一般公認的主流管理，然而在強制性多元文化中顯然是行不通的。

　　透過這種類型學來瞭解員工之間同伴關係和親密互動的假定也是有其道理。在強制性組織的制度中，員工之間可能發展密切的夥伴關係來反對權威，形成工會和其他形式強而有力的反抗管理階層文化的自我保護團體。在功利性組織的制度中，夥伴關係圍繞工作小組進行演變，並且通常會反映在管理層所使用的激勵制度中。因爲這樣的制度往往圍繞任務表現而建立的，假設他們的密切關係會妨礙任務，所

以不被鼓勵。在規範性組織制度中，組織成員的關係自然地圍繞任務和核心信念來演變以支持該組織。在這樣的組織中，更緊密的人際關係通常被視為幫助建設對組織目標更強的動機和承諾。為此，許多企業試圖成為規範性組織，藉由吸引員工參與組織的使命，並鼓勵組織成員建立親密和諧關係。專業組織，如法律公司或服務性的組織，這些組織由「合作夥伴」組織的成員組成，包含功利性制度和規範性制度的特質（Greiner & Poulfelt, 2005; Jones, 1983; Shrivastava, 1983）。

這種類型組織的價值在於使我們能夠區分出功利性商業組織和強制性機構的廣泛類別。例如：監獄和精神病院；規範性的組織，例如：學校、醫院、非營利組織（Goffman, 1961）。然而，困難之處在於，在任何特定組織中，這三個權威體系變數都可能正在運作，這點需要我們去發覺特定組織所具有的獨特性。

有關處理組織內部權力的變化，在一系列的類型學中，聚焦權威性在組織內被使用，以及組織內預期的參與程度。例如：(1)專制式；(2)家長式；(3)諮詢或民主式；(4)參與式；(5)代表式，和(6)下放式（這意味不僅要將任務和責任，而且也要把權力和控制權交給下屬）（Bass, 1981, 1985; Harbison &Myers, 1959; Likert, 1967; Vroorn & Yetton, 1973）。

這些組織類型學涉及較多的侵略、權力和控制，而不是愛、感情和夥伴關係。就這一個觀點來看，領導者的概念建立在對人性和活動的認知基本假定上。一個持有X理論假設（認為員工不可信）的管理者會自動轉變為專制的風格，並且自以為是。然而，持有Y理論假設（認為員工可以被激勵，並且想做他們的工作）的管理者會根據任務要求而選擇一種管理風格，並且改變管理者自己的行為。有些任務需要專制權威，如執行一項軍事任務；然而其他某些組織則應完全授權，因為下屬早已擁有全部的資訊（McGregor, 1960; Schein, 1975）。

管理者們進入參與「正確」層級和權威的使用，通常反映出管理者對於他們正在領導的下屬人格特質有著不同的假定。檢視文化假定中的承諾感，能夠釐清辯證關於領導者在特定組織中的某個特殊內容是否應該是專制或參與性的。對於普世公認正確的領導風格，如果不是註定失敗，也是受制於過度簡化的錯誤，因為在不同的國家、行業、職業和特定組織中有獨特歷史文化所產生的文化變數，最重要的是實際執行任務中的變數。

## 企業特性與文化的類型學

Harrison（1979）和Handy（1978）試圖在他們最初聚焦的組織研究中，探討

文化精髓的類型，並最早提出以四種「類型」（types）為基礎的論點。Harrison的四種類型是：

◆ 以權力為導向：組織是由專業或專制的組織創始人掌控。
◆ 成就導向：組織是以任務結果為主導。
◆ 以角色為導向：公共官僚機構。
◆ 以支持為導向：非公益組織或宗教組織。

Charles Handy在組織類型和希臘諸神代表的意涵之間，劃出了一道平行線來對照比喻：

◆ 宙斯（Zeus）：俱樂部文化（the club culture）的理念。
◆ 雅典娜（Athena）：任務文化的理念。
◆ 阿波羅（Apollo）：角色文化的理念。
◆ 狄奧尼索斯（Dionysus）：存在主義文化的理念。

這些文化兩兩間的類型都是用簡單的問卷進行測量來幫助組織深入瞭解其「本質」（Handy, 1978; Harrison & Stokes, 1992）。

Wilkins（1989）介紹了企業「特性」（character）的概念，把它看作是由「共享的願景」（shared vision）、「動機的信念」（motivational faith）組成的公平公正的文化元素，並且以「獨特的技能」（distinctive skills）來分工。在他看來，透過處理每個文化元素的過程，建立企業特性是可能的，但他沒有構建類型學中的文化維度。Corlett 和 Pearson基於這一理論，提出了一個根據十二項Jungian的人格原型：統治者、創造者、無辜者、聖人、探險者、革命者、魔術師、英雄、情人、小丑、照顧者和一般人，以建立人格文化維度更詳細的模式（Corlett &Pearson, 2003）。他們使用自我報告問卷來測量在組織內的事情是如何被完成，然後對結果進行評分，確定組織中最有價值的十二個原型。如果能透過調查獲得自我洞察力，該組織則被假定為更有效率。

Goffee和Jones（1998）認為特性等同於文化並創造了兩個關鍵維度：團結性（solidarity，組織內成員想法一致的傾向）和社交性（sociability，組織內成員對彼此友好的傾向）。這些維度是以二十三個自我描述的調查問卷來測量。這些調查問卷非常相似，是源自經典團體動力學區分任務變項和建構維護變項。Goffee和Jones使用這些維度來定義四個文化類型：

◆ 支離破碎的：團結性和社交性兩種維度都較低。
◆ 僱傭關係的：團結性高，社交性低。
◆ 社區性的：團結性低，社交性高。

◆ 網際網路的：兩者都很高。

　　每種類型都有某些被描述的美德和責任，但是類型學還欠缺Ancona（1988）和其他共同研究人員所定義的關鍵維度：組織與外部環境的關係，這個邊界管理功能必須被加到任務和維護功能中。沒有界定組織在所處的界限環境模組中發生了什麼事，是不可能定義組織文化在不同的環境條件下是有效的。

　　Cameron和Quinn（1999, 2006）也根據Ouchi和Johnson（1978）、Williamson（1975）的早期研究，開發了四類基於維度的類型學。無論如何，在他們的研究中，維度的定義是比較結構性的——例如：組織的穩定度和彈性度，以及組織的外部和內部聚焦。這些尺度的研究被視爲「永久性的競爭價值」，這些概念也導致了以下類型學的研究：

◆ 家族式：內部關注而且有彈性；合作的、友好的、家庭式的。

◆ 階層式：內部關注而且穩定；結構化的、協調一致的。

◆ 靈活組織機構：外部聚焦而且有彈性；創新的、動力的、創業的。

◆ 市場：外部聚焦而且穩定；有競爭力的、結果導向的。

　　Goffee和Jones（1998）的類型學建立在組織動態（任務與維護）的基礎上，並且參考Cameron和Quinn（1999, 2006）運用大量組織績效指標因子分析基礎的類型學，進而發現這些類型學減少到兩個群組與認知密切相關的「原型」文化維度。

　　在這個類型學中，和前一個類似，不清楚在被分析的組織內其文化維度是否相對重要，不清楚哪種類型文化維度是相關的，也不知道一個簡短的問卷是否可以有效「歸類」爲一種文化。無論如何，問卷偏重於管理的行爲調查，所以它可以運用來診斷管理者爲下屬設定的行爲趨勢類型，並且將其與表現績效連繫起來。Cameron和Quinn（1999, 2006）的「競值架構」（competing values framework）也是基於這個理論，任何特定文化維度的終極點都無法避免存在彼此間的衝突，然而，文化解決方案則需要協調一致。這與Hampden-Turner和Trompenaars（2000）的研究類型一樣，研究組織展示文化解決方案，總是涵蓋一定程度的文化維度最終內容的整合。例如：所有的文化必須既是集體主義又是個人主義的；他們解決這個困境的方法是讓他們擁有獨特的特質。

　　文化矩陣是William Schneider在1994年著作中提出關於軟體發展世界的另一種文化模型。這是一個「競值」（competing values）的2x2矩陣，他提出了大部分公司或下屬部門（例如：一個研發部門）涵蓋「控制」（命令或控制）、「協作」、「培養」和「能力」四個文化維度。

　　Schneider（1994）的模型已經被一些軟體開發公司認可，因爲它提供了適當

的語言足以描述像「敏捷軟體開發」（Agile）這樣一個優越的軟體開發公司的條件需求。「敏捷軟體開發」的發展部分來自歷史先例，例如：豐田生產系統和藉著在《改變世界的機器》（*The Machine That Changed The World*, 1990）一書中Womack、Jones和Roos等人的方法學文獻紀錄。「敏捷軟體開發」廣泛的看法乃源自於20世紀後半期，其「瀑布式」軟體開發架構由上往下、慢速且缺乏彈性，最後致使品質保證和發展速度效能低落。

在「敏捷軟體開發」和特殊文化模型之間雖然沒有明確的關聯，一些「敏捷軟體開發」的顧問和設計師的確採用了Schneider（1994）的模型，因為這兩個主軸對於描述「敏捷軟體開發」可能需要的文化基礎是很有用的，能夠讓它成為一個創新開發的組織並且蓬勃發展。Michae Sahota詳細解釋（www.methodsandtools.com/archive/agileculture.php）文化對於「敏捷軟體開發」的實務是多麼重要，「做到敏捷，不只是靈活而已」，這啟示了要靈活需要對的文化方式。Sahota已經採用了Schneider的文化模式來形容這個區別，並展示「敏捷軟體開發」如何與「看板」（Kanban）和「精益」（Lean）區分。

Sahota建議研發領導者需要瞭解「敏捷軟體開發」的實務不只是關於語言和工具，更多是關於規範和假設來形塑其發展的基礎。已經採用基於「看板」的發展策略命令和控制型文化制度的組織，不容易迅速適用「敏捷軟體開發」的管理工具，因為這兩家軟體開發所依賴的文化底蘊是截然不同的。「看板」與控制文化密切相關。這一種能力文化可能有利於精雕細琢的工藝方法，它可以產生非常高品質的產品，但也可能同時是壓迫性的、不靈活的，並且堅持需要緩慢優越的工藝。而合作協商和教育栽培文化是「敏捷軟體開發」蓬勃發展的利基。Schneider（1994）的文化模式就是以這種方式來說明這些文化底蘊內涵的區別及其對不同產品開發方法的重要性。

## 基於調查文化探討的例子

許多文化研究模式強調運用測量工具調查以及匯集各種行業、公司和跨地理界限組織的多年調查數據。其中一個由Denison（1990）所提出的文化維度說明了組織的產出，例如：績效、成長、創新或學習等，與許多文化維度有關。而調查問題顯然是要聚焦在相關議題上，如果這些文化維度不方便通過調查進行測量，研究人員或顧問可以運用訪談和觀察來加以補充。這種方式比較不擔心關於創建類型學，而是需要更多關於測量組織中關鍵文化維度的訊息，然後將這些方法和績效做連

結。例如：Denison的調查測量了四個總標題下的十二個文化維度：

◆ 任務
　　—策略方向和涵義
　　—目的和目標
　　—願景
◆ 一致性
　　—核心價值
　　—協議
　　—合作和整合
◆ 參與
　　—授權
　　—團隊方針
　　—能力發展
◆ 適應性
　　—創建更改
　　—顧客聚焦
　　—組織學習

　　這十二種文化維度中的每種分數都以該小組循環探討顯示，可以跟組織中已經被評爲較多或較少效果的大樣本規範進行比較。我們注意到些類別名稱是相當抽象的，所以必須回到實際項目中去發現每一個文化維度的涵義。

　　國際人類協同組織（Human Synergistics International; HSI）提供了「組織文化清單」（organizational culture inventory）的類似方法（Cooke & Szumal, 1993）。HSI的十二種文化維度也顯示圍繞三個基本組織類型組合的「情緒環狀」剖面圖：

◆ 建設性的風格
　　—成就的
　　—自我實現的
　　—人性化鼓勵的
　　—親和力的
◆ 侵略防禦風格
　　—對立的
　　—威權的
　　—競爭的

　　一完美主義的

◆ 被動防禦風格

　　一躲避的

　　一依賴的

　　一如常的

　　一贊同的

　　HSI組織文化清單及相關組織效率清單，提供統計上有效綜合分析全球性，歷史性和標準的數據，以供給各公司大量比較數據的調查。他們的研究清楚顯示使用建設性風格的組織比被動防禦風格組織更好。

　　鑑於分析因子的質和量（由數百個「項目」組成的調查），在沒有第三方專家協助並解釋結果的情況下重新調查和分析並不容易。這個方法也引起潛在的關注：如果沒有複雜的調查方法和專業統計人員對數據進行處理，內部人士能夠破解自己深厚的文化底蘊嗎？這些深入分析的方法，例如：HSI的「這些事情需要時間和努力」的警告肯定適用。然而，這些分析的重要性，也可能有助於加強對重大改革工作的重視，並且是朝著更「建設性」的組織文化邁進的一個關鍵因素。

　　就像所有的分析方法一樣，審視和聚焦是一個關鍵的考慮因素。HSI評估聚焦於「指導組織成員如何互動的共享信念和工作價值觀」。組織成員之間的互動和工作至關重要，不是只有調查這個領域的所有面向，權威和親密關係問題可能也是重要的特殊議題（要見樹又見林），在這些大量的測量項目中，才不會冒著迷失調查方向的風險。HSI提供了包含其他特有項目的重點領域之客製化，這裡唯一的需要考量的是，完成廣泛和深入的調查將需要額外的時間。

　　O'Reilly、Chatrnan和Caldwell（1991）所提出的「組織文化剖面圖」（organizational culture profile; OCP），提供了另一種解釋的選擇。OCP區分屬性與「首選工作環境」的關聯。組織文化中對於首選工作環境的表達，可以用於預測新雇員的適應度和精心打造全面的品牌形象。OCP關注七個關鍵文化維度：創新、穩定、以人為本、成果導向、親切、細節導向和團隊導向。由受訪者根據他們相對的地位陳述，歸類為五十四項價值陳述來評估一個人適合的文化維度位置。在方法學上，O'Reilly等人所提出的（OCP）「組織文化剖面圖」不同於「Q類排序因子分析」，後者將組織成員彼此之間的關係因子進行排序，因此更有可能識別哪一個文化的維度最接近該文化的本質或該文化的遺傳因子（DNA）。

　　這將取決於管理調查的顧問或公司專家處理測量項目時，是否使用Likert五點量表或Q類排序因子來分析當下哪種方法更適合。由於OCP多達五十四個（可用於

「分類」）項目，它涵蓋了廣泛的價值觀、願景、信仰等可能有助於建構或維護組織文化。OCP在操作方式上也非常靈活，它被允許針對他們遇到的「文化問題」以最適合的方式進行微調。

另外一個值得注意的文化評估，是在第六章提過的由Hofstede中心和國際ITIM提供的Hofstede國家文化模型。這項十五分鐘個人調查中，採用了原始Hofstede國家文化模型的四十二對文化維度之敘述：「權力距離」、「個人主義」、「男子氣概」、「避免不確定性」、「長期定位」和「放縱」。該調查的目的是評估個人如何適應新文化中的工作，例如：因為公司合併將個人外派到其他國家，而必須融入新的國家民族文化中，以適應新文化中的工作環境等。這個評估並不試圖衡量組織文化本身，比較類似文化羅盤的使用，是以衡量個人在特定的工作脈絡與文化環境內的績效表現（例如：我在上海的中國公司表現如何？）。

關鍵在於「文化問題」。首先需要定義我們在進行文化評估方面的目標是什麼？診斷文化之前，如果沒有設定先備問題和要尋求的改變是什麼，那麼參與這些涉及評估計畫的診斷就沒有意義了。

## 使用軟體的服務功能進行自動化文化分析

截至2016年末，本文撰寫時，大量關於SaaS軟體及服務的供應商已經形成，提供想要更瞭解自身公司的客戶，有關趨勢、文化和員工承諾感的調查和分析。數百家公司提供軟體和服務並應用大數據分析人力資源變數，聚焦在提供調查企業文化、趨勢和員工承諾感的軟體以及雲端運算解決方案時，我們發現了大約二十個重點。雖然我們不會嘗試去批判這些公司，但有一些研究資料確實提供了一些背景和說明這種趨勢如何影響組織文化的分析。

### 萬維網

第一家值得關注的公司是TinyPulse（www.tinypulse.com）。在兩季風險投資中，由五名投資者和大約1億美元資金的風險投資公司，TinyPulse成長於為HR和高級管理人提供快速和頻繁的「員工承諾感」和「績效」反饋的業務。它開發了一個平臺和APP針對員工所設計的短期調查。TinyPulse的其中一個主要承諾賣點是短期應用交付的機密，而且匿名調查非常快速又容易，所以答覆率幾乎達100%，而且數據報告幾乎是即時的。用TinyPulse的話來說，這個脈搏調查的方法是「省時、有效而且公開」。不管我們對數據品質的看法為何，這裡易於收集，以及在美麗且引人注目的企業儀表板（dashboards）中，清晰地呈現員工承諾感測量的調查方

法，在百家爭鳴的市場競爭中鶴立雞群。爲了能夠簡單詢問員工相同的簡短問題並條列在企業儀表板上，使報告圖表每天呈現改善或惡化的狀況是很有吸引力的提案，因爲它提供針對員工近乎即時的、有如脈搏讀數的解讀訊息。對於許多管理人員，無論這些理解組織文化趨勢的快速意象是否有效，這些相關趨勢的指標起落都意義重大。

### 閃爍

Glint（www.glintinc.com）是另一家SaaS軟體服務供應商，也是以「脈搏」快篩式調查員工承諾感爲基礎的系統。2016年中期，Glint從頂級矽谷投資者籌集近1億600萬美元。儘管其產品重點似乎以良好的員工承諾感作爲經常衡量的指標，值得注意的是，Glint描述其產品套件爲「數位年齡的組織發展平臺」。有希望成爲「願景洞察行動」會遇到的有關員工承諾感問題的分析，將可提供給那些需要瞭解改變組織文化和趨勢的特性，例如：獎勵制度、反饋和溝通、工作風格和空間、人爲環境和其他既定價值觀等高層領導們。

要知道新「組織發展平臺」（Organization Development; OD）是否提供了足夠的洞察以改善許多持續反覆的最深層文化氛圍，還言之過早。

### 文化智商

進一步鑽研SaaS軟體服務文化分析，我們發現CultureIQ（www.cultureiq.com）的制度系統允諾使公司能夠管理他們的文化，推動員工投入和成功。這個系統將文化細分爲「十個可衡量的高績效文化特質」：合作的、創新、靈活、社交、支持、健康、工作環境、責任心、執行力、任務和價值觀調整。CultureIQ系統提供了一個包含十個文化維度的簡單調查工具。此外，它還提供分析和企業儀表板來解讀洞察力：一個從0到100的「文化智商」得分，可以推測獲得80分到90分的分數是最「成功」的結果圖形顯示，以及爲利益相關者客製化演示操作。

CultureIQ還提供諮詢服務，幫助客戶解讀數據和「加強他們的文化」。從這個意義上來說，CultureIQ提供了一個直接模式幫助公司循著這些「好」的決定性文化維度發展，而成爲更健全強大的公司。CultureIQ系統也可以應用大數據調查分析「改變」文化，這顯然吸引著渴望獲得立即而具體答案的市場客戶。我們不會質疑成功的文化優勢是否是一種解決問題的適當思考方式。CultureIQ的標準是穩定且便捷的方法，也可能正是領導階層在某天醒來時所期待的──突然「領悟」對公司組織文化疑問的解套方法。

### 圓木樁

RoundPegg提供了另一個「文化和承諾感平臺」（http://roundpegg.com）。該

公司有五位投資者在五季營收中已經募集600萬美元資金。RoundPegg平臺「透過進行測量和管理公司內最大的單一業務：文化驅動因素，來幫助領導者解決業務問題和實現戰略目標」。一項七分鐘的二選一文化維度調查問卷要求受訪者回答職涯中「最重要」和「最不重要」。例如：「創造秩序」和「專注細節」。RoundPegg把這個七分鐘調查稱為「文化DNA評估」，用來瞭解員工的共同價值觀如何與公司任務一致，聘用最符合公司文化的最佳員工，以「賦權管理者擁有更好的洞察力，瞭解每個員工都是團隊中最有價值的」，來調查員工投入感。

該聲明是公司可以使用他們的文化數據來瞭解如何激勵員工。RoundPegg有趣的描述平臺，意謂著這個簡單的七分鐘調查既不是匿名也不保密；除此之外，基於團隊成員每位都是重要的，它不會指引去如何改變個人。目前，我們質疑的是一個七分鐘的調查結果，反映了一個甚至在公司工作還不滿七天的員工，是否可以接受以任何方式表徵公司文化DNA概念所進行的問題調查。

## 文化擴增

CultureAmp（www.cultureamp.com）介紹其業務是「為貴公司的人員分析」。成立於澳洲墨爾本市，在美國西岸有著強大的影響力與一群尊貴的客戶名單（主要是網路服務和電子商務公司）。目前還不清楚CultureAmp相對於這個領域的許多其他產品的特色。CultureAmp似乎是這個類別的先驅之一，但並不表示他們的調查方法是不同的或優越的。像其他公司一樣，他們緊密地將承諾感和文化連繫在一起。文化診斷過程從承諾感開始調查，並為「脈搏」調查提供選項（經常重複）。他們可能會持續透過調查來增加它們的調查變項，以補充「生命週期」和「績效」的診斷工具。

該公司是由許多軟體工程師、工業心理學家或組織文化專家組成。似乎是這類快速成長的員工承諾感文化診斷之軟體服務領域裡的競爭對手。CultureAmp將其員工描述為「怪才」。問題是對於CultureAmp而言，「怪才」以及這部門其他人的任務就是瞭解客戶的公司、客戶的員工和客戶的文化使命，是否運用快速測量軟體並分析有關員工的數據。人的「數據化」一直在發生，一切都變得可以被工具測量。然而，問題依然存在，近期收集和訪問關於員工的大數據是否為可操作的和具有變革性的，或者，是否就如同高解析度快照般未能全部獲取，僅能見樹而不見林。

有人猜測，這些SaaS軟體服務供應商的文化和承諾感的調查將活化、滋潤而且重新定義文化的量化診斷景觀。鑑於其中許多有投資的風險，我們應該預期這些SaaS專家，可能會有這樣的結果，因為他們被吸收到更大的「人員運營」全方位服務供應商平臺〔例如：工作日（Workday），銷售團隊（Salesforce），甲骨

文（Oracle）等〕，或也許可投入SaaS軟體服務平臺，來補充現有的提供諮詢服務，如HSI和Denison〔或者蓋洛普（Gallup），鉅亨網（NBRI），或調查猴子（SurveyMonkey）〕。

無論如何，這些SaaS軟體服務新創公司會創造新方法來挑戰調查的假設，而且可能導致市場在眞實的變化中完全瓦解。SaaS的客戶直接與平臺接洽是不同於專家顧問管理研究結果的那種方法。專家顧問的研究管道肯定會提高入門壁壘，來保護已建立的文化調查操作員。但是，SaaS供應商在這個前提下賭注的是客戶會喜歡更方便和直接的方法，而不是依賴於專家媒介、耗時的參與，以及增加的費用。

因此，我們可能會看到文化診斷的動態變化。然而，這不會改變文化及它如何變化的現實。如果有一點SaaS供應商喜歡吹噓的特質中必須受到挑戰的，就是暗示文化可以轉移或被改變，就像SaaS調查的實施一樣容易。這種改變步驟的爭議可以被準確應用於直接影響承諾感和績效的趨勢元素。文化是有深度的，不會因爲快速調查的步伐而改變。文化改變過程是密集的、複雜的、社會的和反覆傳遞的。即使相當準確，快速診斷也只是一個小小問題，只是文化變革過程中的一小部分而已。

儘管如此，所有關於快速「脈搏」調查方法的百家爭鳴確實引起人們的注意，現在它成爲領導者接受的主流文化中心，用來診斷商業健康的方法。現代領導者期望這些快速的方法能夠繪製一張即使不完整、至少是足夠保護公司文化健康的藍圖？承諾感是有跡可循的，而文化卻存有因果關係的。快速測量方法可以接近得到根本原因嗎？前幾章已經建立了文化源於歷史的論點，需要時間來充分發現和解讀文化DNA。即使快速調查方法可能會迅速獲得支持的價值觀，他們是否會捕捉到調查物件和預設假設的微妙之處？回顧到SaaS的調查方法，我們可以看到兩者之間的區別，行業組織心理學研究方法是集中於個人調查和社會調查的量化分析：以個人和社會小組訪談爲中心的俗民誌研究方法，則是隨著時間的推移收集數據，並觀察小組互動和解釋。

思考一下這種導航分類：快速調查方法可能有意義，就如同從遠處看到地形的輪廓。而深入調查的測量師（例如：HSI、Denison等）可以提供很多輪廓和觀察到的地景（海岸線、沙灘、懸崖等）細節。但回想一下Sahlins和Captain Cook的例子，瞭解深層文化的微妙之處需要脫離隱喻觀察，並且與主題成員進行身歷其境的小組對話——關於過去、現在和未來，弄清楚他們認爲什麼是正確的、什麼是錯誤的，而且他們對此信以爲眞。

## ▌摘要與結論

　　類型學的價值在於當我們面對組織現實環境時，可以簡化思維，並提供有用的類別來針對複雜訊息加以分類。文化類型學的弱點在於它們過度簡化這些組織現實複雜性，以及可能提供了不正確的類別名稱與我們正在嘗試理解的相關內容產生了誤差。可能過早將我們的注意力集中在少數文化維度，從而限制了我們的觀點，可以限制我們在多個維度中找到複雜和衍生模式的能力，對特定族群，也無法揭露其最強烈的感受。

　　類型學也提出了一個針對Martin（2002）在文化研究時的偏誤，針對其強調高度一致性文化維度的「整合觀點」文化研究。Martin提出很多組織都是「差異化的」甚至「分散的」，在任何文化維度方面都鮮少有共識。一個整合式文化在整個組織中共享一個單一假設；差異化的文化是一個強大的組織，然而組織中的次文化可能不同意某些關鍵問題，例如：勞工和管理；而一個分散性文化的組織，例如：一個金融集團，擁有很多次文化，但並沒有一個總體員工所共同假定的假設。顯然只是針對特定組織來進行分類，努力整合到單一類型的類別，例如：「家族」或「網際網路的」。前提是不僅要圍繞兩個文化維度進行整合，還要整合那些文化維度的假定被適當地測量以確定其共識程度。

　　一些類型學試圖將所有組織縮減為幾種類型，而另外一些則更依靠由雇員分別調查測量的文化維度組織來探討。我們回顧了利用這些調查來「測量」文化的利弊。關鍵在於是否可以得到個人對於調查的回應，當在實際團體交流中可能顯示自己更深層次的共同預設假定上。調查測量可能有用，但也可能無法獲悉文化本質或文化DNA。

　　對於變革領導者的主要結論是，要把重點放在改變問題上，並且真正地去思考測量方法是否將會有所幫助，或者在進行任何文化評估之前必須執行一些質性的工作，以及文化本身是否應該從本質上來被理解會更好。

## ▌給讀者的建議

1. 思考一下，假如你作為一個組織的客戶、員工或經理角色，採取在本章討論的兩種或三種文化組織類型，並且看看你是否可以清楚融入每一個你所在的組織中。
2. 如果在融入組織時遇到困難，試著找出困難點，並利用這些困難點創新你自己的類型。
3. 問問你自己是否相信，量化文化維度在何種條件下是有用的。

# CHAPTER 15
# 對話式質性文化評估過程

對話式質性評估方法是基於三個關鍵前提：

1. 評估目的是幫助變革領導者做出一個有助於推動變革過程的評估。

2. 變革領導者參與評估過程至關重要，這樣才能彰顯變革問題的文化元素。

3. 外部顧問是否理解客戶的組織文化並不重要，但顧問必須要非常清楚評估過程會造成的變化影響。

　　在設定變革目標時，變革領導者並不清楚改變過程要實施的所有內容。在我們設定變革目標是什麼時，所擁有的文化元素、創建文化，以及現今文化，在「新的工作方式」中是助力還是阻力？目標清楚後，評估過程必須回應這個基本問題。

　　改變過程不是從零文化基礎開始的；組織內部已經建立了文化的基本假定，而它的DNA是組織成功的資源。該組織可能也同時建立了現在被認為是改變過程中問題根源的負面文化元素，而現在這些元素應該被「修復」。

　　不同的次文化無可避免會有差異，為了讓變革過程有效執行，診斷和理解組織內不同單位所產生的衝突和緊張是必要的。矛盾的是，對於外部來的「專家診斷員」來說，獲得這種理解並不重要，然而，對於變革領導者卻是必不可少。

　　在量化診斷模型中，對於組織文化的假定是透過外部人士針對組織內部成員和變革領導者們「測量」並「解釋」文化維度。在對話式質性模型中，外部專家的角色是幫助內部成員，特別是變革領導者，找出現有文化維度中，哪些元素會幫助或阻礙變革過程。

　　在測量模式中，介入性動能（intervention energy）確保數字「在科學上」是有效和準確的；在質性化模型中的介入性動能，幫助客戶深入瞭解他們所處的文化環境是如何影響變革過程。

　　在測量模式中，「科學」倫理盛行，因此，數據應該盡可能準確地圍繞在抽樣，並採用最好的統計方法。在質性研究模式中，考慮到評估過程本身是否危害到客戶端系統，「介入」（intervention）倫理占了上風。

　　在量化研究模式中，外部人士扮演文化專家的角色，透過測量系統進行文化診斷。而在質性研究模式中，外部人士扮演的是一個「低調的過程顧問」，這個顧問可能知道很多一般的文化動態，但是在這裡，他的專長是在文化診斷過程中，促進客戶（變革領導者）能夠診斷他／她自己的組織文化能力（Schein, 2016）。

　　這種對話式質性研究過程沒有既定公式，因為它取決於問題的性質、巨觀文化背景，以及客戶和顧問之間建立的特殊關係。因此，解釋這種方法的最佳途徑是透過幾個案例說明。

# 個案4：全科科技（MA-COM）──修訂一項改變議程作為組織文化領悟的結果

文化評估的目的之一是可以顯示組織中的文化元素，雖不盡然能預測，但卻能解釋許多觀察到的組織成員及領導人的行為。在這種情況下，一旦出現更深一層和未曾預料到的文化元素時，就必須改變程序以達成更好的解決方案。

全科科技（MA-COM）是一家由十個部門以上所組成的高科技公司，新上任的總裁，請我幫忙開發一種「共同文化」（common culture）。他覺得長久以來，分散式和自主式的管理方式讓很多部門現在都呈現機能失調的狀況，公司應該努力建立一套共同的價值觀和假定。

總裁、人力資源總監和我是決定如何挖掘問題的計畫小組成員。我們得到的結論是，為了確定企業未來共同的文化優勢，所有部門的主管，所有企業責任單位，以及其他被認為和此次議程相關者，都將被邀請參加一個一整天的會議。共有三十個人參加了這次會議。

我們從總裁作為「變革領導者」開始，說明他的目標和要求小組開會的原因。他在會議議程中介紹我為「平臺管理」（stage-manage）人員。在我以三十分鐘講解如何思考三個不同層級的文化模式之後，開始透過詢問小組中的一些資淺員工來進行自我評估，分享進入這個公司後的感覺。隨著員工們帶出各種不同面向的思維和規則，我把它們都寫在掛圖（flip-chart）上，並擺滿會議室。清楚呈現出有一些強勢的次文化，但也清楚展示跨部門的共同癥結點。

除了記錄之外，我的角色是要求員工們在拋出抽象概念，例如：「這是一個團隊合作組織」時，加以澄清或詳細說明。我會要求員工舉出一個自己非常滿意的實例。當我們的討論進入第二和第三個鐘頭時，出現一些有關核心價值觀的衝突。各部門單位確實青睞且同意傳統假定的高度分權和分區自治的管理方式是營運整體業務的正確方式。同時，他們也渴望強大的中心領導力和一套可以團結全公司的核心價值觀。

在這一點上，我的角色轉移為幫助團隊面對這個衝突，並嘗試去瞭解其根源及後果。午餐休息後，我們隨機挑選七到八個小組成員，繼續分析這些價值觀和假定。然後，我們在三點左右結束了這個持續兩個小時的分析，並且做一個階段性的小結論。

為了開始最後一個階段的會議，我要求每個小組都做一個有關公司假定的簡短報告，哪些共同假定是對企業文化的成就有所幫助，以及哪些有所阻礙。在這些報

告中，部門與整體公司的衝突還是持續出現，之後，我鼓勵該部門的小組成員深入挖掘這一點。這項衝突的眞相是什麼，爲什麼他們不能解決它？我注意到了最後提及「強大的創始人」（strong founders），所以我要求該小組進一步談論這些部門是如何創建的，這個討論引導出一種主要看法。

事實證明，每個部門都是透過其仍然在位的創始人獲得授權；公司總部政策對於各個部門授予自主權，儘管那些創始人已經放棄了所有權，卻還繼續擔任總裁的職位。會議室裡的大部分管理人員都是在那些強勢領導人的領導下成長，並且享有前輩們所創造的輝煌歷史時期。每個部門根據強大領導力的創始人而創建出自己的現有文化。

然而，所有的創始人不是已經退休或離開部門，就是已經去世了，目前這些部門已改由另一些人在領導，他們不像創始人一般深具魅力和熱忱。小組團體現在渴望的是，團結的感覺以及各自在創始人部門下的安全感。他們現在意識到，實際上並不需要一個強大的、統一的企業文化和領導力，因爲不同的企業部門需要自主性地有效運作。他們意識到渴望成爲一個更強大的企業文化是錯誤的概念。他們眞正想要的是已經享有的自主，只不過需要在各部門層級有更強大的領導人而已。

在企業的歷史重建中已經形成了文化的見解，引發一套對於未來截然不同的建議。該集團在企業領導層的允許下同意這一點，他們只需要在公共領域的少數幾個公司部門有共同企業策略，例如：公關部門、人資部門以及研發部門。他們不需要共同的價值觀或假定，儘管如此，隨著時間的推移，自然發展出共同的價值觀或假定也會很好。然而，他們希望在各部門加強領導力，並希望能夠最大限度地獲得有關領導力的發展計畫。最後，他們想強烈重申部門的自主價值，使他們能夠在各種業務中盡最大努力。

## 習得經驗

此案例說明了關於解讀文化和管理文化假定的幾個重要觀點：

◆ 這個過程始於一位擔憂「缺少一個共同的企業文化」，並希望「創造一個」的公司總裁。我願意檢查這個問題，並建議計畫小組「承認」這個問題。計畫小組隨後與我一起設計了一個爲期一天的質性研究介入，以評估現有的文化。我們同意以一個爲期一天的介入會議行程作爲開始，而其他任何需要的事情都將在此後決定。我認爲這是一種「質性的介入」。

◆ 一個資深管理團隊在外部協調員的幫助下，將能夠解讀屬於該業務部門特定問題的關鍵假定 —— 在這種情況下，是否有必要去推動一套更集權的共同價值觀

和假定。

◆ 對組織成員進行認定事實和價值觀的質性分析，顯示了幾個文化DNA的基本假定：根據參與者的判斷，大多集中在與業務部門相關的問題。部門文化的其他元素也清楚顯示在整體組織文化中，而自我分析結果被認為是不相關的。就像每一種文化包括很多假定一樣，重要的是找到一種可以讓組織成員設定優先次序，並能夠發現文化的哪些方面是相關的評估技術。

◆ 企業的解決方案問題不需要任何文化的更改。事實上，該組織重申了它最核心的一個假定。但是在這種情況下，該小組確實定義了新的未來行動優先事項：在某些特定業務領域部門制定共同策略和實務，以及發展更強大的部門領導人。在這種情況下，需要改變特定組織文化的商業行為，不一定是整體公司文化上的改變，這種改變比較像是在現有的文化上進化。

## 個案5：美國陸軍工程兵團重新評估他們的使命

這個例子說明了一個不同組織類型的文化解密過程。作為擬定長期策略計畫的一部分，我在1986年，被邀請進行美國陸軍工程兵團隊文化的分析，這項分析是關於成員們擔心他們的工作正在產生變化，他們也不確定未來的資金來源會是什麼。有二十五名左右的軍事和民事資深管理人員參加這項組織再造會議，其具體目標是分析他們的文化以確保：(1)適應快速變遷的環境；(2)保存其既有優勢和引以為傲的文化元素能量；以及(3)實際地管理組織的演變。管理者們知道兵團的任務隨著過去幾十年的時間改變了，而且組織的生存有賴於獲得準確評估自己的優缺點。

在組織成員想要迅速發現他們的文化關鍵元素時，我有時候會使用小組的方式，然後，遵循十個評估程序的步驟。

### 步驟1：獲得最高領導層的承諾

解讀文化假定並評估它們與某些組織變革計畫的相關性，必須被視為是一種改變組織生命週期的主要介入手段，因此，只有在取得高層實質領導人完整的理解和共識的情況下才能進行。要去探討組織中的領導者為什麼想要去做這項評估，並充分描述過程及其可能的後果，以獲得他們對即將參與的組織再造會議的全部承諾。在這種情況下，領導者才能經由他們的政府官員批准授權後，與我充分合作。

### 步驟2：選擇小組進行自我評估

下一步是協調人與高層實質的領導者一起決定如何好好挑選出一些代表公司文

化的小組團體。選擇的標準通常與有待解決問題的具體性質有關。可以是選定部門中同質結構的相同職位或級別的員工，或由組織中刻意選擇異質結構職位的員工。該團體可以小到三人，或大到最多為三十人。在這種情況下，領導者們和我選擇了針對這個議題最有經驗的人員。

### 步驟3：選擇一個合適的場所

小組會議應該要強化那些通常是隱性的知覺、想法和感覺。因此會議召開的房間必須是舒適的，讓人們以圓形桌或能讓成員輪流換座位的方式坐下來，會議室周圍應可懸掛許多寫滿組織文化元素的圖表。另外，應該要有分組討論室可用，讓分組成員可以在那個空間中進行討論，尤其是組織成員人數或參與者大於十五人左右的小組會議。

### 步驟4：解釋小組會議的宗旨（15分鐘）

此次會議應以被認為是組織中領導者或權威角色的目的聲明作為開始，以鼓勵公開性的回應。組織變革問題應該明確地說明和書寫下來，允許提出質疑和問題討論。這一步驟的目的是要釐清為什麼要舉行這個會議，並且開始讓組織中小組成員參與該過程。

然後，內部人員介紹過程顧問作為「協調員，此人將幫助我們進行評估，以瞭解我們組織內部的文化是會幫助或限制我們解決問題，或解決我們已經定義的議題」。過程顧問可以是一個局外人，或是一個致力於提供內部諮詢服務的組織成員，甚至是其他部門熟悉組織內部文化如何運作，而且也熟悉這個小組會議流程的領導人。

### 步驟5：瞭解如何思考文化（15分鐘）

該小組必須瞭解，儘管文化以組織結構環境和信奉價值觀的層面來呈現其本質，此次會議目的是嘗試要解讀這些處於較低意識水平的共同基本假定。因此，顧問應該提供三個層級的文化維度模型的組織結構、信賴的價值觀和默許的假定，如同在第三章中所探討的，並確保每個人都明白，文化是一組基於一群人的共享歷史的學習假定。對於這個小組來說，瞭解這一點非常重要，因為他們將要評估自己的歷史和文化穩定性的產出，是基於組織過去的成功所累積起來的。

### 步驟6：引導描述組織結構（60分鐘）

過程顧問告訴小組成員，他們將開始藉著組織結構來描述文化。最有用的開始

方式是找出最近才加入團隊的成員，並向該人士詢問進入這個組織的感覺如何，以及進入組織時最注意的是什麼。所有提到的內容都寫在掛圖上，當掛圖頁面被填滿時，它們被撕下並掛在牆上，以便一切內容都可以讓團隊的成員看到。

如果小組成員積極提供訊息，協調員可以相對地保持安靜。但是，如果小組成員需要有所準備，協調員應該有以下的建議，例如：著裝規範、與老闆應對時期望的行為模式、工作場所的實際布置、時間和空間如何被使用、有人會注意到什麼樣的情緒、員工如何獎勵和懲罰、某人如何在組織中取得升遷、如何做出決定、如何處理衝突和不滿情緒、如何平衡工作和家庭生活等類別的內容議題。

## 步驟7：確定信賴的價值觀（15至30分鐘）

引導有關組織結構的問題是「這裡發生了什麼事？」相對地，引導信賴的價值觀問題是「你為什麼要做你現在正在做的事？」通常情況下，價值觀在討論組織結構期間已經被提及，所以這些信賴的價值觀應該以不同的方式寫下來。為了獲得更多的價值觀，我選擇了一個清晰有趣的組織結構領域的問題，要求成員們闡明自己為什麼從事目前正在做的工作。

隨著價值觀或信仰的陳述，我從其中找尋共識；如果剛好出現了共識，我就在新的掛圖上寫下一致的價值觀或信念。如果成員們不同意，我會探討成因，若是在次文化團體所產生的不同價值觀或在真正缺乏共識的情況下，該項目就會被加入我們的議題上，提醒我們重新審視它。我鼓勵這個小組成員觀察他們所識別的所有組織結構特質，並且盡可能地找出那些可能會被忽略的地方。如果我看到明顯被忽略的價值，我會盡可能地建議——但是，是本著聯合調查的精神，而不是作為專家針對他們的數據內容進行分析。在建立一個值得審視的清單後，我們準備推進探討基本假定。

## 步驟8：識別共享的基礎假定（15至30分鐘）

獲取基本假定的關鍵是檢查被信賴的價值觀是否確實解釋了所有的組織結構，或者檢查正在進行的事情是否沒有清楚解釋、或是與實際存在的某些價值觀相衝突。有一個簡單的方法，就是詢問小組成員是否認為組織結構和他們會議過程中所使用的信賴價值觀是一致的。

當這些假定出現，協調員應該測試共識，然後將結果寫在另一個表格中。這份清單因為記錄和闡明已經被定義的文化精髓而變得重要。當小組成員和協調員認為他們已確定了試圖解決的大部分關鍵領域問題，同時參與者已經清楚瞭解什麼是基

本假定時，這個練習的階段就結束了。

### 步驟9：識別文化助力和阻力（30至60分鐘）

在這一點上，審視變更目標非常重要。我們正在努力要做什麼、達到那個目標以前會涉及什麼，以及我們現在的組織文化在達到那個目標以前會是助力或阻力。

### 步驟10：決定下一個步驟（30分鐘）

這一步驟的目的是為了達成某些重要的共同假定，和組織的下一個步驟是什麼的共識。這個概念引導出以下的發展主題，以關鍵價值觀或基礎假定來呈現，取決於小組本身經歷了什麼樣的元素：

- 我們的任務是務實解決河流控制、水壩、橋梁和道路上的問題等，而不是要求美觀。但是，我們對環境的回應，帶來我們對於特定主題的審美觀。
- 我們總是對危機做出應變，並且有組織地去執行。
- 我們保守傳統也保護我們的地盤（專門領域），但重視一些冒險行為。
- 我們是分工合作的，並期望由自主單位做出在該領域的決定是，但是實際上是地區工程師的角色在嚴格控制該領域。
- 我們是經營者，始終以成本效益方式運作分析，部分原因是質與量難以衡量。
- 我們使風險最小化，因為我們不應該失敗；因此，事情是偏向保守的，我們只使用安全而良好的技術。
- 我們行使職業誠信，並在我們應該拒絕時說不。
- 我們盡量減少公眾批評。
- 我們對外部性問題做出了回應，但仍然試圖維持我們的獨立性和專業誠信。
- 我們通常被當作是非美國外交企劃下的外交政策工具。

該組織小組成員定義其主要問題是防洪工作的傳統任務，該項任務在很大程度上已經成功實現，然而，國會預算審核的模式正在改變，確定為哪些項目的預算繼續辯護並不容易。財務壓力可能會導致更多的項目必須與地方當局分攤費用，需要一定程度的合作，那也使得該軍團不確定該如何處理。透過組織文化的探討，提供了有用的觀點來檢視未來會發生什麼，但是並沒有提供具體特殊策略的線索以作為未來追求的方針。

### 習得經驗

此案例與其他案例一樣，說明我們可以運用小組來解讀有關改變目標的文化重要元素，運用這種方式在釐清什麼是可能被執行的策略時，可以是一個有用的操作。儘管如此，文化評估不一定會影響文化變革，即使那一直是最初設定的目標。

透過驗證組織結構和信賴值之過程來逐步確定基本假定的過程，然後進行比較，尋找他們之間的差異，將此作為組織成員之間共同默許假定的研究軌跡是有效的，必要的話，可以在半天內完成。

使這項過程奏效的是客戶和協調員之間有一個明確的初始協議目標、變革問題及客戶擁有該流程和結果的意願。沒有明確的變革目標，這個過程會漫無目的地徘徊，往往會被小組成員視為無聊且毫無意義。

## 個案6：蘋果電腦公司評估組織文化作為遠程規劃過程的一部分

蘋果電腦公司（Apple）在1991年，決定進行一項針對人力資源議題長期規劃實作的文化分析。在未來五年之內，公司規模會有多大，公司需要什麼樣的人才，公司應該根據地理位置而設置在何處，以及如何在不同大小部門的情境狀況下進行定位？

由幾個生產線管理員和人力資源部門的幾個員工組成一個十人的工作小組，小組被分配了任務，要釐清Apple公司的文化如何影響其發展，並且找出哪些會吸引未來人才的影響力。人力資源副總裁知道我的文化工作專業，他邀請我擔任這個工作小組的顧問，副總裁則擔任這個工作小組的主席。

預計六個月後對總公司發表的計畫案，是釐清（sort out）各部門不同的計畫任務和委託這些計畫細節，並且向其他委員會進行更詳細的工作報告。小組其中之一被指定的工作，是分析Apple公司的組織文化對未來的成長影響。我的角色是協助這項研究編組，教導小組成員如何運用組織文化以發揮最大功效，並與文化小組委員會進行諮商。

該小組的第一次會議在一整天當中規劃了幾種不同類型的活動，其中只有一個活動和文化研習有關。會議進行到討論如何研究Apple公司文化時，我有二十分鐘可以用來描述組織結構、信賴的價值觀以及基本假定的研究模式。我描述自己是如何與其他組織小組的成員一起使用各種版本的前述十個步驟過程模式，來幫助他們解讀自己的組織文化。該小組對此很好奇，並決定立即嘗試這一過程。我們直接啟

動揭露組織結構和信賴的價值觀，並且將他們彼此比較，也要求小組成員想出一些既定的、由小組產生的不同數據可證明的默許假定。這些假定被寫在草稿圖表上，我將它們按照順序加以組織排列，最後我們稱之爲Apple公司的「管理假定」。

### 1. 不單單是業務，而是有更高目的，就是要──改變社會和世界，創造持久的東西，解決重要的問題，並且過程中要有樂趣。

　　Apple的產品之一，旨在幫助孩子學習。另一種產品是爲了讓使用電腦更容易和更有趣而設計的。Apple公司專注於將例行公事設計得趣味十足，例如：在數小時工作之後就可以得到充分利用時間的派對，在工作中的嬉戲，以及在行政培訓活動中的魔術表演等。該小組認爲，只有有趣和獨特的設計才能獲得巨大的迴響。

　　據稱Apple公司的許多人員反對該公司只追隨廣大的商業市場，並將產品銷售給特定群體，而該群體可能會濫用該產品（例如：美國國防部）。

### 2. 任務完成比使用的過程或形成的關係更重要。

　　該小組列出了這個假定的幾個版本：

◆ 當你在Apple公司失敗時，你是孤身一人並被遺棄；你變成了一個「難民」。

◆ 資歷、忠誠度和過去的經驗並不等於現在的任務成就。

◆ 當你旅行時，沒有人會接應（pick up）你。

◆ 眼不見爲淨，不在其位不謀其職；個人績效只看最近的成績；在工作中形成的人際關係不會持久。

◆ 員工專注熱衷於他們自己的工作，以至於他們沒有時間幫你或者培養關係。

◆ 合作關係僅限與任務相關，並且是暫時的。

◆ 群組團隊只是安全慰藉。

◆ Apple是一個俱樂部或一個社群，不是一個家庭。

### 3. 個體有權利和義務成為徹頭徹尾的個人。

　　以下爲這項假定的表現：

◆ 個人力量強大，可以自給自足，並可以創建個人自己的命運。

◆ 一群有共同夢想動機的人，可以做出偉大的事業。

◆ 人們本質上就渴望成爲他們自認爲最好的人，並會爲此信念付出努力。

◆ Apple公司既不期望員工對公司忠誠，也不希望保證個人在本公司的就業保障。

◆ 個人有權在工作上充分表達自己，包括他們自己的個性和獨特性。

◆ 沒有著裝規範，也沒有限制個人空間的裝潢和裝飾。

◆ 可帶孩子或寵物上班。

◆ 個人有權去娛樂、去玩、去異想天開。

◆ 個人有權為自己謀福利、賺大錢，無論他們的地位如何，都可以開好車。

## 4. 只有現在才重要。

◆ Apple公司沒有歷史觀念，也不關注未來。

◆ 抓住機會：早起的鳥兒才有蟲吃。

◆ Apple公司不是終生的聘僱者。

◆ 討論更長的計畫和任務，但尚未完成。

◆ 員工不會建立長時間的跨職群關係。

◆ Apple公司內部的遊牧生活是正常的：員工沒有辦公室，只有「營地」和「帳篷」。

◆ 辦公室環境會不斷重新安排。

◆ 解決問題比設計完美計畫更容易；靈活性是我們最大的技能。

◆ 如果員工離開某項企劃案或公司，他們很快就會被遺忘。

◆ 我們從做中學。

　　這些管理假定和支持數據被傳遞給處理文化的小組委員會，將這些假定和數據測試進一步審視。有趣的是，在經過幾個月工作後，沒有實質性的變革問題新增到小組研究清單上，這表示一個小組是可以非常迅速掌握其文化的基本元素。

### 習得經驗

　　此案例說明了以下重要的幾點：

◆ 如果有適當的動機而且被提供一個文化改造的過程，組織內部的小組成員可以更快地想出他們的中心基本假定。在這個案例完成幾年之後，我重新造訪Apple公司，他們所提供的一連串公司文化假定，仍然是該公司文化的精髓，儘管這些文化的基本假定是以不同的順序被陳述，並額外加入一些關於需要被改變的領域評論。我沒有目前Apple公司文化的相關數據，但是從它的產品範圍和商店運作方式來看，1991年早期的文化診斷描述，仍然明顯有效。

◆ Apple公司在現今的消費型電子產品和移動型電腦的王國裡佔有一席之地，這會令人想到某些特有組織文化假定的問題，而這些組織文化的假定仍然反映了今天眾所周知的Apple公司。這種文化診斷的內涵也可以被加以運用，例如：自從這項工作任務完成之後，四位被提升的總裁已經很明顯地發展了Apple公司特有的組織文化。我們總是不得不把文化看作是蛻變、有機，而且進化的物體，尤其是像我在第十一章中描述的那樣，文化本身會成長和老化。

◆ 說明這些管理假定，讓公司管理人員可以明確地評估他們的策略在何處遇到文

化限制。尤其是他們意識到如果想要快速成長，並進入這個電腦市場企業，他們就必須處理在這個假定下成長的組織成員——企業涉及的不應僅僅是賺大錢而已。他們也意識到組織文化太過強調當下的績效，並且將不得不制定更長遠的規劃範圍和實施技巧。

◆ Apple公司重申有關任務第一和員工個人責任的文化假定，藉由一開始就明確表達在公司與其員工之間沒有互相義務的哲學。當公司有必要裁員時，該公司沒有必要道歉而是直接宣布並執行。Apple公司是第一批清楚表達公司的僱用保障將逐漸被個人就業保障取代的公司之一，意味一個員工在Apple公司任職幾年期間就會有足夠的學習，一旦被Apple公司解僱了，他們反而會成為對另一個雇主充滿吸引力的人才。員工和雇主兩方面都不應該有忠誠，如果有更好的機會，員工也應該可以隨心所欲地隨時離開。那麼承諾和忠誠會在哪裡？在何時？就在企劃案裡。企劃案項目似乎才是一切的關鍵，組織單位繞著運轉的中心。

## 個案7：薩博集團——建立研究單位之間的協同合作

瑞典薩博集團（SAAB）研究部門的負責人Per Risberg指出，他的六個不同產品部門的研究單位有許多共同的技術和流程問題，但是多年來已經建立了非常穩固的次文化，以至於他們不理解協同合作可以幫助所有部門。他招募我來幫忙開展為期三天的工作坊，講授關於文化的論述，並且讓他們能夠發現在哪些地方可以彼此幫助和協作。在工作坊開始之前，他已經將我所寫的文化書籍發送給小組成員閱讀，並且要求他們寫一封信給我，內容是要他們比較自己的次文化與在書中介紹過的迪吉多電腦公司（DEC）和汽巴嘉基（Ciba-Geigy）這兩個詳細案例。

在工作坊的第一天，我介紹了文化模式，給了他們更多的例子，並簡要回顧他們的自我分析。

然後，我們讓每個小組的兩名志願者成為「民族誌學者」，去另外一個小組學習該小組的文化是什麼。我提供一些涉及權威和親密關係內容的特點，並給出幾小時的時間讓他們去參觀、觀察和詢問關於小組的組織結構、信奉的價值觀和默許假定。第二天，這些觀察報告在全體成員出席的會議上報導，每個小組都聽到了每組各兩位「人類學家們」如何看待他們小組的組織文化。透過這個過程，我們都高度認識到跨組團體的文化假定之共同性和分歧性這兩個面向。然後，鼓勵小組團體成員互相提問，並進一步探索彼此的文化。

第三天致力於系統性探索這些研究單位相互依存的方式，以及他們如何分享

技術和祕訣來互相幫助。我們可以說，這個過程改變了企業文化的假定，合作比獨立更具生產力，同時透過創造連結來發展每個次文化，使每個人都能更好地完成工作。

## 習得經驗

　　我從這個與內部人士合作的經歷中學到了更好的經驗，發展出更好的變革設計，而不是在不同的組織文化系統中試圖去開發和置入一個變革設計。Risberg認識他的小組成員們，知道如果他找到了揭露剖析小組成員們彼此特質的方法，他們會發現這種經驗很有價值，而且願意配合並改變他們自己的行為。我可能早就認為這是可行的做法，但那時還想不出這個由我們共同創造的優雅設計。

　　對話式質性研究方法是比較密集的，但總體而言速度更快。在三天密集的日子裡，我們能夠完成可能需要數個月的時間測量和分組分析的任務。在這個案例中，改變了變革目標，因為「被迫」成為業餘人類學家的活動，小組成員們成為了有意願參與文化組織改變的客戶，並幫助他們自己改變組織文化。

## ▌個案8：使用先驗標準進行文化評估

　　一家德國出版公司在這方面闡述了一種不同的方法，在2003年頒獎給指定的六十三個公司中所選出的六個公司，是基於以下原因：

　　卓越的個人文化模式在開展和活化一個企業的文化……。由學術界和商界的專家組成的國際工作委員會經過激烈的討論後，研發出十個關鍵企業文化維度……然後，是一個由來自貝塔斯曼基金會和博思艾倫諮詢公司的研究小組研究員，以十個文化維度和相關標準來評估這些公司。

（Sackrnan，2006年，第43頁）

　　選擇的文化維度如下：
1. 共同目標方針。
2. 企業社會責任。
3. 共同持有的信仰，態度和價值觀。
4. 獨立和透明的企業管理。
5. 參與式領導。
6. 創業行為。

7. 領導能力的連續性。

8. 適應和整合的能力。

9. 以客戶為導向。

10. 股東價值導向。

　　研究小組審視了經濟績效和有關每家公司過去十年來可獲得的有效資訊，篩選出十家公司決賽，然後對這十家公司進行這十項標準文化維度的評估測試。評估方式是訪談公司以及每個級別的董事會成員到工作委員會的成員。依據這十個因素制定了詳細的清單，以便研究小組能相對客觀地進行每家公司的評估。

　　再以原來制定的標準審視那些詳細的調查結果，選出六家能運用企業文化發展打造卓越績效的公司作為傑出範例，勝出的是：寶馬集團（the BMW Group）、德國漢莎航空公司（Deutsche Lufthansa）、格蘭富股份公司（Grundfos）、漢高股份公司（Henkel）、喜利得集團（Hilti），以及諾和諾德製藥公司（Novo Nordisk）。Sackman（2006）總結說：「現今（2006）傑出的企業文化，一方面能使公司獲得成功，另一方面，當公司面臨挑戰時能使其處於優勢地位（p.45）」。

　　這個研究詳細地描述六家模範公司，以便讀者可以透過十個抽象文化維度的表徵來觀察與理解每家公司的實際運作情況。請注意，這十個標準涉及外部生存環境和內部整合議題。一個類似案例是在香港的上海匯豐銀行有限公司（HSBC）中，進行的企業文化變革計畫之詳細分析（O'Donovan, 2006）。

## 那麼迪吉多電腦公司、汽巴嘉基公司和新加坡經濟發展局呢？他們的文化發展和變化了嗎？

　　本書中的三個主要案例各有不同的文化歷史。迪吉多電腦公司（DEC）非常著迷於創新的承諾及其結合自由與強烈的家長作風，以至於有意識地拒絕為了經濟生存的必要改變。在某種意義上，迪吉多電腦公司在它的文化DNA上缺乏「金錢基因」。但迪吉多電腦公司的資深領導者們，仍然堅持提倡他們公司運作的方式可以運用在任何一家公司的經營。

　　汽巴嘉基公司（Ciba-Geigy）正處於一個漸進式的改革過程中，首先是技術轉變和經濟壓力導致公司重組，包括放棄主要的化學產品，然後重新定位，成立與山德士（Sandoz）合併的諾華（Novartis）公司，主要是生產藥品。該公司關於長期策略的核心假定變更為集中在一個範圍較窄的產品組合上，這是迪吉多電腦公司做不到的，但是善待員工的價值觀，依然存在整個裁員過程中。

新加坡經濟發展局（EDB）一直以來經營得有聲有色，現在已經發展成一個現代化且非常成功的城邦。該局已經挹注大量的努力來激勵創業，然而由我和其他成員共同定義的組織文化領域，在他們的經濟發展鏈中仍是一個薄弱的環節。

## 摘要與結論

本章描述和說明的評估過程歸納出一些結論，例如：

藉由各種針對不同個體和小組團體的訪談過程，可以進行評估文化；小組晤談是最佳方式，因為文化是一套共同的信念，價值觀和假設，成員在小組晤談時會較好地揭示他們自己。這種基於團體的評估，可以在短短半天內，由內部人員在協調員的幫助下有效地進行。

內部人士有能力理解和明確地說明組織文化內的默許假定，但他們需要外部協調員的幫助，以建構這個文化診斷的過程。因此，外部協調員或顧問應該要以建立一個諮詢過程的運作模型為主，並盡可能避免成為任何特定團體文化內容的專家（Schein, 1999a, 2009a, 2016）。

外部協調員可能無法完全理解該組織文化，但只要該小組能夠順利推進變革議程，那就無關緊要。在任何案例中，組織文化基本假定的用語意義可能只有組織內部成員才能理解；因此，創造一個能夠促進他們對於該用語意義的理解過程，比研究者、顧問或協調員自己理解更重要。但是如果能夠詳細描述文化術語，對於外部協調員或研究人員是很重要的，也可以運用其他的觀察，評估參與者和更多的小組團隊，更詳細完整地將研究過程全面呈現出來。

文化評估，除非與一些特定組織問題或議題連繫在一起，否則就沒有多大價值。換句話說，文化評估只單純用來評估一種文化，可能被看作是無聊、無用而且是過於龐大的任務。當組織有一個目的、一個新策略，或一個欲解決的問題時，確認該組織的文化如何影響這個問題，不僅在必要情況下有用，也是必須的。問題應與組織的有效性有關，而且應盡可能以具體的方式說明。我們不能說文化本身就是一個議題或問題。文化影響組織的表現績效，重點應該從頭到尾都放在必要改善表現績效上。

為了使某一項文化評估有價值，它必須能達到既有假定水準。如果客戶端系統沒有取得既有假定，那就無法解釋信奉的價值觀和觀察到的行為間頻繁出現的差異。評估過程中應該先定義或識別該組織的既有文化假定，然後根據它們是否為文化的優勢來評估，而不是透過改變文化來克服限制。在大部分組織變革努力的案例

中，利用文化的優勢更加容易，而不是透過改變既定文化來克服限制。不是所有的文化細節與組織面臨的任何問題都有關；因此，關注研究整個組織文化中的所有面向，不僅不切實際，也通常不合適。無論如何，在任何文化評估過程中，我們應該敏銳注意到次文化的存在，並且對它們進行單獨評估，以確定次文化與組織欲做之事間的相關性。

如果發現幾項文化變革在組織變革中是必要的，儘管那些文化變革很少涉及整個組織文化；它們幾乎總能成為改變組織基本假定的一個或兩個關鍵文化。只有非常少的正常基本範例會遇到這種文化變革，但如果這種情況發生，那麼該組織可能將面臨多年來的一個重大變革過程。

如前所述的量化評估研究，可以補足這些對話式質性過程研究，但並不是必要的本質，就如以上所述案例的說明一樣。

## 給讀者的建議

測試這種質性模型研究的最好方法是從自己的公司、社團或其他團體匯集一個小組（三至五人），然後，花一小時來討論：

1. 進入這個小組的感覺是什麼？
2. 我們在這個群體中生活的價值是什麼？
3. 激勵我們的深層假定是什麼？

如果你能思考，你想在這個團隊運作方式上做出哪些改變，那麼請問問自己，以前是如何確定哪些特質幫助了你或哪些特質阻礙了你。

## CHAPTER 16

# 變革管理與變革領導者的
# 模式

　　如果你是相信文化的某個特點對組織運作有影響，想創造、發展，或改變文化的領導者或管理者，你需要去瞭解這本書到目前為止所談論的，但那些對你而言可能不實用。你特別想要或需要的，是改變過程的模式以及如何開始的方針。本章節中我們將你定義為變革領導者（change leader），並且提供你管理的變革模式。

　　首先，我們將著眼於組織變革如何運作的模式，如果你不瞭解人力系統中一般的改變過程，你就無法改變文化。在你進行文化改變之前，你必須先要回答問題是什麼、什麼是令你擔憂的？如果你認為真的需要改變些什麼，那麼對於想要及為何改變的事物就要非常地精確與具體。矛盾的是，你必須在不用到「文化」一詞的情況下，回應這些問題，因為文化是抽象的，反映出許多具體的事情，像是結構、過程、信仰、價值與行為。

　　如果你認為文化是群體或組織的本質，就像個人的個性或特質，那你將會知道，在沒有特定原因的情況下評估個性，會是個無止盡且無意義的行動。在一般文化評估的情況下，也是相同道理。所以，當某人位於變革領導的職位前來問我：「你可以協助診斷我們的文化嗎？」我會先讓自己思考如何定義這個改變的問題。

## 變革的領導者在定義改變問題或目標上需要協助

　　要解釋如何達成上述問題的最佳方式，就是提供我曾經歷過的假設性對話。

顧客：哈囉，我的公司對您的文化概念非常有興趣，您是否願意幫助我們定義我們
　　　文化的主要元素？

EHS：我很好奇，為何妳想要這麼做？

顧客：嗯，我們擔心最近某些員工調查，顯示員工參與度越來越低，我們應該檢視
　　　我們的文化，看看是否正在發生什麼事。

　　（為了要瞭解哪些文化元素會與此有關，我需要知道更多顧客對於「員工參與
度越來越低」的意思，而非追問她所說的「文化」意涵。）

EHS：好的，妳可以進一步再告訴我，是什麼讓妳認為員工參與度越來越低？

顧客：嗯嗯，在年輕員工間，我們正經歷不尋常的高度變化。

EHS：妳擔心的是特定類別，還是所有的類別？

　　（普遍的原則是在某些讓客戶擔心的特定議題或問題中突破阻礙。）

顧客：特別是我們最近僱用了創意工程群組，就是此群組在這一、二年間員工參與
　　　度越來越低，所以我們需要找出我們的文化發生了什麼事，竟讓這樣的情形
　　　產生。

（到目前為止，我們知道可能是工程群組「次文化」的問題，但除了一些模糊的判斷，對於客戶所想要的仍不明確。）

EHS：所以問題是妳想要減少最近所僱用工程師的變化，我的理解正確嗎？

顧客：沒錯，就是這樣，這就是為何我想要做文化調查的原因。

EHS：那麼，我們需要的是評估過程，來幫助我們理解為何年輕工程師會離開，以及現存的公司文化如何造成這種情況。

顧客：這些正是我希望你做的，我想做一個文化調查。

（現在我終於有些平衡想法來進入我們稱之為文化的複雜議題，並推動接下來要做的事。）

EHS：在我們做調查之前，把年輕工程師們聚集起來，並詢問他們對於組織文化的想法，這個做法可能滿實用的。如果他們有想出相關層面，我們就可以知道需要何種調查與補救。我們也要跟一些管理者談話，詢問他們對於問題的觀點，以及他們認為此問題如何連結到文化層面。

顧客：直接做調查是否比較有效率？

（如果顧客有些許文化的理解並提出特定層面來測試，或許是橫跨一些具不同程度變化的工程部門，我或許會認同調查是良好的下一步，並協助設計或引導他們到達此調查所關注層面。但我們仍然不知道哪一種調查有效。）

EHS：並不是這樣的，因為有許多的調查是處理不同層面與不同文化模式，而這些調查跟妳所擔心的特定問題毫無關係。所以，我認為最好是從團體面談開始。然後，我們再決定是否調查，或進行哪種調查。

在我們知道促進變革的問題或議題之前，原則是先不要進行文化變革，而是先協助顧客瞭解會造成文化變革的改變過程。

## 普遍的改變理論

所有規劃過的改變都是從對問題的認知開始，一個不如預期的認知。我對於Kurt Lewin（1947）變革過程理論的闡述，就是透過不同階段分析整體改變的過程，是一個好的開始。如同Lewin所言，人力系統總處於「近乎靜止的平衡」（quasi-stationary equilibrium），Lewin所表達的是，有許多想要改變的動力，也有其他想維持現狀的動力，而系統總會持續尋找某種類型的平衡。

人力系統是開放的，某種程度上涉及有形的及社會的環境。因此，在持續被影響的情況下，反過來看，也要試圖去影響環境。我們必須理解觸發改變的因子，也

就是一種刻意改變目前「近乎靜止的平衡」的渴求。而此類刻意的管理改變需要什麼條件才能成功、達成變革計畫的目標呢？如果改變涉及文化DNA、團體或組織運作的基本假定時，這些條件會不一樣嗎？這樣刻意的管理改變要如何開始，而改變過程又是牽涉哪種階段呢？

## 為何要改變？痛楚又在何處？

無論是為了改變的渴求、不同的做事方式或學習新事物，改變總是因某種痛楚或不滿而開始。這有許多的形式，像是某計畫不可預期的負面結果、銷售的下滑、人員無預警地離開、道德喪失等。對於無法達成想要或預期完成的目標是痛苦的，特別是產生沮喪與幻滅時。想要改變的慾望有時來自於想做某事卻尚未完成的訊息。在這些所有的案例中，普遍的因素就是某種痛楚。

正式的領導者或許不會感到受傷或不滿，然而當他們看到所在意的人痛苦或不滿時，就會啟動改變的規劃。這個人可能是消費者、客戶、下屬、同儕或其上位者。在衛生保健上，許多重大改變的規劃，起因於領導者觀察到病患在醫療系統中有困難，進而啟動了改善病患滿意或令病患驚豔品質的規劃。一位醫院的行政人員觀察到某些醫師會對護理師，甚至病患無禮，認為此舉不但對護理師造成傷害，也會降低他們的道德水準，同時反過來也會影響病患的照護。

我們可視此為看見、經歷痛楚或不滿的過程，而其透過某種動機促發了改變過程。這樣的啟動我們可視為一系列改變過程的階段，如表16.1所示。

| 表16.1　學習／改變的階段與循環 |
| --- |
| **階段1：創造改變的動機（解凍）** |
| ◆ 不確認性 |
| ◆ 創造存在的焦慮或愧疚 |
| ◆ 學習焦慮會產生改變的抗拒 |
| ◆ 創造克服學習焦慮的內心安定 |
| **階段2：學習新概念、舊概念的新意義及判斷的新標準** |
| ◆ 榜樣的模仿與認同 |
| ◆ 尋找解決與嘗試錯誤的學習 |
| **階段3：內化新概念、意義及標準** |
| ◆ 自我概念與認同的融合 |
| ◆ 持續性關係的融合 |

# 變革管理的階段與步驟

## 階段1：創造改變的動機與準備

如果任何主要的認知或情緒結構是以小規模增加的方式來改變，系統一開始勢必會歷經執行假設過程的失衡。Lewin（1947）將此創造的失衡稱之為解凍（unfreezing），或是創造改變的動機。為了要瞭解此階段，我們必須要定義四種不同的過程，每一種都必須呈現系統是為了改變發展某種程度的動機，並啟動改變的過程。

### 不確認性（Disconfirmation）

不確認性是種訊息，顯示組織中成員的目標未達成，或其過程未完成所設定的目標。組織成員在某部分受挫，不確認性的訊息可能是經濟的、政治的、社會的或是個人的——當有魅力的領導者責罵團體未達成理想時所產生的愧疚。醜聞或是難堪的資訊洩漏通常是不確認性最有力的證據。然而，資訊通常只是一種徵兆。它不會自動告訴組織潛在的問題是什麼，只會指出當某部分不對勁時所產生的不安定。

變革領導者必須利用已有的不確認性資料，或藉由定義問題本身將其當作一種資源，有時為了要引發改變的動機是需要製造危機的。

### 存在的焦慮與學習焦慮（Coutu, 2002）

不確認性本身不會自動產生改變的動機，因為組織的成員可以否認訊息的正當性，或合理地認為其不相關。舉例來說，如果員工的變化突然增加了，領導者或組織成員可以說：「只是不好的人離開了，反正這些人也不是我們要的。」又如果銷售下滑了，有可能會說：「這只是輕微的經濟衰退。」

不確認性訊息要創造出生存的焦慮或愧疚，意味著某個重要的目標沒有達成，或某重要的價值被妥協了。即使感受到生存的焦慮，會因為認知到這種新的感知、思考或感覺而拒絕與抗拒，讓行為上很難去學習。因此，我發想了「學習焦慮」（learning anxiety）的方式，是一種「沒有失去職位、自尊或群體成員關係，我就不能學習新行為或適應新態度。」

舉例來說，Alpha電力公司需要對環境負責時，意味著電子員工要改變自我形象，變成有魄力節省電與熱的員工，也就是一種對環境負責的管理者，預防並清理卡車或運輸中溢出的物質。新的規定要求他們回報會對團體造成難堪的意外事件，甚至在同事之間觀察到對環境不負責任的行為時，都要彼此呈報。同時，他們是慌張的，因為他們不知道如何判斷有害環境的條件，比方說如何判定外溢事件，或像多氯聯苯（PCBs）此類充滿危險的化學物是否只需要簡單的清潔，又或是地下室

只是充滿灰塵，還是充滿石綿灰。

　　有時不確認性訊息已存在相當一段時間，但因存在的焦慮不足，以及大量的學習焦慮，組織全體皆否認資訊的關聯性、正當性、甚至其存在，而規避改變。個人和組織的角色都會拒絕、甚至抗拒不確認性資訊，如果其會揭發黑幕或醜聞如此強烈的改變動機。Alpha電力公司在被報導出排放有毒物質到環境時，才啓動了主要的變革計畫，但組織卻聲稱化學製品不在改革之中。

　　未能關注不確認性訊息的發生有兩個層面：(1)在位領導者因為個人的新理念而行動、拒絕或抗拒。(2)或是在組織不同層面中資訊是可使用的，但卻用各種方式被抗拒。舉例來說，在重大事件的分析中，能有跡可循地發現某些員工觀察到不同的困難，卻未呈報、不被聆聽，或被規勸否定這樣的觀察（Gerstein, 2008; Perin, 2005）。組織或許會拒絕資訊，因為接受後表示要妥協完成其他的價值或目標，或是意味著損害自尊或組織的顏面。當保住面子的力道是強烈的，那麼生存的焦慮在一開始就不會發生。因此，不確認性資訊的獲得在醜聞中通常是需要的，因為改變的計畫才會予以啓動。

## 學習焦慮會產生改變的抗拒

　　如果不確認性資訊通過了組織拒絕與防禦的考驗，就會瞭解到改變的需要，一種放棄某種習性與思考方式的需要，以及一種學習某些新習性與思考方式的需要。然而，改變規劃的啓動會產生學習焦慮。這就是兩種焦慮的交互作用所衍生複雜的改變動態。

　　為了用不同的形式來說明，我們一起來看看網球中的情況。過程是由不確認性開始，例如：你不習慣跟對方選手對打，或是你期望更好的分數，抑或是沒碰上更精彩的比賽，所以你覺得有改進比賽的需要。但是，當你盤算於忘卻過去打擊的實際過程時，你將會理解自己或許無法做到，或是在學習過程中暫時無能為力。這種感覺就是學習焦慮的典型例子。

　　這類感受會在改變提議需要新學習時出現，例如：想要精熟電腦、改變督導風格、轉換團隊與合作的競爭關係、把高品質與高成本的策略改變為低成本的產品、把工程控制與產品取向移轉到市場與顧客取向、學習在非階層結構的網絡中工作等。在衛生保健業中，有許多改變的規劃是要求醫師放棄某些職位中固有的自主權，或是學習面對病患、護理師與技師的新行為。

　　重要的是，要理解因學習焦慮而抗拒改變，有一種或多種的合理原因：

◆ 失去職位或權力的恐懼：因為新學習，我們的權力與地位比起以前會較少。

◆ 暫時無法勝任的恐懼：在學習的過程中，我們會感受到無法勝任，是因為我們

放棄舊有方式，而尚未精熟新方式。最好的例子就是學習使用電腦的過程。

◆ 因無法勝任受懲處的恐懼：如果學習新的思考與做事方式花太多時間，我們會
害怕因生產率低而被懲處。在電腦的場域中有一些令人注目的案例，像是員工
無法有效學習新系統來善用其功能，因為他們想維持生產率，因此不想花太多
時間在學習新事物上。

◆ 失去個人認同的恐懼：我們或許不想成為新工作方式所要求的角色。舉例來
說，Alpha電力公司的電子部門員工辭職或退休，是因為他們無法接受成為環境
管家的自我形象。

◆ 失去團體關係的恐懼：形成文化的共享假定，也認同團體內外的成員。如果藉
由發展新的思考或新的行為方式，我們將會成為團體中異常的人，我們可能被
拒絕或排斥。這恐懼或許是最難克服的，因為這需要整個團體改變思考方式，
以及內在與外在的規範。

　　這些驅力將發展到我們最後稱為的抗拒改變（resistance to change）。這通常
歸因於人性，但如同我試圖說明的，要求成員改變在許多情況中是理性的響應。只
要仍維持高度的學習焦慮，個人就會有抗拒不確認性資訊的正當性動機，或是想出
不願立即參與學習過程的各種藉口。這些反應常在接下來的階段中發生（Coghlan,
1996）：

◆ 拒絕：說服自己，不確認性資訊是沒正當性、暫時的、不可靠，或僅是「狼來
了」的假訊。

◆ 代罪羔羊、推卸責任與迴避：說服自己，這只是其他部門的案例、這資訊不適
用我們、其他人要先改變。

◆ 操控與協商：想要有因改變而努力所獲得的補償，或只做有興趣且有利益的。

　　有了以上所有抗拒改變的案例基礎，變革領導者接著要如何著手改變的條件，
也就是說，新的學習要如何開始？有兩個關鍵的原則將引發作用。

## 原則1：存在的焦慮或愧疚必須大於學習焦慮

　　從變革領導者的角度來看，似乎很明顯，誘發學習的方式僅僅是增加生存的焦
慮或愧疚。此方法的問題在於，較大的威脅或愧疚可能只會增加防衛以避免學習過
程的威脅或痛苦。當整個系統中有更多的驅力在執行，系統的整體張力就會增加，
導致更多不可預期或不受歡迎的抗拒改變。此關係產生了在原則2中關於改變的主
要觀察。

### 原則2：學習焦慮必須減少，而非增加生存焦慮

變革領導者必須要藉由增加心理安全的學習與改變外部障礙來減少學習焦慮。要理解如何做並讓諮詢與協力的技巧轉換改變目標至顧客身上，現在已成為改變過程中最困難的階段。在改變過程中，所有牽涉改變目標的，都會是關鍵。

#### 增加心理安全

成為改變目標的個人或群體，也就是放棄舊事物並學習新事物的人，必須要感受到自身的可能性與利益。矛盾的是，成為改變目標的人必須要成為委託人（client），也必須要開始理解改變是有可能且有力的，變革領導者才能在新的學習過程中成為幫手。要創造這類組織成員在經歷改變過程上的心理安全，牽涉八個必須同時執行的活動。

1. 提供有說服力的正向願景：改變目標時個人或群體必須相信，如果他們學習新的思考與運作方式，他們與組織會變得更好。這樣的願景一定要由資深管理者清楚表達並廣泛執行，而資深管理者也必須用明確的行為方式來詳細說明「新的運作方式」會是什麼。同時成員也須理解新的運作方式是毫無協商餘地的。

2. 提供正式的訓練：如果新的運作方式需要有新型的知識與技巧，就必須提供成員所需的正式與非正式訓練。舉例來說，如果新的運作方式需要有團隊合作，那麼就必須在團隊提供建立與維持的正式訓練。如果新技巧是複雜的，在新行為被良好學習前，可能就需要一段時間的指導（Nelson, Batalden, Godfrey, & Lazar, 2011）。

3. 讓學習者參與：如果要確立正式訓練，那麼學習者必須瞭解到，他們是可以自行處理自身的非正式學習過程。每個學習者將會用些微不同的方式來學習，所以有需要讓學習者設計自身的最佳學習過程。學習的目標可能沒辦法協商，但是學習的方法與運作的方式是可以高度個別化的。

4. 訓練相關的家族團體或團隊：因為文化假定是鑲嵌在團體之中，所以必須提供非正式訓練與執行給全部的團體，好讓新規範與新假定可以一同被建立。如果學習者決定要參與新的學習，則無須感到自己與他人異常。

5. 提供資源：這其中包含了時間、練習場域、指導及回饋。如果學習者在如何做事上沒有時間、空間、指導與有效的回饋，那麼他們就無法學習某種本質上是全新的事物。而練習場域特別重要，它讓學習者在犯錯時不會擾亂到組織（Kellogg, 2011）。

6. 提供正向的角色榜樣：新思考與行為的方式會因學習者有所不同，因為在他們

想像自己做事之前，他們習慣看到實際運作的模樣。他們必須要看到其所認同的同事在執行新的行爲與態度，特別是組織中高階層的同事。

7. 提供可傳播與討論學習問題的支持團體：學習者必須跟其他相同經歷的成員談論其學習挫折與困難，才能相互扶持，並且一同學習處理困境的新方式。

8. 移除障礙、建立新的支持系統與結構：組織結構、回饋系統、控制系統必須要與新的思考與運作方式有一致性。舉例來說，如果改變規劃的目標是要學習如何成爲團隊的一分子，那麼團體競爭的銷售目標系統就必須移除，而回饋系統要改爲團體取向。紀律制度也要開始做懲處，取代獎勵個人的競爭、激進或自我的行爲，而組織結構也必須要像團隊的運作。

在任何複雜的系統中，如果你改變某一部分，系統的其他部分也將會有影響，而這些影響是可預期及處理的。舉例來說，在重大手術或治療療程前讓護理師巡視病患，此規劃是需要被捨棄的，因爲紀錄保存系統不會、也無法提供所需病患資訊，而讓巡視無法執行。許多改變規劃的失敗，是因爲其中沒有創造出上述所說的八種條件、能量與資源，轉變爲小的驚奇，讓改變短暫發生或從未發生。然而，當組織因創造心理安全而啓動眞正的轉變，眞實且重大的文化改變就可達成。

## 階段2：眞實的改變與學習過程

在分析眞實的改變與學習過程中，我們必須同時討論實際的改變與改變發生在何種機制上。我先討論學習機制，接著說明其如何與實際改變作連結。

### 仿效、認同對照瀏覽及嘗試錯誤學習

基本上有兩種我們學習新行爲、信仰與價值的機制：

1. 仿效角色榜樣，並在心理上認同仿效對象。

2. 在新的解決方式成功前，預覽周遭環境，嘗試使用錯誤的方式。

在練習中，我們同時使用兩種學習方式，意味我們所試圖嘗試的事物，常根據模仿角色榜樣而來。要區分改變規劃中兩種方式的原因，就是變革領導者擁有藉由提供角色榜樣，而讓新運作方式引發注目的選擇，或是刻意拒絕提供此角色榜樣，驅使學習者尋找其必須嘗試的事情。

當新的工作方式很明確、也適應新信仰與價值時，模仿與認同就非常有效果。舉例來說，領導者可以言行一致（walk the talk），也就是讓自己成爲所期待之新行爲的榜樣。訓練規劃的一部分中，領導者可以透過案例資訊、影片、角色扮演或刺激來提供榜樣。熟悉此新概念的領導者可引進並鼓勵其他人瞭解他們是如何做到的。這樣的機制是最有效率的，但也伴隨著風險，那就是新事物與學習者的人格特

質不相符，或不被學習者所在的團體所接受。這意味新的學習可能不會被內化，且執行新行為的脅迫壓力不在時，學習者將再回到先前的行為。

如果我們是在談論先前的信仰與價值，這兩者有時可透過認同引導變革的魅力領導者即刻獲得。當這個方法不管用時，變革領導者要更仰賴並期盼起初強制的新行為在改善情況上有成功之處，然後學習者就可適應其所辯護行為的信仰與價值。

如果變革領導者想要我們能學習真的適合我們人格特質的事物，領導者就必須鼓勵我們檢視自身環境，並發展自己的解決方式。檢視一個例子，就是當Amoco公司將工程師的角色從內在的資源改為自由顧問時，公司大可發展如何成為顧問、讓工程師成功轉換的訓練課程。然而，資深管理者認為這樣的改變非常個人化，以至於他們僅決定執行此安排與獎勵，並只讓個別的工程師瞭解其如何管理此新關係。在某些案例中，這意味有些人離開了組織。但是，這些靠自身經驗而成功成為顧問的工程師，逐漸發展新生涯，他們將其融合到其自身完整的認同中。此過程不僅是靠模仿，對於學習者而言，它也給予了要模仿誰的選擇。

模仿與認同的明確運用，在Alpha電力公司創造「對環境負責的文化」中有清楚說明。在如何面對環境負責的目標與方法上，都是明確且不可妥協。因此，員工被訓練要如何分辨危害與洩漏，以及如何處理善後。這意味給予員工時間與資源去學習榜樣與處理有可能發生的所有情況。其中有明確的原則與規則要遵守，舉例來說，即使沿路上的幾滴石油都需要清潔乾淨，看到危險情況必須立即回報。

這裡的普遍原則就是變革領導者必須對最終目標很明確（換句話說，像是能實現新的運作方式），但這也不是暗示說，每個人將會以相同的方式來達到目標。學習者的參與並不意味學習者擁有最終目標的選擇，而是意味學習者會以被給予工具上的選擇來達成目標。

### 改變的信仰與價值為首要，還是行為為首要？

某些變革的理論家爭論著，要先改變信仰與價值，接著渴求的行為就會自動產生。也有人認為，要先有改變的行為，信仰與價值就會因行為而調整。第一個理論較為簡單，但很難執行，當談到文化時，要說服他人現在的文化信仰與價值需要改變是很不簡單的，因為這些信仰與價值是組織成功的來源。而當信仰與行為間的連結不具體明確時，第一個理論就出現不足之處。許多組織支持團隊合作且員工也認為重要，但他們所認為的團隊合作行為與變革單位的信仰是不一致的。

改變的行為要先避免此問題，因為如果要變革計畫成功，一開始就要明確定義對於員工的未來期望。如果你想要團隊合作，那麼團隊行為該像什麼、需要哪種訓練與支持結構來擁護？渴求的行為越是明確被定義，就越容易認同與學習產生焦慮

的來源，以及所提供的心理安全類別。也正因如此，明確被定義的未來行為將是初始決定問題是什麼，以及渴求何種改變的重要部分。從此觀點來看，「一起創造團隊合作的文化」將是無用的目標，除非明確的渴求行為被具體定義。

　　如果改變的目標群體不同意進行此過程，可藉由威脅讓其失去工作或其他處罰來強制改變行為。如果行為是簡單的就能成功，但如果新行為需要學習新技巧或協調活動，那就沒有用。當然，訓練是可以強迫的。舉例來說，我知道有許多引進資訊科技到工作流程的努力，像是透過新過程訓練員工、當訓練結束時宣示勝利，但卻發現所期待的生產率未增加，且員工對新系統的副作用發牢騷。

　　這種情況就發生在變換電子紀錄系統的推行上，其需要醫師去學習如何輸入所有病患的資訊到電腦中，產生在醫學中更安全與有效率的安全文化。在某些醫院中，醫師會參與並充份訓練，然後發現新系統不只運作良好，也很明確是未來的運作方式。在其他的醫院中，醫師被脅迫使用新系統，卻發現系統笨重且耗時，覺得其干擾了與病患的眼神接觸，因此想回頭使用舊系統。

　　換句話說，行為的改變導致文化的改變，只有在新行為被認知到要妥善執行，才能內化且穩定。被強制委派的員工及未參與改變過程的員工不太可能感受到更好，所以過程會持續進行。接下來，我們需要瞭解新的信仰與價值如何產生。

### 透過認知再定義的新信仰與價值

　　新的學習可以透過瀏覽、認同兩者或擇一而產生，但是在任何案例中，新學習的元素可被合理描述為文化（換句話說，即新信仰與價值），參與學習者對核心概念的某種認知再定義的假定。舉例來說，當聲稱是終身職且從未裁員的公司面臨減少工資成本的經濟需要時，他們在認知上把解僱重新定義為過渡或提早退休，讓過渡的待遇很慷慨，提供員工可以有長時間尋找另一份工作的方案、給予額外的諮商、提供解僱後安排新工作的服務等，都是要維護「我們公平良好對待員工」的文化基本假定。此過程更像是合理化。在組織資深管理的層面，其為名副其實的認知再定義，最終也被視為再建構。一個終身職的公開信奉價值是次於其他價值，像是公司生存或厚待解僱人員。

　　如同先前我主張的，多數的改變過程應該要強調特定行為改變的需求。此類改變要認知再定義的奠定基礎是很重要的，行為改變不會單獨存在，除非伴隨著認知再定義。舉例來說，Alpha公司的環境計畫因規定的實施而開始，但最後當員工看到了自身行為改變的利益時就內化了，因此在認知上再定義他們的工作角色與認同。一些Amoco公司的工程師可以很快地再定義他們的自我形象，對於新工作的結構感到舒適，並持續宣揚工程學作為獨立諮詢服務的價值。某些被迫使用病患電子

紀錄系統的醫師看到了其利益，改變了對於其價值的概念，並注意到只要用其他聽得進去的方式來示範，眼神接觸也就不重要了。

### 學習舊概念的新概念與新意義

新概念常在變革領導者的願景中先行頒布──Amoco公司的「新獨立工程學」、Alpha電力公司的「對環境有責任的組織」、新加坡的「世界級乾淨、無貪汙的城市」。Bushe與Marshak（2015）稱此看法的概念為有生產力的隱喻（generative metaphors），像是「永續性」或「拯救地球」的隱喻就是清楚正面的目標，但沒有明確說出如何達成。發生在醫藥界文化的許多改變中，就是「病患參與」、「更好的病患經驗」及「人口健康」（而非疾病治療）的強調，成為了此種有生產力的隱喻。

在這些寬廣的新概念之上，如果有人被訓練要以特定方式思考，並要成為其團體的成員，那麼此人要如何想像新思考方式的改變？如果你是Amoco公司的工程師，你會是作為專業科技資源的部門成員，並有著明確的生涯發展與單一老闆。在集中的工程團體下的新結構，你被要求將自己視為諮詢組織的成員，如果顧客不喜歡你的協議，就會向購買此服務的顧客來推銷。要有這樣的轉變，需要發展出幾個新概念─自由顧問、銷售服務、與外部出價低的人競爭。此外，你需要學習如何成為工程師概念的新意義，以及成為Amoco員工意味著什麼。你需要學習新的回饋系統─在工作上的報酬是依據能力而來的。你必須視自己如同銷售員與工程師。你必須用不同的方式來定義職業，並學習替許多不同老闆工作。此種改變不一定是良性的，而且當然也不容易。

### 發展評鑑的新標準

在新概念之後，伴隨的是新評鑑標準。生產目標、品質標準與安全要求都要求新的行為，而其改變的目標將會被評估。當這些新目標與標準沒有以新運作方式的形式去仔細思考來達成，我們就常會遇到組織的病徵，通常是員工沒有達成目標卻聲稱達成時。在Alpha公司的變革計畫中，顯示器必須安裝在所有系統上，以執行清理所有洩漏的標準。

在2014年，退伍軍人行政管理的醜聞中，華盛頓在限時內找到特定病患的目標未能達成，更糟的是，其宣稱努力達成目標，導致有很長一段時間許多退伍軍人未受到照顧。這樣的事件再次突顯了明確定義問題的重要性，並思考執行何種變革計畫可以成功達到新的運作方式。在2016年，福斯公司（Volkswagen）排放標準的欺騙案件被揭露時，就僅是資深管理者在設定標準時未考量到系統是否可以達標。

就個別的改變目標而言，以上案例都意味你將會被不同的方式評鑑。在Amoco

公司的前結構中，工程師被高度評鑑工作品質，現在他們需要更精確地評估完成一個工作要多少天數，並在同樣天數內達成何種品質，且如果要達成比以往更高品質時需要花費多少，這可能需要一組全新的技巧來進行評估與制定精確的預算。

對於Alpha公司的員工，學習上最困難的，是對於環境負責意義的新標準。他們認爲自己已經理解，但從未認爲清理些許漏油是重要的。如果他們遇上潛在的危害物，在通報之前，身爲有責任的工程師總會仔細檢視訊息。即使在實驗室確認是否確實有危害之前，有任何「潛在危險可能性」的想法就必須立即通報，連Alpha公司的工程師也難以接受。另一個在標準改變上更危險極端的案例，就是新加坡市民所學習的，市民被要求整潔與無貪腐的新標準，以期達到更大的經濟目標。

在迪吉多電腦公司（DEC）的案例中，工程師對於良好電腦的特定標準，是依據經驗豐富的客戶價值而生。當市場轉移到只想要立即性產品的簡易使用者（dumb users），而有新運作標準時，DEC公司的工程師會明確拒絕。當他們最後決定要製造簡單的桌上型電腦產品時，他們會使用自己的標準來評估顧客想要的是什麼。他們過度設計並製造華而不實的部分，導致電腦太昂貴並難以使用。DEC公司的文化DNA未曾改變過。

爲了提高安全性（improve safety），設定新標準或許在變革計畫中是最明確的。多數組織宣稱他們注重安全，並仔細地在職業安全衛生署（OSHA）上進行檢測，然而只有在執行長誠心宣布，他不想再因爲醫院的疏失而告訴家屬其家人的死訊，此時醫院對病患的安全才會嚴肅以對。在高危險行業中，當執行長親自參與、提供自身的榜樣並定義標準目標時，改善安全的變革計畫才會確立。

## 階段3：再凍結、內化與靈活學習

在任何改變過程中的最後一步就是再凍結，Lewin（1947）認爲，新的學習要等到實際的結果被證實時才會穩定。Alpha公司的員工發現，他們不只能處理環境風險，他們所做的事也是令人滿意且值得。因此，「一個乾淨與安全的環境攸關每個人的利益」內化爲他們的態度，即使風險是使工作進度緩慢。如果變革領導者正確診斷出需要改進問題的行爲並啓動變革計畫，新行爲就會產生更好的結果，並且更加穩定。

如果情況無法使新行爲產生更好的結果，訊息會被認爲是不確認性資訊，並另外開啓新的變革計畫。因此，人力系統是長期潛在流動的。環境有更多的動能，就更需要長期的變革計畫與過程。

# 關於文化改變的注意事項

當組織碰到不確認訊息並啟動變革計畫時，起初不會涉及文化改變，且文化如何幫助或阻礙變革計畫仍不明確。為了澄清這些議題，前兩章所提到的文化評估過程就可派上用場。然而，在施行文化評估之前，最好是對改變目標要非常明確。

## 1.在行為表現上，改變的目標要具體定義，而非是「文化改變」

舉例來說，在Alpha電力公司的案例中，法庭說公司需要對環境有更多責任，並在其報告中做更多準備。改變的目標是要讓員工：(1)更意識到環境風險；(2)立即回報給相關單位；(3)學會如何處理風險的情況；(4)學習如何預防一開始的洩漏與其他風險。

當變革計畫啟動時，在文化需要何種改變的方式還不清楚。只有特定目標被定義時，變革領導者才能決定文化元素是否會幫助或阻礙改變。事實上，文化中有很大一部分可以被正向地使用來改進文化中某些特定元素。有一個事實就是，Alpha公司非常專制且注重訓練工作，這使得該公司能培訓全體員工得以辨識和應對處理危險事情。現存文化有很大的區塊會被使用來改變某些周邊設備的元素。

當領導者承擔文化倡議時犯下的最大錯誤之一，就是對改變目標模糊不清，並假定文化改變是需要的。當某人要求我協助文化變革計畫時，我第一個最重要的問題就是：「你的意思是什麼？你可以不用『文化』一詞來解釋你的目標嗎？」

## 2.舊文化元素會因排除文化載體而被破壞，但新文化元素只有在新行為持續一段時間的成功與滿意時才會被習得

一旦文化存在、一旦組織有一段成功與穩定的時間，文化就不會直接被改變，除非組織自身排除。領導者可以加強新的做事方式、清楚表達新的目標與方式、改變回饋與控制系統，但是這些改變並不會產生文化改變，除非新的做事方式運作得更好，並提供成員一組新的共享經驗，最後才會被認知為文化中的改變。

## 3.文化基本假定的改變總會有一段心理上痛苦的反學習

許多領導者在組織上所強調的改變，只要求新的學習，因此不會被拒絕。這通常會讓我們想做的新行為更加簡單。然而，一旦我們是成人、一旦我們的組織發展了現有的規則與過程，我們可能會發現新提議的做事方式，像是學習新軟體程式，好讓電腦工作更為有效，對於領導者看起來是簡單的，但對員工而言，卻是很難學的。我們可能對現在的軟體感到舒適，並可能覺得學習新的系統是不值得努力的。

因此，變革領導者需要改變的榜樣，包含了把反學習當作是可接受的階段或處理轉化的階段，而不僅是表面上的提升。

### 4.當任務的複雜度與系統的相互依存性提高了，改變就變成長期性的

　　我們談論到階段的形式，但因爲科技的複雜度與文化的多元性，改變過程在多數組織中或多或少變得長期性。即使當某些新行爲再凍結（refrozen）時，他們會引出環境的新反應，而造成新的不確定性、生存焦慮、未來改變動機的循環。新信仰、價值與行爲必須被思考爲適應性的動作（adaptive moves），而非問題的解決方案。雖然改變的過程可藉由不同階段被分析，但也逐漸變成許多組織中長期性的生存方式（Schein, 2016）。

## 摘要與討論

　　由於焦慮與新學習的連結，本章所描述的一般性變革模式，一開始就承認變革領導是困難的。此改變過程從不確定性開始，而產生兩種焦慮：(1)生存焦慮或愧疚，也就是我們必須要改變的感受；(2)學習焦慮，就是能理解到我們可能會反對學習某事，並學習可能挑戰我們的競爭力、角色、權力職位、認同元素或團體成員的新事物。學習焦慮導致否認與抗拒改變。要克服此抗拒的唯一方式，就是讓學習者在心理上感到安定而減少學習焦慮。

　　產生心理安定的條件是可被描述的。如果新的學習產生了，通常是反映了認知的再定義（cognitive redefinition），而其建構是由學習新概念、學習舊概念的新意義，並與適應新評鑑標準所組成。此學習的產生不是透過對角色榜樣的認同，就是依據瀏覽環境在嘗試錯誤中學習。

　　改變的目標最初就應聚焦在該解決的具體問題上。因為只有當這些目標渴求的行爲被清楚定義，發起文化評估來決定文化對改變過程是否有益，才會是妥當的。

## 給讀者的建議

1. 應用這些階段到你曾親自經歷過的改變、試圖打破習性，或某些你試圖學習的新技巧。

2. 想想哪些階段或過程是最爲困難的。

3. 思考一個你想做的組織改變，並應用相同的思維去做改變。

## CHAPTER 17

# 作為學習者的變革領導者

　　不管是全球主義、知識型組織、資訊時代、生化科技時代或是組織界限的鬆散模糊、網路等，各種不同的預測都有共同之處，即基本上除了差異、更複雜、更快速、文化更多元外，我們不知明日的世界將會如何（Drucker Foundation, 1999; Global Business Network, 2002; Michael, 1985, 1991; Schwartz, 2003）。

　　這代表著組織及其領導者必須成為終身學習者（Kahane, 2010; Michael, 1985, 1991; Scharmer, 2007; Senge, Smith, Kruschwitz, Laur, & Schley, 2008）。把終身學習的議題放在文化分析的情境中，我們會遭遇到矛盾。文化是穩定因子、保守力量，使事物有意義及可預測的方式。許多管理顧問及理論家都認為，「強勢」文化是效能及持續表現的基礎。但是，根據定義，「強勢」文化是穩定的，難以改變。

　　如果世界變得更加動盪，需要更多的彈性和學習，這是否意味著「強勢」文化將日漸成為一種負擔？這是否意味著文化創造的過程很有可能會失效，因為它可以穩定事物，而彈性可能更能適應？或者可能的話，想像一種文化，就其本質而言，它具有學習導向的、適應性和彈性的？我們能穩定終身學習和改變嗎？什麼文化能更有利於終身學習和彈性？推動這種文化的領導者會是什麼樣子？

　　為了適應良好未來要將這個問題轉化為領導力，今日的領導者必須先掌握促進文化演變的方向，知道該如何引導，以及領導者必須具備哪些特點和技能，才能察覺未來的需求，並落實組織生存所須的變革？

## 學習型文化是什麼樣子？

　　本章的假定源自於與已故的Donald Michael（1985, 1991）和我的同事Tom Malone（2004）、Peter Senge（1990; et al., 2008）和 Otto Scharmer（2007）有關於組織的性質和未來工作的對話。他們已經在許多工作研討會議上接受過測試，我從私人和非營利組織的領導者那裡獲得了第一手資料，這個世界正迅速發展成為一個全新的未知領域。正如過去五年中，我在矽谷所經歷的一樣，這些想法得到了加強和強化。

### 1. 積極主動性

　　學習文化必須建立在人類與環境互動良好的假定之上，且人類是積極主動的解決問題者和學習者。如果文化建立在被動接受宿命論點的假定之上，隨著環境變化的速度增加，學習將變得越來越困難。

　　以學習為導向的領導者必須明確表示，積極地解決問題能建立學習信心，從而為組織的其他成員樹立榜樣。致力於學習過程，比任何特定問題解決的方案都更重

要。面對環境日趨複雜，領導者對其他組織成員產生解決方案的依賴性將會增加，而且我們有壓倒性的證據證明，如果組織成員能參與學習過程，則更有可能採用新的解決方案（Schein, 2009a, 2009b, 2016）。

## 2. 對「學會學習」的承諾

學習文化必須在文化的DNA中具有「學習基因」，因為組織成員必須持有共同的假定，即學習是值得投資的好事，學會學習就是一項需要掌握的技能。「學習」必須包括學習外部環境的變化和學習內部關係，以及組織如何適應外部變化。例如：瞭解迪吉多電腦公司失敗的一種方法，是注意公司致力於持續的技術創新，但很少有成員反思，或致力於學習如何應對組織的成功、成長和衰退所產生具破壞性的團體間競爭。

學習的關鍵是獲得回饋，並花時間反思、分析和理解回饋所傳達的涵義。回饋只有在學習者提出要求時才有用，因此學習型領導者的一個關鍵特徵必須是願意尋求幫助並接受它（Schein, 2009a, 2016）。學習的另一個關鍵是能夠產生新的回應，嘗試新的做事方式，接受錯誤和失敗作為學習機會。這需要時間、精力和資源。因此，學習文化必須重視反思和實驗，必須為其成員提供時間和資源。

## 3. 關於人性本質的假定

學習型領導者應忠於人性，且相信人基本是善良的，無論如何是可鍛鍊的。若有充分的資源和必要的心理安全感，學習型領導者要相信人有能力學習，而且也願意學習。學習意味著求生存及改善的慾望，若學習型領導者一開始就假定人是懶惰及被動的、人們不關心組織、成敗與他們無關，如此會應驗自我的預言。如此的學習型領導者也會使員工變懶惰、自我保護與利己主義，然後應用此特點來證明原來的假說。此類控制導向的公司在安定的環境可生存，但當環境變得更為變動不定，當技術及全球趨勢導致問題解決變得日益複雜時，組織注定會失敗。

知識和技能的分配日益廣泛，迫使領導者——不論是否喜歡——更依賴組織內的其他人。在此種情況下，若對人性抱持嘲笑挖苦的態度，必然會造成官僚主義的僵化，最壞的情況則會產生反組織的次級團體。

## 4. 相信環境可以管理

學習型文化必須包含在DNA基因所反映的共享假定上，而這個假定是：就某些程度而言，環境是可管理的。假如一個組織的假定是要與環境共榮共生，學習型領導者將因環境變得更加動盪，而變得更加難以學習。

適應慢慢變遷的環境，是一種可行的學習過程，但我認為世界變化的方式將越來越少。換句話說，環境越是動盪，領導層級的爭論其重要性就越大，並表明某種程度的環境管理是可取的和可能的。

O'Reilly和Tushman（2016）在他們的領導和瓦解概念中提出了強而有力的論證，這表明長期存活下來的公司既能保留其核心業務，又能同時建立出新的和具適應性的企業內部。

## 5. 透過查究和會談做出真理的承諾

學習文化必須包含共同的假定，即問題的解決方案源於對探究的深刻承諾，以及透過允許不同文化開始，相互理解的會談過程，務實地尋找「真理」。探求質疑的過程本身要有彈性，及反映其周遭環境的本質，在學習型文化應避免的假定是：智慧及真理存在於某一資源及方法中。這一點尤為重要，因為在巨觀文化世界中，即使被認為是「科學的」也會有很大差異；我們不能把一些科學的物理模型作為通向真理的唯一途徑。

隨著我們遇到的問題發生變化，我們的學習方法也必須改變。出於某些目的，我們將不得不深深地信賴著「常態科學」；出於其他目的，因為無法獲得科學證據，我們必須在有經驗的實踐者們的對話中找到真相。出於其他目的，我們將共同試驗，並忍受錯誤，直到找到更好的解決方案。知識和技能可以多種形式被發現，而我所謂的臨床研究過程——合作者和客戶一起工作——將變得越來越重要，因為將沒有人會成為「行家」，並足以提供答案。在學習型組織中，每個人都必須學習如何學習（Scharmer, 2007; Senge, 1990）。

對學習型領導者最頭痛的問題是，欠缺專長及智慧。一旦位居領導者，我們的需求及他人的期望，會明示我們知道答案，且對狀況都在掌握中，但若我們提出解答，會創造出「認為面對真理及事實，我們不可避免地採取一種道德立場」的文化。塑造組織持續的學習型文化唯一的方法，是領導者應認知他們自己不懂的太多了，且必須教導別人接受他們不懂太多的事實（Schein, 2009a）。因此，學習就變成一種共享的責任，並要求各級領導者與下屬建立更加個性化、開放和信任的關係（Schein, 2016）。

我時常被問到：「人們要如何對學習更敏感」，我的答案是「多旅行」，旅行使我們有更多不同文化的經驗，學會文化差異及發展文化的謙卑，學習型領導者應花點時間抽離組織，到其他文化實地遊歷，並與這些文化的成員建立個人關係。

## 6. 未來的趨向

　　學習的最佳時間導向於遙遠的未來及不久未來間的某處。我們必須充分考慮，以便能夠評估不同行動方案的系統性後果，但我們還必須考慮在不久的將來，評估我們的解決方案是否有效。如果環境變得更加動盪，那麼最好的方向是生活在過去或現在的假定，顯然是不正常的。

## 7. 與工作相關的全面溝通與公開承諾

　　學習型文化植基於以下假定：溝通及資訊是組織健全的核心，因此要建立溝通管道系統，讓每個人都能順利與他人連繫，這不是說所有的管道都要使用，或某一管道為所有事使用，而是說每個人要能與任何人溝通，並假定每個人都會盡量說出真話，且其所言皆是正面的與可喜的。這種開放的原則，並非指我們得中止所有關於面子的文化規則，並採用開放性的定義，這等同於讓大家都知道「讓所有這一切都懸而未決」。有充分的證據顯示，人際關係的開放可能會跨越等級界限和多元文化環境，進而造成嚴重問題。

　　但是，我們必須使用自己的文化洞察力，來瞭解何時能從任務範圍內的一級關係，轉變為個人的二級關係或共同目標，這使我們能夠盡可能地瞭解與任務相關的訊息。只有當組織成員學會相互信任時，才能實現與任務相關的完整訊息，並且當雙方在社會秩序規則允許的情況下，告知對方真相時，才建立了基本信任。學習領導力的主要挑戰是，如何在人們可能沒有面對面接觸的網絡中建立信任。

　　要實現這一目標，學習型領導者最重要的技能之一，就是在適當和必要時保持個性化。

## 8. 對文化多樣性的承諾

　　環境變動越大，多元的組織就越有資源來對抗不可預知的事情。因此，學習型領導者應該刺激多元並假定，在個人及次級團體的層級，多元是可喜的、合理的。這種多元文化無可避免地產生了次文化，且這些次文化最後將成為學習及創新的必要資源。

　　然而，為了使多樣性成為一種資源，次文化必須要相連結且學習相互珍惜，以學會彼此的文化和語言。學習型領導者的一項中心任務是確保良好的跨文化交流和理解。關於如何實現這點的一些想法已在第七章提出。創造多元不是讓組織的各部門各自運作缺乏統合。放任主義的領導無效，是因為次團體與次文化保護其自身利益的本質。因此，為了優化多樣性，有賴一些高層命令的統合機構及相互瞭解文化。

### 9. 系統思考的承諾

因世界變得更複雜及相互依存，系統思考的能力、分析力量的來源和瞭解彼此糾葛影響，以及放棄直線思考邏輯，而喜歡複雜的心智模型，這些能力都成為學習的關鍵。學習型領導者要相信，世界是日趨複雜、非線性的、互相關聯，並且是武斷的。以這種複雜的方式進行思考的能力，已成為高危險行業和醫療保健安全分析中的關鍵人際能力，並且在「製造團體意識」的概念中，得到了很好的體現（Weick & Sutcliffe, 2001）。

### 10. 分析內部文化的信仰價值

在學習文化中，領導者和組織成員必須相信分析和反思他們自己的文化是學習過程的必要部分。內部文化分析揭示了團體和組織在完成任務時，發揮作用的重要機制。如果沒有內部文化分析，很難理解組織是如何被創造出來的，如何成為組織，以及如何在整個存在過程中進化。但最重要的是，如果沒有內部文化分析，我們怎能希望瞭解其他文化？說了這些之後，我仍然認為這種內部分析只有在學習和變革課程的背景下才真正有用。

## ▍為什麼是這些層面？

我們可以從分析得出許多層面與學習相關，我選擇忽略那些有助於學習卻似乎不清楚的結論。例如：就個人主義與團體主義的層面而言，學習的最佳方法是接受這樣一種觀念，即每個系統都包含其中的兩個元素，而學習文化應是鼓勵個人競爭和團隊合作，具體取決於要完成的任務。相似的論證是依工作導向或關係導向。最佳的學習系統應依任務來平衡兩者，而非兩個極端。

關於科層體制、專制、家長式作風和參與的程度，這又是一項任務，需要何種學習及特殊情況之問題。在Alpha Power例子中，我們看見環境危害的知識，以及如何在一開始於每一個專制及由上而下的方案中，立即處理這些危害因素。但在實際經驗中，學習過程已經移轉到地方性的創新，然後流傳到組織的其他部門。有關環境的、健康的及安全問題的創意方案都拍成錄影帶，流傳於組織。每月的獎賞午餐會，會中成功的團隊會見高階經理，分享「如何做到」的經驗，並與其他團隊溝通交流。

最後，我們要瞭解，即使學習的觀念已染上文化假定，學習在不同的文化及不同次文化中象徵著不同的事物。上面所列的層面只反映我個人的文化理解，因此只能算是學習型文化應強調的第一近似的概念事物。

因此，學習導向領導之角色是促進這些種類的假定。領導者者本身要先持有這些假定，自己再成為學習者，然後能認知以及對別人能依假定表現出好行為時，可給予獎勵。

## 以學習為導向的領導力

在描述了學習文化的特徵及其對學習領導者的涵義後，還需要簡要地研究學習型領導，是否會隨組織發展的不同階段而變化。

### 文化創造中的領導

在快速變遷社會中，學習型領導者或創辦人不只要有願景，也要隨外在環境的變化而加以應用及改革。正如新的組織成員會帶來先前公司的組織文化及經驗，只有在團體遇到困難，克服危機求得生存時，才能透過清晰且一致的訊息來形成一套共同的假定。因此，文化創造的領導者需要堅持及耐心，一如學習者要有彈性而隨時應變。

隨著團體及組織發展，會產生一些情緒問題，如依賴領導者、同儕關係及如何有效工作。在組織發展的每一個階段，領導者需要幫助組織確認問題並加以處理。此階段若事情未如預期的好，領導者要接納及包容生氣、焦慮（Hirschhorn, 1988; Schein, 1983; Frost, 2003）。領導者或許無解答，但在想答案之時，應提供暫時的安定及情緒的肯定。這種控制焦慮的功能在學習期間顯得特別有相關性，因舊習慣和方法要拋棄，新的要學習，若世界變得更動盪不安，焦慮會持續，學習型領導者需要永遠扮演支持性的角色。

當願景因環境變動而變得難以適應時，領導者學習課程的難處，在於如何同時表達其強烈而清楚的願景，而且願意公開面對改變。

### 組織中年期的領導

一旦組織發展成自己的豐富歷史，其文化變得因多於果。文化影響策略、結構、過程及成員彼此相互交往的方式。文化變得對成員的知覺、思想及感覺有重大影響，這些先前的因素加上情境因素，會影響成員的行為。因為文化充當減低焦慮的重要功能，即使文化在與環境機會及限制關係中變得功能異常，文化仍將堅守。

然而，中期組織出現兩個不同典型。一種是在第一代或二代領導者的影響下，一些公司發展出高度融合的文化；另一種是即使公司龐大而多元化，而其他公司在文化假定中允許成長及多元化，因此就其業務、功能、地域甚至階層次單位而言，

是個文化多元的公司。領導者在此組織變革階段要如何管理,則視其知覺到的類型,及認為哪種類型對公司的未來最好而定。

在此階段的領導者須有前瞻的遠見及技能,以協助組織變革,成為未來最有效能的組織。在某些情況下,此意味著要增加文化多元性,允許在成長階段可能已經累積的某些一致性被逐步破壞;在其他情況下,此意味著把組織單位在文化上的多元拉在一起,並用新的共同假定。在任何一種情況下,領導者需要:(1)能充分細節地分析文化,以瞭解哪種文化假定有所助益,以及哪些假定會阻礙組織目標的達成;(2)有調停能力,以實現所需的變革。

多數有關如何帶領組織走過此階段的描述性分析,都強調領導者要有創見、清晰願景及發表能力,而且會溝通及實踐願景,但這些分析都未提及公司如何找尋發掘或培植這些領導者。特別是在美國組織中,其董事會外聘委員扮演著關鍵角色,但如果組織已有強烈的創始文化,董事會會破例聘請與其創造者有共同願景的人。因此,在組織面臨困難重重的生存問題,並開始尋找具有不同假定的人領導之前,可能無法實現真正的變化。

### 成熟期及衰退期組織的領導

在成熟期的組織中,若已發展出強烈一致的文化,此時,文化可定義為領導想法的東西:英勇或有罪的行為是什麼、權威及權力如何被安置及管理,以及什麼是親密的規則。因此,領導所創立的不是盲目地使之不朽,就是創造領導的新定義,新定義可能不包括這個組織創立時的重要假定種類。成熟的第一個問題及可能衰退的組織,是找出一過程賦權授予潛在的領導者,他或許有足夠遠見及力量去克服阻礙文化的假定。

有能力管理這些文化改變的領導者,若能重視及洞悉文化因素,則可以自公司內部晉升,然而,正式任命的資深經理可能不願或不能為組織提供此種文化變遷領導。若由外聘領導,他/她應有能力正確診斷組織文化為何、哪些元素是可以採用的與未來適應的問題,以及如何為改變的需要而改變。

以此方式認知,首先,領導有超越自己組織文化的能力,且能覺知及思考異於目前假定的做事方法。為充分實踐此角色,學習型領導者在有點邊緣又有點深入的組織外部環境。同時,學習型領導者要與組織的部門做好連結,這些部門本身也與環境——銷售部、採購部、行銷部、公關部、法律、財政和研發部都有好的連結。學習型領導者要能聆聽來自這些部門不確定的訊息,且評估未來用於組織的可能性。只有真正瞭解事實真相,及什麼是組織變革所需的方法,他們才會開始對學習

過程採取行動，開始一個相關於組織生存問題的新文化學習過程。

　　已論述極多有關領導者對「願景」的需求，但很少提到他們需要聆聽、吸收、研究趨勢，以及須建立組織學習的能力（Schein, 2009a）。特別在策略層次上，關鍵的能力是能看出且知道問題的複雜性。知道複雜性的能力，也意味了意願及情緒的優勢，來承認不確定及學習過程中的經驗及可能發生的錯誤（Michael, 1985）。沉迷於領導願景中，很難讓學習型領導者承認他的願景不清楚，且知道整個組織都必須學習。我再三強調只有當組織已經不確定，而且成員感到焦慮，並需要解決方案時，願景才有作用。學習型領導者要做的是，很多發生於願景變得適切之前的事。

## 最後的想法：在自己的人格中發現文化

　　我發現，當一些令人驚訝的東西讓我感到困惑時，我會學到更多關於文化的知識。我經常不知道我會以某種方式，對發生的事情或所說的內容做出反應。我所學到的，對我來說，最有用的是利用那個時刻來調查自己——為什麼我的反應會如此，為什麼這個人的行為是一個謎題，他對我說了什麼？所以我借用了數百萬哲學家們所說過的這句話：「瞭解自己」，我對此的看法是「瞭解你內心的文化」。

# 參考書目

Adizes, I. 1990. *Corporate life cycles.* Englewood Cliff, NJ: Prentice-Hall.

Aldrich, H.E., & Ruef, M. 2006. *Organizations evolving* (2nd ed.). London, UK: Sage.

Allan, J., Fairtlough, G., & Heinzen, B. 2002. *The power of the tale.* London, UK: Wiley.

Allen, T.J. 1977. *Managing the flow of technology.* Cambridge, MA: MIT Press.

Amalberti, R. 2013. *Navigating safety.* New York, NY: Springer.

Ancona, D.G. 1988. Groups in organizations. In C. Hendrick (Ed.), *Annual review of personality and social psychology: Group and intergroup processes.* Beverly Hills, CA: Sage.

Ang, S., & Van Dyne, L. (Eds.). 2008. *Handbook of cultural intelligence.* Armonk, NY: M.E. Sharpe.

Argyris, C. 1964. *Integrating the individual and the organization.* New York, NY: Wiley.

Argyris, C., & Schon, D.A. 1974. *Theory in practice: Increasing professional effectiveness.* San Francisco, CA: Jossey-Bass.

Argyris, C., & Schon, D.A. 1978. *Organizational learning.* Reading, MA: Addison-Wesley.

Argyris, C., & Schon, D.A. 1996. *Organizational learning II.* Reading, MA: Addison-Wesley.

Argyris, C., Putnam, R., & Smith, D.M. 1985. *Action science.* San Francisco, CA: Jossey-Bass.

Ashkanasy, N.M., Wilderom, C.P.M., & Peterson, M.F. (Eds.). 2000. *Handbook of organizational culture and climate.* Thousand Oaks, CA: Sage.

Bailyn, L. 1992. Changing the conditions of work: Implications for career development. In D.H. Montross and C.J. Shinkman (Eds.), *Career development in the 1990s: Theory and practice* (pp. 373-386). Springfield, IL: Charles C. Thomas.

Bailyn, L. 1993. *Breaking the mold.* New York, NY: Free Press.

Baker, M.N. 2016. Organizational use of self: A new symbol of leadership. *Leader to Leader*, 81, 47-52. doi: 10.1002/ltl.20245.

Bales, R.F. 1958. Task roles and social roles in problem solving groups. In N. Maccoby et al. (Eds.), *Reading in social psychology* (3rd ed.). New York, NY: Holt, Rinehart, & Winston.

Barley, S.R. 1984. *Technology as an occasion for structuration: Observations on CT scanners and the social order of radiology departments.* Cambridge, MA: Sloan School of Management, MIT.

Barley, S.R., & Kunda, G. 2001. Bringing work back in. *Organization Science*, 12, 76-95.

Bartunek, J.M., & Louis, M.R. 1996. *Insider/Outsider research.* Thousand Oaks, CA: Sage.

Bass, B.M. 1981. *Stogdill's handbook of leadership* (rev. ed.). New York, NY: Free Press.

Bass, B.M. 1985. *Leadership and performance beyond expectations.* New York, NY: Free Press.

Beckhard, R., & Harris, R.T. 1987. *Organizational transitions: Managing complex change.* Reading, MA: Addison-Wesley.

Bennis, W., & Nanus, B. 1985. *Leaders.* New York, NY: Harper & Row.

Bennis, W.G., & Shepard, H.A. 1956. A theory of group development. *Human Relations*, *9*, 415-43.

Berg, P.O., & Kreiner, C. 1990. Corporate architecture: Turning physical settings into symbolic resources. In P. Gagliardi (Ed.), *Symbols and artifacts* (pp. 41-67). New York, NY: Walter de Gruyter.

Bion, W.R. 1959. *Experiences in groups*. London, UK: Tavistock.

Blake, R.R., & Mouton, J.S. 1964. *The managerial grid*. Houston, TX: Gulf.

Blake, R.R., & Mouton, J.S. 1969. *Building a dynamic organization through grid organization development*. Reading, MA: Addison-Wesley.

Blake, R.R., Mouton, J.S., & McCanse, A.A. 1989. *Change by design*. Reading, MA: Addison-Wesley.

Bradford, L.P., Gibb, J.R., & Benne, K.D. (Eds.). 1964. *T-group theory and laboratory method*. New York, NY: Wiley.

Busco, C., Riccaboni, A., & Scapens, R.W. 2002. When culture matters: Processes of organizational learning and transformation. *Reflections: The SoL Journal*, *4*, 43- 54.

Bushe, G.R. 2009. *Clear leadership* (Rev. ed.). Mountain View, CA: Davis-Black.

Bushe, G.R., & Marshak, R.J. 2015. *Dialogic organization development*. Oakland, CA: Berrett/Koehler.

Cameron, K.S., & Quinn, R.E. 1999. *Diagnosing and changing organizational culture*. Reading, MA: Addison-Wesley.

Cameron, K.S., & Quinn, R.E. 2006. *Diagnosing and changing organizational culture*. San Francisco, CA: Jossey-Bass.

Chandler, A.D., Jr. 1962. *Strategy and structure*. Cambridge, MA: MIT Press.

Chapman, B., & Sisodia, R. 2015. *Everybody matters*. New York, NY: Penguin.

Christensen, C.M. 1997. *The innovator's dilemma: When new technologies cause great firms to fail*. Boston, MA: Harvard Business School Press.

Coghlan, D. 1996. Mapping the progress of change through organizational levels. *Research in Organizational Change and Development*, *9*, 123-150.

Coghlan, D., & Brannick, T. 2005. *Doing action research in your own organization*. Thousand Oaks, CA: Sage.

Conger, J.A. 1989. *The charismatic leader*. San Francisco, CA: Jossey-Bass.

Conger, J.A. 1992. *Learning to lead*. San Francisco, CA: Jossey-Bass.

Cook, S.N., & Yanow, D. 1993. Culture and organizational learning. *Journal of Management Inquiry*, *2*(4), 373-390.

Cooke, R.A., & Szumal, J.L. 1993. Measuring normative beliefs and shared behavioral expectations in organizations: The reliability and validity of the Organizational Culture Inventory. *Psychological Reports*, *72*, 1299-1330.

Corlett, J.G., & Pearson, C.S. 2003. *Mapping the organizational psyche*. Gainesville, FL: Center for Application of Psychological Type.

Coutu, D.L. 2002. The anxiety of learning (interview of Edgar Schein). *Harvard Business Review*, March.

Dalton, M. 1959. *Men who manage*. New York, NY: Wiley.

Darling, M.J., & Parry, C.S. 2001. After-action reviews: Linking reflection and planning in a learning practice. *Reflections*, *3*(2), 64-72.

Deal, J. J. & Levenson, A. 2016. *What Millennials Want From Work*. New York: McGraw Hill Education.

Deal, T.E., & Kennedy, A.A. 1982. *Corporate cultures*. Reading, MA: Addison-Wesley.

Deal, T.E., & Kennedy, A.A. 1999. *The new corporate cultures*. New York, NY: Perseus.

Denison, D.R. 1990. *Corporate culture and organizational effectiveness*. New York, NY: Wiley.

Denison, D.R., & Mishra, A.K. 1995. Toward a theory of organizational culture and effectiveness. *Organizational Science*, *6*(2), 204-223.

Donaldson, G., & Lorsch, J.W. 1983. *Decision making at the top*. New York, NY: Basic Books.

Douglas, M. 1986. *How institutions think*. Syracuse, NY: Syracuse University Press.

Drucker Foundation, Hesselbein, F., Goldsmith, M., & Somerville, I. (Eds.). 1999. *Leading beyond the walls*. San Francisco, CA: Jossey-Bass.

Dubinskas, F.A. 1988. *Making time: Ethnographies of high-technology organizations*. Philadelphia, PA: Temple University Press.

Dyer, W.G., Jr. 1986. *Culture change in family firms*. San Francisco, CA: Jossey-Bass.

Dyer, W.G., Jr. 1989. Integrating professional management into a family-owned business. *Family Business Review*, *2*(3), 221-236.

Earley, P.C., & Ang, S. 2003. *Cultural intelligence: Individual interactions across cultures*. Stanford, CA: Stanford University Press.

Edmondson, A.C. 2012. *Teaming: How organizations learn, innovate, and compete in the knowledge economy*. San Francisco, CA: Jossey-Bass.

Edmondson, A.C., Bohmer, R.M., & Pisano, G.P. 2001. Disrupted routines: Team learning and new technology implementation in hospitals. *Administrative Science Quarterly*, *46*, 685-716.

Ehrhart, M.G., Schneider, B., & Macey, W.H. 2014. *Organizational climate and culture: An introduction to theory, research and practice*. United Kingdom: Routlege.

England, G. 1975. *The manager and his values*. Cambridge, MA: Ballinger.

Etzioni, A. 1975. *A comparative analysis of complex organizations*. New York, NY: Free Press.

Festinger, L.A. 1957. *Theory of cognitive dissonance*. New York, NY: Harper & Row.

Friedman, R. 2014. *The best places to work: The art and science of creating an extraordinary workplace*. New York, NY: Penguin.

Frost, P.J. 2003. *Toxic emotions at work*. Boston, MA: Harvard Business School Press.

Gagliardi, P. (Ed.). 1990. *Symbols and artifacts: Views of the corporate landscape*. New York, NY: Walter de Gruyter.

Geertz, C. 1973. *The interpretation of cultures*. New York, NY: Basic Books.

Gersick, C. J.C. 1991. Revolutionary change theories: A multilevel exploration of the punctuated equilibrium paradigm. *Academy of Management Review*, *16*, 10-36.

Gerstein, M.S. 2008. *Flirting with disaster*. New York, NY: Union Square.

Gerstein, M.S. 1987. *The technology connection: Strategy and change in the information age*. Reading, MA: Addison-Wesley.

Gerstner, L.V. 2002. *Who says elephants can't dance*. New York, NY: Harper Collins.

Gibbon, A., & Hadekel, P. 1990. *Steinberg: The breakup of a family empire*. Toronto: MacMillan of Canada.

Gibson, C.B., & Dibble, R. 2008. Culture inside and out: Developing a collaboration's capacity to externally adapt. In S. Ang & L. Van Dyne (Eds.), *Handbook of cultural intelligence*. Armonk, NY: M.E. Sharpe.

Gittell, J.H. 2016. *Transforming relationships for higher performance*. Stanford, CA: Stanford University Press.

Gladwell, M. 2008. *Outliers*. New York, NY: Little Brown.

Global Business Network. 2002. *What's next? Exploring the new terrain for business*. Cambridge, MA: Perseus Books.

Goffee, R., & Jones, G. 1998. *The character of a corporation*. New York, NY: Harper Business.

Goffman, E. 1959. *The presentation of self in everyday life*. New York, NY: Doubleday.

Goffman, E. 1961. *Asylums*. New York, NY: Doubleday Anchor.

Goffman, E. 1967. *Interaction ritual*. Hawthorne, NY: Aldine.

Goldman, A. 2008. Company on the couch: Unveiling toxic behavior in dysfunctional organizations. *Journal of Management Inquiry*, *17*(3), 226-238.

Greiner, L.E. 1972. Evolution and revolution as organizations grow. *Harvard Business Review*, *76*(3), 37-46.

Greiner, L.E., & Poulfelt, L. (Eds.). 2005. *Management consulting today and tomorrow*. New York, NY: Routledge.

Grenier, R., & Metes, G. 1992. *Enterprise networking: Working together apart*. Maynard, MA: Digital Press.

Hall, E.T. 1959. *The silent language*. New York, NY: Doubleday.

Hall, E.T. 1966. *The hidden dimension*. New York, NY: Doubleday.

Hampden-Turner, C.M., & Trompenaars, A. 1993. *The seven cultures of capitalism*. New York, NY: Doubleday Currency.

Hampden-Turner, C.M., & Trompenaars, A. 2000. *Building cross-cultural competence*. New York, NY: Wiley.

Handy, C. 1978. *The gods of management*. London, UK: Pan Books.

Harbison, F., & Myers, C.A. 1959. *Management in the industrial world*. New York, NY: McGraw-Hill.

Harrison, R. 1979. Understanding your organization's character. *Harvard Business Review*, *57*(5), 119-128.

Harrison, R., & Stokes, H. 1992. *Diagnosing organizational culture*. San Francisco, CA: Pfeiffer.

Hassard, J. 1999. Images of time in work and organization. In S.R. Clegg & C. Hardy (Eds.), *Studying organization* (pp. 327-344). Thousand Oaks, CA: Sage.

Hatch, M.J. 1990. The symbolics of office design. In P. Gagliardi (Ed.), *Symbols and artifacts*. New York, NY: Walter de Gruyter.

Hatch, M.J., & Schultz, M. (Eds.). 2004. *Organizational identity: A reader*. Oxford, UK: Oxford University Press.

Hatch, M.J., & Schultz, M. 2008. *Taking brand initiative: How companies can align strategy, culture, and identity through corporate branding.* San Francisco, CA: Jossey-Bass.

Hirschhorn, L. 1988. *The workplace within: Psychodynamics of organizational life.* Cambridge, MA: MIT Press.

Hofstede, G. 1991. *Cultures and organizations.* London, UK: McGraw-Hill.

Hofstede, G. 2001. *Culture's consequences* (2nd ed.). Beverly Hills, CA: Sage. (Original work published 1980.)

Hofstede, G., Hofstede, G.J., & Minkov, M. 2010. *Cultures and organizations: Software of the mind.* New York, NY: McGraw-Hill.

Holland, J.L. 1985. *Making vocational choices* (2nd ed.). Englewood Cliffs, NJ: Prentice-Hall.

Homans, G. 1950. *The human group.* New York, NY: Harcourt Brace Jovanovich.

House, R.J., et al. (Eds.). 2004. *Culture, leadership, and organizations: The GLOBE study of 62 societies.* Thousand Oaks, CA: Sage.

Hughes, E.C. 1958. *Men and their work.* Glencoe, IL: Free Press.

Isaacs, W. 1999. *Dialogue and the art of thinking together.* New York, NY: Doubleday.

James, W. 1890. *The principles of psychology.* New York: Henry Holt & Company.

Johansen, R., Sibbet, D., Benson, S., Martin, A., Mittman, R., & Saffo, P. 1991. *Leading business teams.* Reading, MA: Addison Wesley.

Jones, G.R. 1983. Transaction costs, property rights, and organizational culture: An exchange perspective. *Administrative Science Quarterly, 28,* 454-467.

Jones, M.O., Moore, M.D., & Snyder, R.C. (Eds.). 1988. *Inside organizations.* Newbury Park, CA: Sage.

Kahane, A. 2010. *Power and love.* San Francisco, CA: Berrett-Koehler.

Kantor, D. 2012. *Reading the room: Group dynamics for coaches and leaders.* San Francisco, CA: Jossey-Bass.

Kaplan, R., & Norton, D.P. 1992. The balanced scorecard: Measures that drive performance. *Harvard Business Review* (January-February), 71-79.

Keegan, R., & Lahey, L.L. 2016. *An everyday culture.* Cambridge, MA: Harvard Business School Press.

Kellogg, K.C. 2011. Challenging operations. Chicago, IL: Univ. of Chicago Press.

Kets de Vries, M.F.R., & Miller, D. 1984. *The neurotic organization: Diagnosing and changing counterproductive styles of management.* San Francisco, CA: Jossey-Bass.

Kets de Vries, M.F.R., & Miller, D. 1987. *Unstable at the top: Inside the troubled organization.* New York, NY: New American Library.

Kilmann, R.H., & Saxton, M.J. 1983. *The Kilmann-Saxton culture gap survey.* Pittsburgh, PA: Organizational Design Consultants.

Kleiner, A. 2003. *Who really matters?* New York, NY: Doubleday Currency.

Kluckhohn, F.R., & Strodtbeck, F.L. 1961. *Variations in value orientations.* New York, NY: Harper & Row.

Kotter, J.P., & Heskett, J.L. 1992. *Culture and performance.* New York, NY: The Free Press.

Kunda, G. 1992. *Engineering culture.* Philadelphia, PA: Temple University Press.

Kunda, G. 2006. *Engineering culture* (rev. ed.). Philadelphia, PA: Temple University Press.

Leavitt, H.J. 1986. *Corporate pathfinders*. Homewood, IL: Dow Jones-Irwin.

Lewin, K. 1947. Group decision and social change. In T.N. Newcomb & E.L. Hartley (Eds.), *Readings in social psychology* (pp. 459-473). New York, NY: Holt, Rinehart and & Winston.

Likert, R. 1967. *The human organization*. New York, NY: McGraw-Hill.

Louis, M.R. 1980. Surprise and sense making. *Administrative Science Quarterly*, *25*, 226-251.

Malone, T.W. 2004. *The future of work*. Boston, MA: Harvard Business School Press.

Malone, T.W., Yates, J., & Benjamin, R. (1987). Electronic markets and electronic hierarchies. *Communications of the ACM*, *30*, 484-497.

Marshak, R.J. 2006. *Covert processes at work*. San Francisco, CA: Berrett-Koehler.

Martin, J. 2002. *Organizational culture: Mapping the terrain*. Newbury Park, CA: Sage.

Martin, J., & Powers, M.E. 1983. Truth or corporate propaganda: The value of a good war story. In L.R. Pondy, P.J. Frost, G. Morgan, & T.C. Dandridge (Eds.), *Organizational symbolism*, 93-107. Greenwich, CT: JAI Press.

Maslow, A. 1954. *Motivation and personality*. New York, NY: Harper & Row.

McGregor, D.M. 1960. *The human side of enterprise*. New York, NY: McGraw-Hill.

Merton, R.K. 1957. *Social theory and social structure* (rev. ed.). New York, NY: Free Press.

Michael, D.N. 1985. *On learning to plan—and planning to learn*. San Francisco, CA: Jossey-Bass.

Michael, D.N. 1991. Leadership's shadow: The dilemma of denial. *Futures*, Jan./Feb., 69-79.

Mirvis, P., Ayas, K., & Roth, G. 2003. *To the desert and back*. San Francisco, CA: Jossey-Bass.

Nelson, E.C., Batalden, P.B., Godfrey, M.M., & Lazar, J.S. (Eds.) 2011. *Value by design*. San Francisco, CA: Jossey Bass, Wiley.

Neuhauser, P.C. 1993. *Corporate legends and lore*. New York, NY: McGraw-Hill.

O'Donovan, G. 2006. *The corporate culture handbook*. Dublin, Ireland: Liffey Press.

O'Reilly, C.A., III, & Chatman, J.A. 1996. Culture as social control: Corporations, cults and commitment. In B.M. Staw, & L.L. Cummings (Eds.), *Research in organizational behavior 18* (pp. 157-200). Greenwich, CT: JAI.

O'Reilly, C.A., III, Chatman, J.A., & Caldwell, D.F. 1991. People and organizational culture. *Academy of Management Journal*, *34*, 487-516.

O'Reilly, C.A., III, & Tushman, M.L. 2016. *Lead and disrupt: How to solve the innovator's dilemma*. Stanford, CA: Stanford University Press.

Oshry, B. 2007. *Seeing systems*. San Francisco, CA: Berrett-Koehler.

Ouchi, W.G. 1981. *Theory Z*. Reading, MA: Addison-Wesley.

Ouchi, W.G., & Johnson, J. 1978. Types of organizational control and their relationship to emotional well-being. *Administrative Science Quarterly*, *23*, 293-317.

Packard, D. 1995. *The HP way*. New York, NY: Harper Collins.

Pascale, R.T., & Athos, A.G. 1981. *The art of Japanese management*. New York, NY: Simon & Schuster.

Perin, C. 1991. The moral fabric of the office. In S. Bacharach, S.R. Barley, & P.S. Tolbert (Eds.), *Research in the sociology of organizations* (special volume on the professions). Greenwich, CT: JAI Press.

Perin, C. 2005. *Shouldering risks*. Princeton, NJ: Princeton University Press.

Peters, T.J., & Waterman, R.H., Jr. 1982. *In search of excellence.* New York, NY: Harper & Row.

Peterson, B. 2004. *Cultural intelligence.* Boston, MA: Intercultural Press.

Pettigrew, A.M. 1979. On studying organizational cultures. *Administrative Science Quarterly*, *24*, 570-581.

Plum, E. 2008. *CI: Cultural intelligence.* London, UK: Middlesex University Press.

Pondy, L.R., Frost, P.J., Morgan, G., & Dandridge, T. (Eds.) 1983. *Organizational symbolism.* Greenwich, CT: JAI Press.

Porras, J., & Collins, J. 1994. *Built to last.* New York, NY: Harper Business.

Redding, S.G., & Martyn-Johns, T.A. 1979. Paradigm differences and their relation to management, with reference to Southeast Asia. In G.W. England, A.R. Neghandi, & B. Wilpert (Eds.), *Organizational functioning in across-cultural perspective.* Kent, OH: Comparative Administration Research Unit, Kent State University.

Ritti, R.R., & Funkhouser, G.R. 1987. *The ropes to skip and the ropes to know* (3rd ed.). Columbus, OH: Grid.

Roethlisberger, F.J., & Dickson, W.J. 1939. *Management and the worker* Cambridge, MA: Harvard University Press.

Sackman, S.A. 2006. *Success factor: Corporate culture.* Guetersloh, Germany: Bertelsman Stiftung.

Sahlins, M. 1985. *Islands of history.* Chicago, IL: University of Chicago Press.

Sahlins, M., & Service, E.R. (Eds.). 1960. *Evolution and culture.* Ann Arbor, MI: University of Michigan Press.

Salk, J. 1997. Partners and other strangers. *International Studies of Management and Organization*, *26*(4), 48-72.

Savage, C.M. 1990. *Fifth generation management: Integrating enterprises through human networking.* Maynard, MA: Digital Press.

Scharmer, C.O. 2007. *Theory U.* Cambridge, MA: Society for Organizational Learning.

Schein, E.H. 1961a. *Coercive persuasion.* New York, NY: Norton.

Schein, E.H. 1961b. Management development as a process of influence. *Industrial Management Review (MIT)*, *2*, 59-77.

Schein, E.H. 1968. Organizational socialization and the profession of management. *Industrial Management Review*, *9*, 1-15.

Schein, E.H. 1969. *Process consultation: Its role in organization development.* Reading, MA: Addison-Wesley.

Schein, E.H. 1971. The individual, the organization, and the career: A conceptual scheme. *Journal of Applied Behavioral Science*, *7*, 401-426.

Schein, E.H. 1975. In defense of theory Y. *Organizational Dynamics*, Summer, 17-30.

Schein, E.H. 1978. *Career dynamics: Matching individual and organizational needs.* Reading, MA: Addison-Wesley.

Schein, E.H. 1980. *Organizational psychology* (3rd ed.). Englewood Cliffs, NJ: Prentice-Hall. (Original work published 1965; 2nd ed. published 1970.)

Schein, E.H. 1983. The role of the founder in creating organizational culture. *Organizational*

*Dynamics*, Summer, 13-28.

Schein, E.H. 1987a. *The clinical perspective in fieldwork*. Newbury Park, CA: Sage.

Schein, E.H. 1987b. Individuals and careers. In J.W. Lorsch (Ed.), *Handbook of organizational behavior* (pp. 155-171). Englewood Cliffs, NJ: Prentice-Hall.

Schein, E.H. 1988. *Process consultation. Vol. 1: Its role in organization development* (2nd ed.). Reading, MA: Addison-Wesley.

Schein, E.H. 1992. The role of the CEO in the management of change. In T.A. Kochan, & M. Useem (Eds.), *Transforming organizations* (pp. 80-96). New York, NY: Oxford University Press.

Schein, E.H. 1993a. On dialogue, culture, and organizational learning. *Organizational Dynamics*, Autumn, *22*, 40-51.

Schein, E.H. 1993b. *Career anchors* (rev. ed.). San Diego, CA: Pfeiffer & Co. (Jossey-Bass).

Schein, E.H. 1993c. How can organizations learn faster? The challenge of entering the green room. *Sloan Management Review, 34*, 85-92.

Schein, E.H. 1996a. Three cultures of management: The key to organizational learning. *Sloan Management Review, 38*(1), 9-20.

Schein, E.H. 1996b. *Strategic pragmatism: The culture of Singapore's Economic Development Board*. Cambridge, MA: MIT Press.

Schein, E.H. 1999a. *Process consultation revisited*. Englewood Cliffs, NJ: Prentice- Hall (Addison-Wesley).

Schein, E.H. 1999b. *The corporate culture survival guide*. San Francisco, CA: Jossey-Bass.

Schein, E.H. 2001. Clinical inquiry/research. In P. Reason & H. Bradbury (Eds.), *Handbook of action research* (pp. 228-237). Thousand Oaks, CA: Sage Press.

Schein, E.H. 2003. *DEC is dead; Long live DEC*. San Francisco, CA: Berrett/ Koehler.

Schein, E.H. 2008. Clinical inquiry/research. In P. Reason & H. Bradbury (Eds.), *Action research* (2nd ed., pp. 266-279). Thousand Oaks, CA: Sage.

Schein, E.H. 2009a. *Helping*. San Francisco, CA: Berrett/Koehler.

Schein, E.H. 2009b. *The corporate culture survival guide* (2nd ed.). San Francisco, CA: Jossey-Bass.

Schein, E.H. 2013. *Humble inquiry: The gentle are of asking instead of telling*. San Francisco: Berrett-Koehler.

Schein, E.H. 2016. *Humble consulting: How to provide real help faster*. San Francsico: Berrett-Koehler.

Schein, E.H., & Bennis, W.G. 1965. *Personal and organizational change through group methods*. New York, NY: Wiley.

Schein, E.H., & Van Maanen, J. 2013. *Career anchor: The changing nature of work and careers* (4th ed.). San Francisco: Wiley.

Schmidt, E., & Rosenberg, J. 2014. *How Google works*. New York, NY: Grand Central.

Schneider, B. (Ed.). 1990. *Organizational climate and culture*. San Francisco, CA: Jossey-Bass.

Schneider, W. 1994. *The reengineering alternative: A plan for making your current culture work*. New York, NY: McGraw Hill (Irwin Professional).

Schultz, M. 1995. *On studying organizational cultures*. New York, NY: De Gruyter.

Schwartz, P. 2003. *Inevitable surprises*. New York, NY: Gotham Books.

Senge, P.M. 1990. *The fifth discipline*. New York, NY: Doubleday Currency.

Senge, P., Smith, B., Kruschwitz, N., Laur, J., & Schley, S. 2008. *The necessary revolution*. Cambridge, MA: Society for Organizational Learning.

Shrivastava, P. 1983. A typology of organizational learning systems. *Journal of Management Studies, 20*, 7-28.

Silberbauer, E.R. 1968. *Understanding and motivating the Bantu worker*. Johannesburg, South Africa: Personnel Management Advisory Services.

Sithi-Amnuai, P. 1968. The Asian mind. *Asia*, Spring, 78-91.

Smircich, L. 1983. Concepts of culture and organizational analysis. *Administrative Science Quarterly, 28*, 339-358.

Snook, S.A. 2000. *Friendly fire*. Princeton, NJ: Princeton University Press.

Steele, F.I. 1973. *Physical settings and organization development*. Reading, MA: Addison-Wesley.

Steele, F.I. 1981. *The sense of place*. Boston, MA: CBI Publishing.

Steele, F.I. 1986. *Making and managing high-quality workplaces*. New York, NY: Teachers College Press.

Tagiuri, R., & Litwin, G.H. (Eds.). 1968. *Organizational climate: Exploration of a concept*. Boston, MA: Division of Research, Harvard Graduate School of Business.

Thomas, D.C., & Inkson, K. 2003. *Cultural intelligence*. San Francisco, CA: Berrett/Koehler.

Tichy, N.M., & Devanna, M.A. 1987. *The transformational leader*. New York, NY: Wiley.

Trice, H.M., Beyer, J.M. 1984. Studying organizational cultures through rites and ceremonials. *Academy of Management Review, 9*, 653-669.

Trice, H.M., & Beyer, J.M. 1985. Using six organizational rites to change culture. In R.H. Kilmann, M.J. Saxton, & R. Serpa, *Gaining control of the corporate culture* (pp. 370-399). San Francisco, CA: Jossey-Bass.

Trice, H.M., & Beyer, J.M. 1993. *The cultures of work organizations*. Englewood Cliffs, NJ: Prentice-Hall.

Tuchman, B.W. 1965. Developmental sequence in small groups. *Psychological Bulletin, 63*, 384-399.

Tushman, M.L., & Anderson, P. 1986. Technological discontinuities and organizational environments. *Administrative Science Quarterly, 31*, 439-465.

Tyrrell, M.W.D. 2000. Hunting and gathering in the early Silicon age. In N.M. Ashkanasy, C.P.M. Wilderom, & M.F. Peterson (Eds.), *Handbook of organizational culture and climate* (pp. 85-99). Thousand Oaks, CA: Sage.

Van Maanen, J. 1973. Observations on the making of policemen. *Human Organization, 4,* 407-418.

Van Maanen, J. 1976. Breaking in: Socialization at work. In R. Dubin (Ed.), *Handbook of work organization and society*, 67-130. Skokie, IL: Rand McNally.

Van Maanen, J. 1979. The self, the situation, and the rules of interpersonal relations. In W. Bennis, J. Van Maanen, E.J. Schein, & F.I. Steele, *Essays in interpersonal dynamics* (pp. 43-101). Homewood, IL: Dorsey Press.

Van Maanen, J. 1988. *Tales of the field: On writing ethnography*. Chicago: University of Chicago Press.

Van Maanen, J., & Schein, E.H. 1979. Toward a theory of organizational socialization. In B.M. Staw, & L.L. Cummings (Eds.), *Research in organizational behavior* (vol. 1), 209-264. Greenwich, CT: JAI Press.

Van Maanen, J., & Barley, S.R. 1984. Occupational communities: Culture and control in organizations. In B.M. Staw, & L.L. Cummings (Eds.), *Research in organizational behavior* (vol. 6), 265-287. Greenwich, CT: JAI Press.

Van Maanen, J., & Kunda, G. 1989. Real feelings: Emotional expression and organizational culture. In B. Staw (Ed.), *Research in organizational behavior* (vol. 11), 43-103. Greenwich, CT: JAI Press.

Vroom, V.H., & Yetton, P.W. 1973. *Leadership and decision making*. Pittsburgh, PA: University of Pittsburgh Press.

Watson, T.J., Jr., & Petre, P. 1990. *Father, son & Co.: My life at IBM and beyond*. New York, NY: Bantam Books.

Weick, K. 1995. *Sensemaking in organizations*. Thousand Oaks, CA: Sage.

Weick, K., & Sutcliffe, K.M. 2001. *Managing the unexpected*. San Francisco, CA: Jossey-Bass.

Wilderom, C.P.M., Glunk, U., & Maslowski, R. 2000. Organizational culture as a predictor of organizational performance. In N.M. Ashkanasy, C.P.M. Wilderom, & M.F. Peterson (Eds.), *Handbook of organizational culture and climate* (pp. 193-209). Thousand Oaks, CA: Sage.

Wilkins, A.L. 1983. Organizational stories as symbols which control the organization. In L.R. Pondy, P.J. Frost, G. Morgan, & T. Dandridge (Eds.), *Organizational symbolism*, 81-92. Greenwich, CT: JAI Press.

Wilkins, A.L. 1989. *Developing corporate character*. San Francisco, CA: Jossey-Bass.

Williamson, O. 1975. *Markets and hierarchies, analysis and anti-trust implications: A study in the economics of internal organization*. New York, NY: Free Press.

Womack, J.T., Jones, D.T., & Roos, D. 1990. *The machine that changed the world*. New York, NY: Free Press.

Zuboff, S. 1984. *In the age of the smart machine*. New York, NY: Basic Books.

國家圖書館出版品預行編目資料

組織文化與領導／Edgar H. Schein, Peter A.
Schein著；王宏彰等譯. －－三版. －－臺北
市：五南, 2020.01
　面；　公分
譯自：Organizational culture and
　　　leadership, 5th ed.
ISBN 978-957-763-291-3 (平裝)

1.組織文化　2.組織管理　3.領導

494.2　　　　　　　　　　108001828

1FQH

# 組織文化與領導
Organizational culture and leadership. 5e

作　　　者 ― Edgar H. Schein, Peter A. Schein

譯　　　者 ― 王宏彰、田子奇、伍嘉琪、林玲吟、張慶勳、
　　　　　　　許嘉政、陳學賢、熊治剛、蘇傳桔

總 審 定 ― 張慶勳(210.4)

發 行 人 ― 楊榮川

總 經 理 ― 楊士清

總 編 輯 ― 楊秀麗

主　　　編 ― 侯家嵐

責任編輯 ― 李貞錚

文字校對 ― 石曉蓉、許宸瑞

封面設計 ― 姚孝慈

出 版 者 ― 五南圖書出版股份有限公司

地　　　址：106台北市大安區和平東路二段339號4樓

電　　　話：(02)2705-5066　　傳　　真：(02)2706-6100

網　　　址：http://www.wunan.com.tw

電子郵件：wunan@wunan.com.tw

劃撥帳號：01068953

戶　　　名：五南圖書出版股份有限公司

法律顧問　林勝安律師事務所　林勝安律師

出版日期　2008年11月初版一刷
　　　　　2010年 7 月二版一刷
　　　　　2017年 3 月二版三刷
　　　　　2020年 1 月三版一刷

定　　　價　新臺幣400元